中国高含水老油田可持续发展战略与工程技术
中国工程院重点咨询研究项目成果

中国高含水老油田绿色高效地面工程技术

赵雪峰 ◎等编著

石油工业出版社

内 容 提 要

本书阐述了国内外高含水老油田地面工程技术现状，分析了高含水老油田地面工程技术存在的问题，研究了高含水老油田绿色高效地面工程技术发展方向，最终提出了高含水老油田绿色高效地面工程技术发展战略、需要突破的技术瓶颈及建议，为构建高含水老油田可持续发展总体战略提供依据。

本书适合从事油田地面工程的技术人员、科研人员、管理人员以及高等院校相关专业师生参考阅读。

图书在版编目（CIP）数据

中国高含水老油田绿色高效地面工程技术／赵雪峰等编著．— 北京：石油工业出版社，2023.5

（中国高含水老油田可持续发展战略与工程技术）

ISBN 978-7-5183-5931-8

Ⅰ.①中⋯ Ⅱ.①赵⋯ Ⅲ.①高含水-油田开发-地面工程-无污染技术-中国 Ⅳ.①TE4

中国国家版本馆 CIP 数据核字（2023）第 040838 号

出版发行：石油工业出版社
（北京安定门外安华里 2 区 1 号　100011）
网　　址：www.petropub.com
编辑部：（010）64210387
图书营销中心：（010）64523633
经　　销：全国新华书店
印　　刷：北京中石油彩色印刷有限责任公司

2023 年 5 月第 1 版　2023 年 5 月第 1 次印刷
787×1092 毫米　开本：1/16　印张：16
字数：385 千字

定价：150.00 元
（如发现印装质量问题，我社图书营销中心负责调换）
版权所有，翻印必究

序 PREFACE

　　石油作为工业经济的血液，在人类进步和社会发展过程中发挥了重要作用。2021年5月28日，习近平总书记在中国科学院第二十次院士大会上指出："立足新发展阶段、贯彻新发展理念、构建新发展格局、推动高质量发展，必须深入实施科教兴国战略、人才强国战略、创新驱动发展战略，完善国家创新体系，加快建设科技强国，实现高水平科技自立自强。""科技攻关要坚持问题导向，奔着最紧急、最急迫的问题去。要从国家急迫需要和长远需求出发，在石油天然气、基础原材料、高端芯片、工业软件、农作物种子、科学试验用仪器设备、化学制剂等方面关键核心技术上全力攻坚"。作为油田开发的重要组成部分，地面工程是安全、清洁生产的主要载体，是控制投资、降低成本的重要源头，是优化管理、提质增效的关键环节，是实现高效开发、体现开发效果和水平的重要途径，是连接油气生产与销售的重要桥梁，更是油田绿色高效智能开发的关键所在。

　　在中国，高含水老油田面临的生产与环境、产量与效益、剩余储量有效开采与技术水平不适应等一系列矛盾问题是世界级共性难题。以目前的技术水平，开发到经济界限时仍有50%以上的地质储量滞留在地下，大庆主力油田已经进入特高含水后期（含水率大于95%）开发阶段，仍然有20亿吨以上的剩余地质储量难以采出，全国高含水老油田仍有130亿吨以上的剩余地质储量需要开发，这些储量对国家来说是重要的战略资源。面对这些剩余资源的开发，地面工程不能仅靠上产能工程建设来确保油田效益开发，同时还面临以下问题：随着系统长时间运行和开发进入后期，老油田的注水量、产液量及液油比大幅上升；多种驱替方式并存，采出液成分复杂，污染物种类多；含油污泥产量大且不断增长；地面系统庞大而复杂，维护修理难度增大；设施陈旧，安全环保隐患点多。因此，地面工程技术亟需探寻新的技术创新突破口、新的工程建设模式。

看到《中国高含水老油田绿色高效地面工程技术》一书，我内心感到十分欣喜。赵雪峰同志在大庆油田长期从事地面工程工作，丰富的实践经历为其研究和思考地面工程技术发展方向提供了广阔舞台。近年来，雪峰同志主持了中国工程院重点咨询课题"高含水老油田绿色高效地面工艺技术发展研究"、中国石油重大科技专项课题"油气开采降本增效技术研究与规模应用"等研究工作，并高质量地完成，受到了行业内众多院士和专家的认可，获"全国勘察设计行业庆祝新中国成立70周年科技创新带头人"和"全国石油和化工优秀科技工作者"等荣誉。《中国高含水老油田绿色高效地面工程技术》一书也反映了中国在高含水老油田地面工程技术领域勇于探索、大胆创新的最新成果。

本书结构清晰、论述深入浅出，首章开宗明义探讨了油田地面工程的内涵，提出中国高含水老油田地面工程存在的主要问题，并指出技术发展潜力重点聚焦于优化简化、完善配套、清洁能源替代、废液和固废无害化处理、设施完整性管理和智能化油田建设六大方面，提出了中国高含水老油田地面工程绿色、健康、智慧发展的发展目标。其后，系统分析研究了地面工程优化简化技术、地面工程低碳环保技术、地面工程智能化运维技术、地面设施本质安全技术等内容，为油田企业进行绿色高效智能建设提供了借鉴参考。

面对国家能源安全问题，必须对高含水老油田全面发力，使其高质量地发挥作用。希望该书能帮助读者全面了解地面工程技术最新发展情况，引发共鸣、启迪方向，加快推动中国石油工业提质增效、绿色低碳进程。

中国工程院院士

前言 FOREWORD

中国高含水油田(含水率大于 60%)动用地质储量 230 亿吨,年产量 1.34 亿吨,均占全国的 2/3 以上,特高含水油田(含水率大于 90%)储量、产量占全国的 1/3。老油田可动用地质储量中还有 150 亿吨以上滞留于地下,今后很长一段时期内这些老油田仍然是国内石油储量和产量的主体;中国石油天然气集团有限公司大庆油田有限责任公司(简称大庆油田)、中国石油化工股份有限公司胜利油田分公司(简称胜利油田)等主力老油田的平均综合含水率高达 90% 以上,可采储量采出程度 85% 以上,开发年限均已超过 50 年,但目前产量仍占全国总产量的一半以上,是石油能源安全的"压舱石"。

油田地面工程是油田开发的重要组成部分,也是安全、清洁生产的主要载体,更是控制投资、降低成本的重要源头,在优化管理、提质增效、实现高效开发、体现开发效果和水平等方面尤为关键。

高含水老油田地面建设规模庞大而且逐年增长,在实现效益建产、绿色低碳生产、智能运维和本质安全中发挥着越来越重要的作用。以大庆油田为例,截至 2020 年底,已建各类站场 7190 座、各种管道 9.97 万千米,集输处理的介质也复杂多样,主要包括石油、天然气、水、H_2S、CO_2、SO_2、蒸汽以及各种油田化学药剂等;高含水老油田开发方式也复杂多样,主要有水驱、化学驱、蒸汽驱、蒸汽辅助重力泄油(SAGD)、二氧化碳驱、火驱、减氧空气驱等,地面配套工艺差距大;同时,地面生产系统中生产点多处于环境敏感地区和人口稠密地区,安全风险高,安全环保责任重。在探讨高含水老油田可持续发展问题时,必须对地面工程未来发展方向进行研究与展望,探索高含水老油田绿色高效地面工程技术发展战略及需要突破的技术瓶颈。

鉴于中国高含水老油田地面工程技术绿色高效发展的紧迫性,2019 年,大庆油田、中国石油规划总院与中国石化石油勘探开发研究院承担了中国工程院重点咨询项目"中国高含水老油田可持续发展战略研究"所属课题"高含水老油田绿色高效地面工艺技术发展研究"工作,本书编著人员通过调研国内外高含水老油田地面工程技术现状,分析高含水老油田地面工程技术存在的问题,研究提出了高含水老油田绿色高效地面工程技术发展方向与发展战略。

全书共五章。第一章由赵雪峰、李玉春、孟岚、王钦、王念榕、李玉凤、邵臣良编写；第二章由赵忠山、冷冬梅、吴迪、李延春、边孝琦、邹继明、古文革、王凤英、李颖慧、陈鹏、田晶、王庆伟、李庆（规划总院）、周宪军、肖作为、谭文捷、于海波编写；第三章由陈忠喜、舒志明、孟岚、王忠祥、单红曼、房永、邹继明、马骏、李庆（大庆油田）、孙海英、庞志庆、惠永庆、邱伟伟编写；第四章由张德发、曹万岩、云庆、张丹丹、向礼、李俊峰、李姗姗、刘兴煜、陈从磊编写；第五章由张宝良、何树全、李双林、付勇、刘博昱、纪贤晶、王超、李超、边孝琦、高晓萌、王庆伟、朱英、张哲涵、王莉莉、王庆吉、刘宏彬编写。全书由孟岚、曹万岩、冷冬梅、舒志明、何树全统稿，由李玉春、徐孝轩、李庆（规划总院）初审，赵雪峰、吴浩审定。还有其他单位和人士对本书出版提供了帮助，在此一并致以谢意！

由于笔者水平有限，疏漏和不足之处在所难免，敬请广大读者提出宝贵意见，共同促进高含水老油田地面工程技术水平不断提高。

目录

第一章 概述 (1)
- 第一节 中国高含水老油田地面工程技术现状 (1)
- 第二节 面临的主要问题 (7)
- 第三节 国外技术现状及发展动态 (10)
- 第四节 国内典型做法与技术措施 (14)
- 第五节 地面工程技术发展方向 (25)

第二章 高含水老油田地面工程优化简化技术 (32)
- 第一节 面临的问题与矛盾 (32)
- 第二节 优化简化技术进展 (33)
- 第三节 优化简化技术发展方向 (89)

第三章 高含水老油田地面工程低碳环保技术 (92)
- 第一节 面临的问题和矛盾 (92)
- 第二节 低碳环保技术进展 (95)
- 第三节 低碳环保技术发展方向 (155)

第四章 高含水老油田地面工程智能化应用技术 (161)
- 第一节 智能化技术需求分析 (161)
- 第二节 智能化应用技术进展 (164)
- 第三节 智能化应用技术发展方向 (179)

第五章 高含水老油田地面设施本质安全技术 (187)
- 第一节 面临的问题与矛盾 (187)
- 第二节 本质安全技术进展 (188)
- 第三节 本质安全技术发展方向 (242)

参考文献 (245)

第一章 概 述

根据中国石油天然气股份有限公司 2021 年印发的《油田开发管理纲要》,综合含水率在 60%~90% 之间的为高含水开发阶段,大于 90% 的为特高含水开发阶段,本文中高含水油田特指进入高含水或特高含水开发阶段的油田。截至 2019 年底,全国高含水油田动用储量 $255.7×10^8 t$,占比 74.5%,年产油量 $1.37×10^8 t$,占比 71.8%。其中,老油田储量 $230×10^8 t$,年产量 $1.3×10^8 t$ 以上,占全国总产量的 70% 以上,其主体和战略地位在未来很长一段时期内难以被取代。随着高含水老油田开发程度的深入,地面工程建设规模越来越大,生产能耗越来越高,安全环保压力越来越艰巨。

第一节 中国高含水老油田地面工程技术现状

一、基本内涵

油田地面工程涵盖油(水)井生产到油(气)外输交接(销售)的全部环节,主体工艺包括气液集输、气液分离与游离水脱出、原油净化处理与脱烃等,主要产品是原油、天然气、轻烃。中国高含水老油田地面工程典型生产流程如图 1-1 所示。

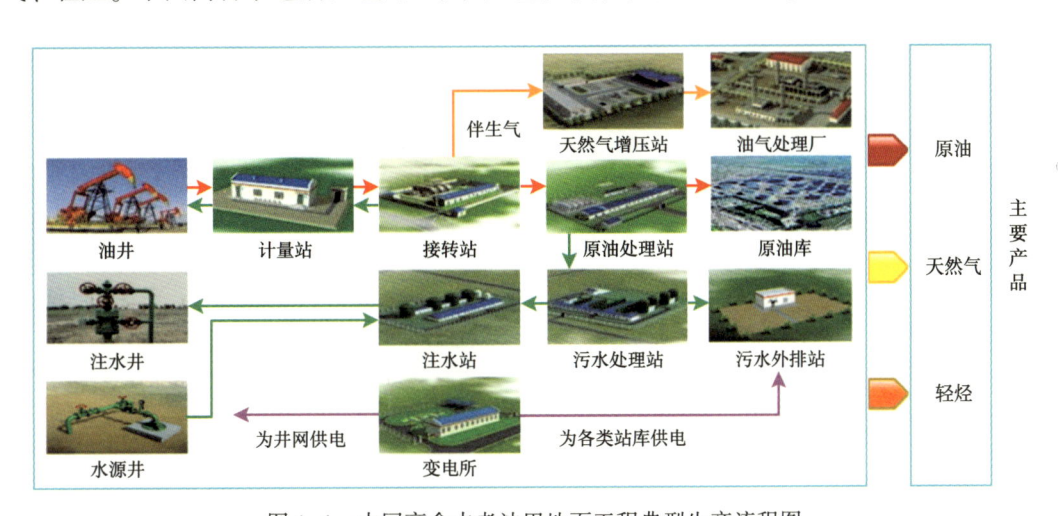

图 1-1 中国高含水老油田地面工程典型生产流程图

油田地面工程是油田开发的重要组成部分,在油田开发过程中作用突出、系统环节多、规模庞大,其作用主要体现在:

(1)油田地面工程是油气开发的重要组成,可实现产能建设和高效开发的目标。

（2）油田地面工程是绿色安全生产的主要对象，可保障安全清洁生产。
（3）油田地面工程是控制投资、降低成本的重要环节。
（4）油田地面工程是优化管理、提质增效的重要抓手。
（5）油田地面工程是连接油气开采与销售的纽带桥梁，可生产外销达标油气产品。

二、典型建设模式

高含水油田地面工程在建设布局上主要有整装开发油田，低产、低渗透油田，分散断块油田等类型；在地理位置上，主要有陆上油田、沙漠油田和滩海油田等类型；开发方式上主要分注水、注化学剂和稠油注蒸汽三种类型，其地面工艺流程有明显的区别。国内各油田经过多年开发建设和持续优化简化，已形成了7种各具特色的地面工程建设模式（表1-1），满足了不同类型油田开发生产需要[1]。

表1-1 中国高含水老油田地面工程典型建设模式

油田类型	地面工程特色建设特点	代表性油田
整装开发油田	形成了"站场布局优化、油井软件计量、油井单管串接、不加热集输及配套原油脱水和采出水处理、注水井稳流配水"的地面建设模式	大庆油田等
低产、低渗透油田	形成了"丛式井单管集油、软件计量、恒流配水"的地面建设模式	长庆油田、大庆油田（外围）、吉林油田、华北油田、玉门油田、延长油田等
分散断块油田	形成了"短小串简、配套就近"的地面建设模式	华北油田、胜利油田、大港油田、江苏油田等
沙漠油田	形成了"优化前端、功能适度，完善后端、集中处理"的地面建设模式	新疆油田、塔里木油田、塔河油田等
滩海油田	形成了"简化海上、气液混输，完善终端、陆岸集中处理"的地面建设模式	大港油田、冀东油田、渤海油田等
化学驱油田	形成了"集中配制、分散注入、多级布站、单独处理"的地面建设模式	大庆油田、胜利油田、大港油田等
热采稠油油田	形成了"高温密闭集输、注汽锅炉分散布置与集中布置相结合、软化水集中处理、采出水回用锅炉"的地面建设模式	辽河油田、新疆油田、胜利油田等

1. 整装开发油田

整装开发油田主要指一次建成产能规模大、单井产量较高、井站相对较多、管网系统复杂、生产期较长的油田。地面建设主要采取"站场布局优化、油井软件计量、油井单管串接、不加热集输及配套原油脱水和采出水处理、注水井稳定配水"的模式，例如大庆喇嘛甸油田（图1-2）。

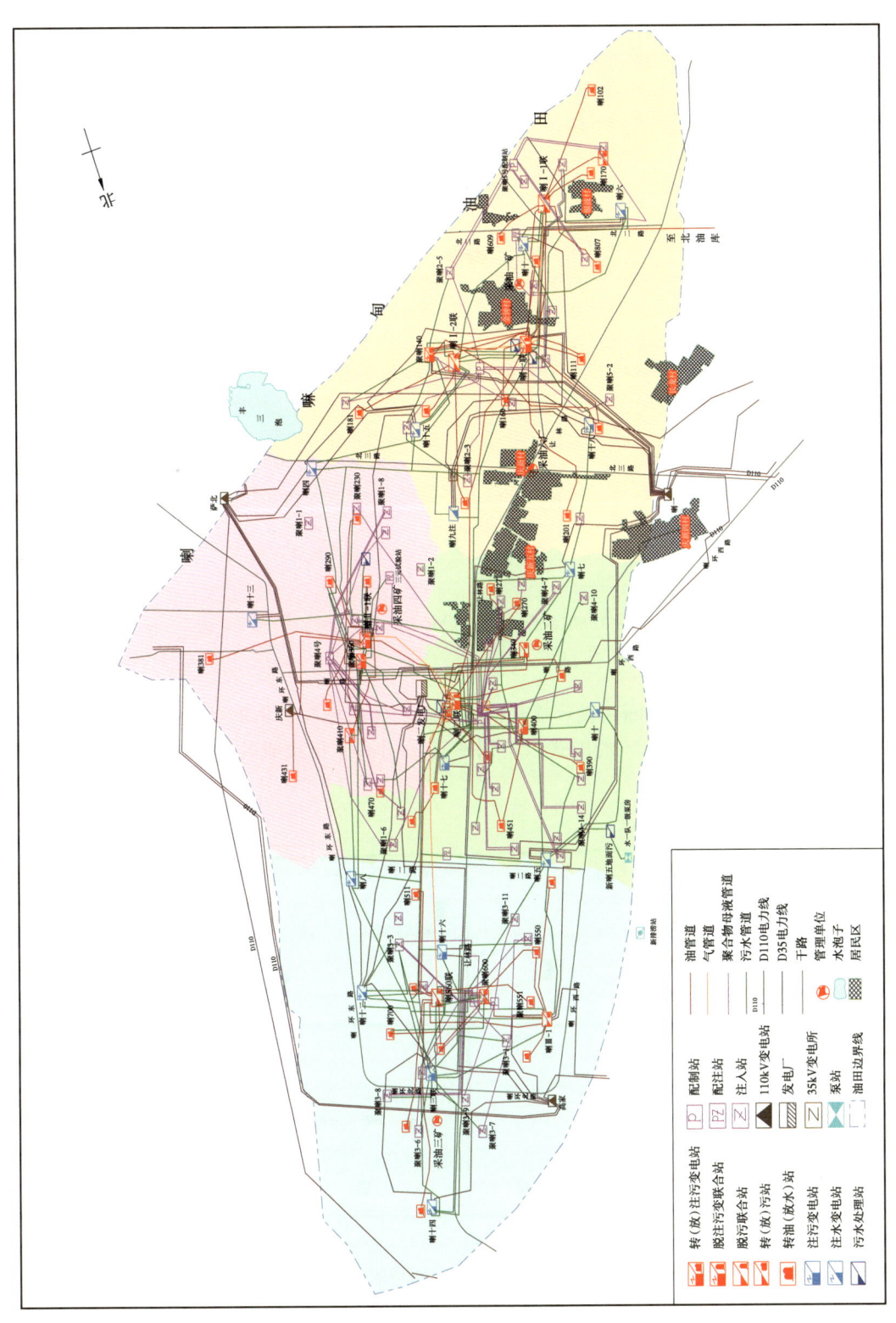

图1-2 大庆喇嘛甸油田地面系统示意图

2. 低产、低渗透油田

低产、低渗透油田主要指井数多、单井产量低、注水水质要求较高、注水压力高、生产成本较高的油田。地面建设主要采取"丛式井单管集油、软件计量、恒流配水"的模式（图1-3和图1-4），例如长庆、大港等油田。

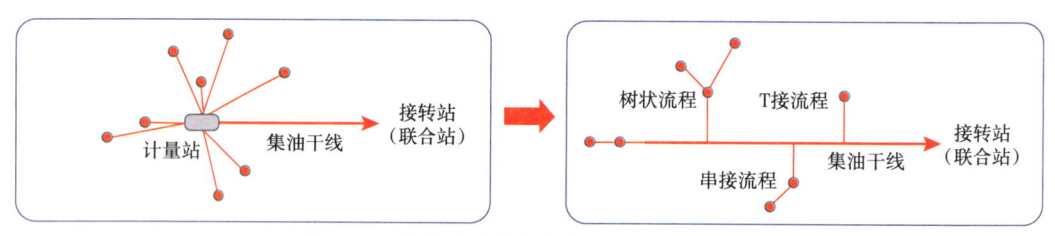

图 1-3　软件计量技术简化地面工艺示意图

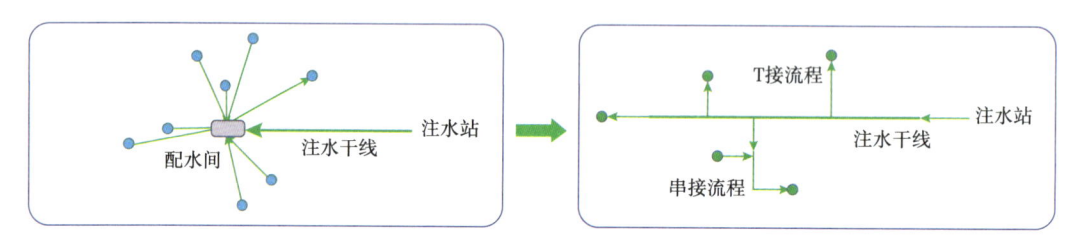

图 1-4　恒流配水技术简化地面工艺示意图

3. 分散断块油田

分散断块油田主要指地面建设产能规模较小，产建区域较分散的油田。地面建设主要采取"短小串简、配套就近"的模式，特别适宜采用一体化集成装置，例如华北西柳10断块油田（图1-5）。

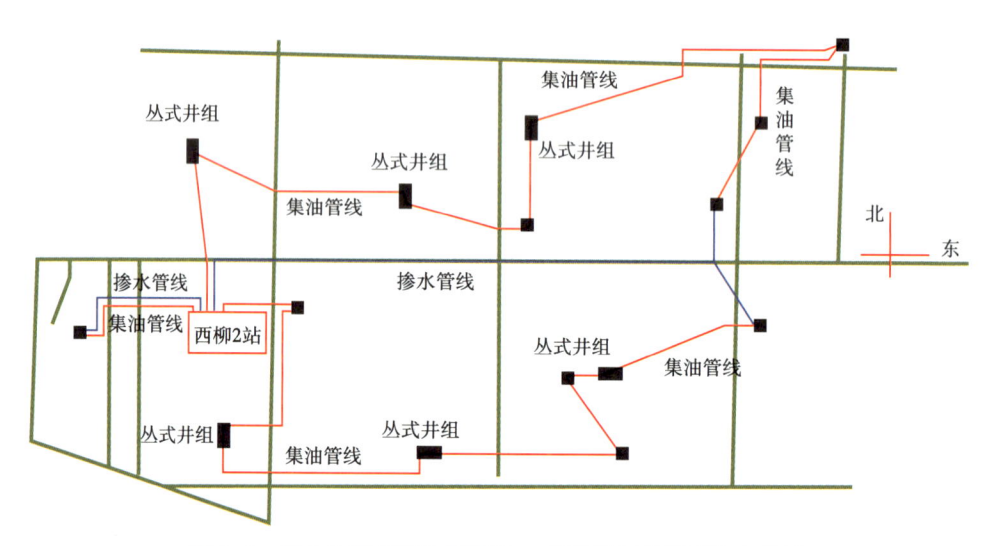

图 1-5　华北油田东部油区西柳10断块油田地面系统布局图

4. 沙漠油田

沙漠油田主要指处于沙漠或戈壁荒原，自然环境条件恶劣，社会依托条件差的油田。地面建设主要采取"优化前端、功能适度、完善后端、集中处理"的模式。例如，塔里木油田塔中、哈得、东河、英买、轮南等区块，所产原油都集中在轮南进行原油稳定处理后再进行外销；塔中等产伴生气进行轻烃回收，烃水露点满足管输需要，未稳混烃掺入原油中输送，浅冷后干气在轮南进行深冷回收轻烃和乙烷，进一步提高产品附加值后再输至西气东输管道（图1-6）。

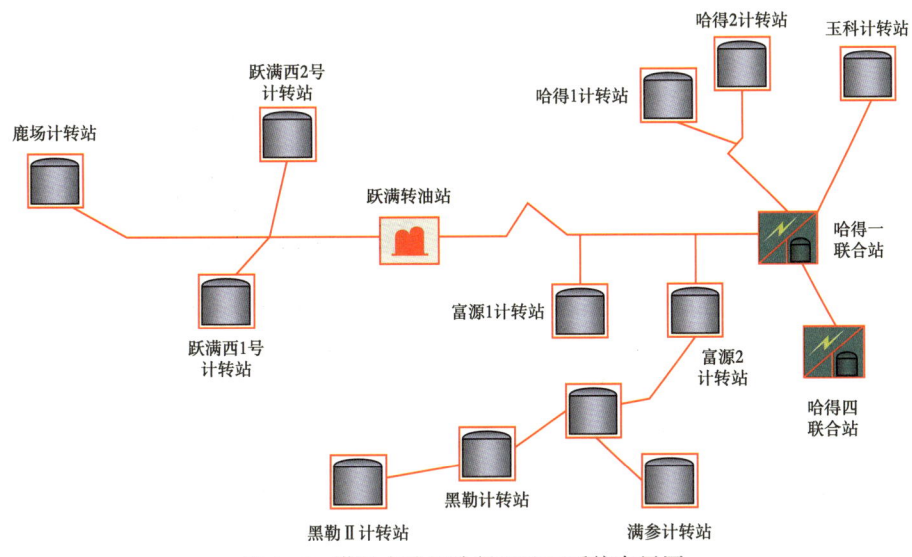

图1-6 塔里木油田哈得四地面系统布局图

5. 滩海油田

滩海油田主要指靠近陆地、水深较浅的油田。滩海油田的潮差、风暴潮、海流、冰情、海床地貌和工程地质复杂。地面建设主要采取"简化海上、气液混输、完善终端、陆岸集中处理"的模式，例如冀东油田高潜北区块、大港油田埕海二区（图1-7）。

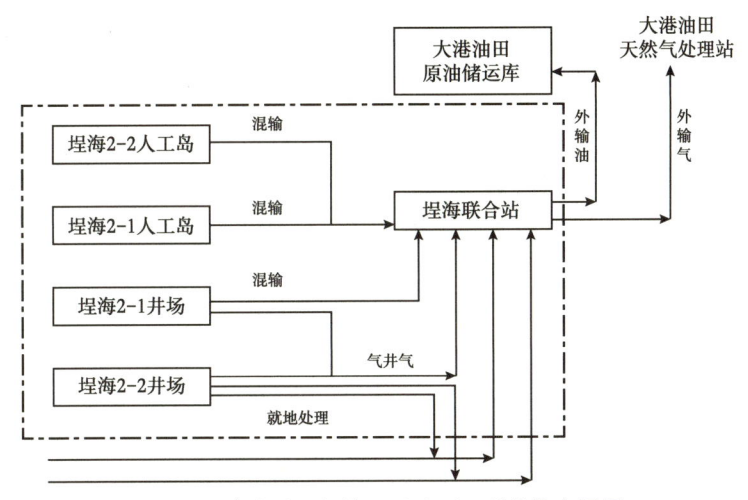

图1-7 大港油田埕海二区地面工程总体布局图

6. 化学驱油田

化学驱油田主要指利用注入油层的化学剂改善地层原油—岩石之间的物化特性，从而提高原油采收率的油田。地面建设主要采取"集中配制、分散注入、多级布站、单独处理"的模式，例如大庆喇萨杏油田（图1-8和图1-9）。

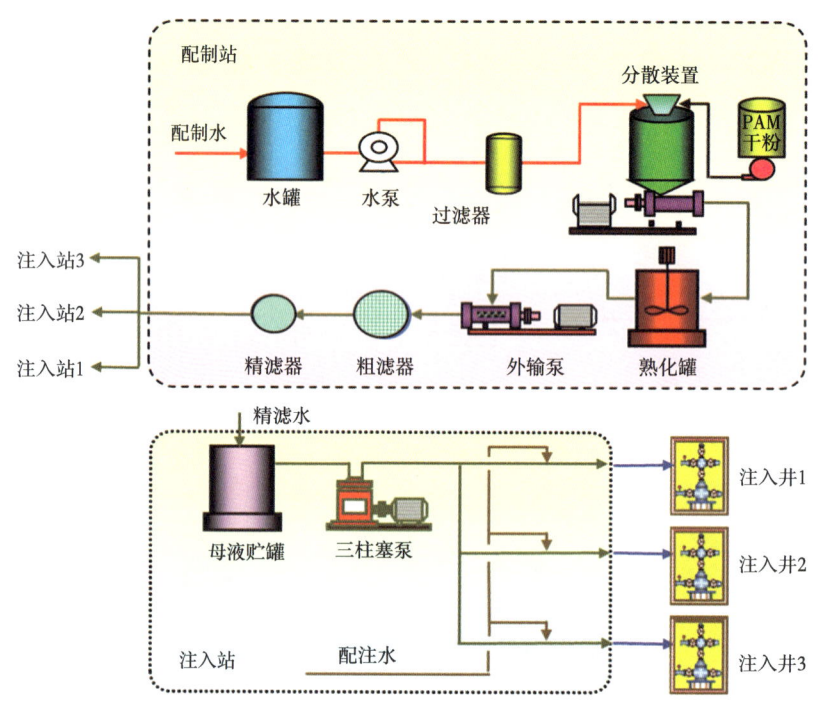

图1-8　大庆油田聚合物驱"集中配制、分散注入"工艺流程示意图

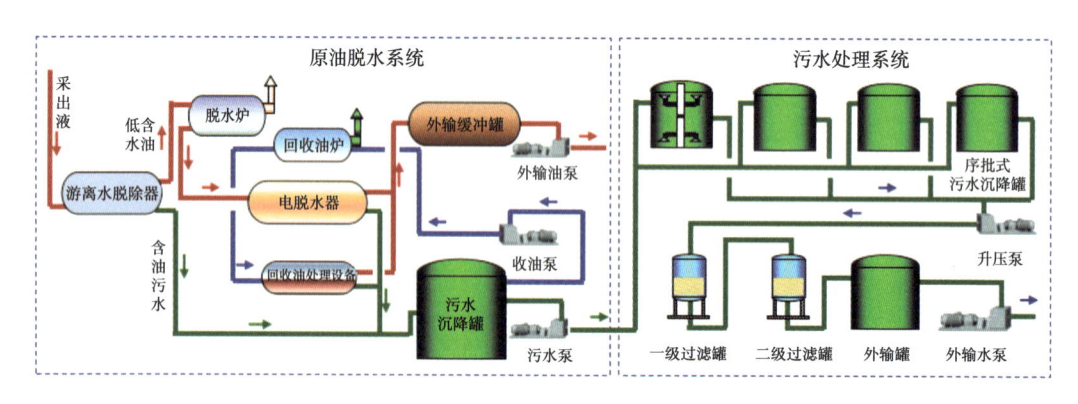

图1-9　大庆油田三元复合驱采出液处理工艺流程示意图

7. 热采稠油油田

热采稠油油田主要指原油中沥青质和胶质含量较高、黏度较大、热力开采的油田。地面建设主要采取"高温密闭集输、注汽锅炉分散布置与集中布置相结合、软化水集中处理、采出水回用锅炉"的模式，例如新疆风城油田（图1-10）。

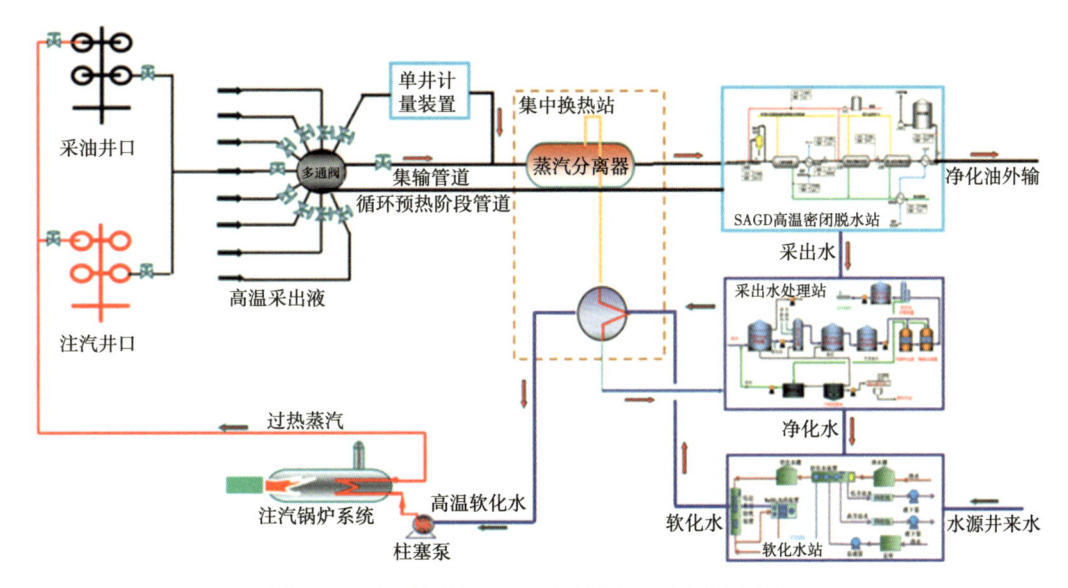

图 1-10　新疆油田 SAGD 地面总体工艺流程示意图

第二节　面临的主要问题

高含水老油田面临的生产与环境、产量与效益、剩余储量有效开采与技术水平不适应等一系列矛盾问题是世界级共性难题。以目前的技术水平，高含水老油田开发到经济界限时仍有 50% 以上的地质储量滞留在地下，大庆主力油田已经进入特高含水后期（含水率大于 95%）开发阶段，仍然有 20×10^8t 以上的剩余地质储量没有采出，全国高含水老油田仍有 130×10^8t 以上的剩余地质储量需要开发，这些储量对国家来说是重要的战略资源。面对这些剩余资源的有效开发，尤其在含水率达 98% 以后，地面工程不能仅靠增加产能工程建设来确保油田效益开发，还面临油田内部优化调整、提质增效的工作任务。

在中国，老油田随着系统长时间运行和开发进入后期，注水量、产液量及液油比大幅上升；多种驱替方式并存，采出液成分复杂，污染物种类多；含油污泥量大且不断增长；地面系统庞大而复杂，维护修理难度增大；设施陈旧，安全环保隐患点多。

一、地面设施投入大，运维成本增加

在中国，高含水老油田地面系统十分庞大。中国石油的高含水老油田在役各种站库 1.7 万余座、各类管道 33.9×10^4km 以上、净资产已经高达 3300 亿元（图 1-11 至图 1-13）；中国石化在役各种站库 0.85 万余座、各类管道 7.0×10^4km 以上，并逐年增长。

新的油田开发方式致使地面处理难度加大、工艺日趋复杂、建设和运行成本大幅提高。在高含水油田，伴随着化学驱、火驱及 SAGD 等提高采收率开发方式的实施，地面工艺技术和流程越来越复杂、地面建设投资和生产成本不断增加。聚合物驱地面百万吨级产能投资是中国石油同类型投资平均值的 1.24 倍；稠油热采地面百万吨级产能投资是中国石油同类型投资平均值的 1.67 倍；稠油油田每生产 1t 稠油自耗 0.35t 油，地面建设投资和生产成本高。

图 1-11 中国石油在役各种站库统计

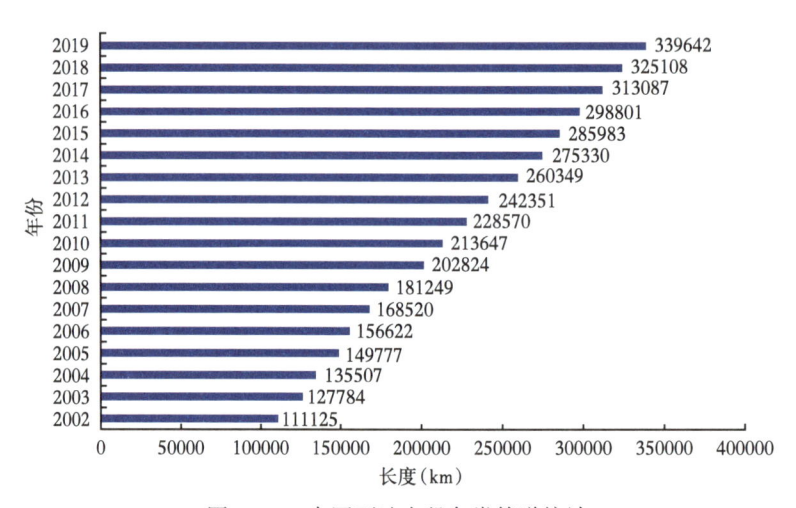

图 1-12 中国石油在役各类管道统计

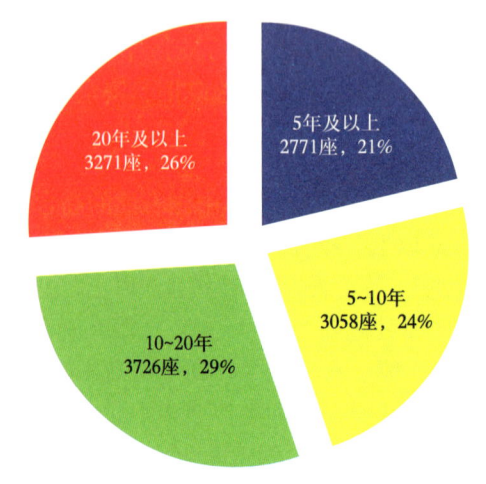

图 1-13 中国石油在役油田站场投运年限统计

二、安全环保压力大，能耗居高不下

高含水老油田废液、废渣产出量大，成分复杂、种类繁多，无害化处理和资源化利用压力大。油田主要废液类型有钻井废弃液、压裂返排液、综合废液（洗井、干线清洗、作业废水等）、外排含油污水。油田主要废渣类型有含油污泥、含油废弃包裹物、钻井废弃液处理后废渣。

高含水老油田随着开发时间的延长，地面管道、设备等设施腐蚀、结垢、壁厚减薄不可避免，"跑、冒、滴、漏"等现象时有发生。国内高含水老油田地面管网失效率高，站场设备故障率高，安全环保形势不容乐观。仅中国石油在役油田管道使用年限在 10 年以上的有 8.8×10^4 km，占比 36%；部分油（水）井、站场、管线处于人口稠密区、工矿企业区和环境敏感地区；部分管道输送 H_2S、CO_2 等物质；管道失效率高，部分区线达到 200~500 次/(10^3 km·a)。

高含水老油田产液量和注水量持续升高，能耗居高不下，地面生产系统能耗占比大，节能减排压力大。油田既是能源生产单位，又是耗能大户。例如，中国石油天然气集团有限公司（以下简称中国石油）每年能源消耗 7000×10^4 t（标准煤）以上，是自产能源的 1/4，约占全国能耗总量的 2.5%。虽然高含水老油田的产量在逐年递减，但生产开发规模在不断增大，能耗总量仍将保持较高水平（表 1-2）。同时，老油田耗能设备腐蚀老化严重，以大庆油田为例，使用 15 年以上的主要机泵设备占比为 23.4%，设备技术相对落后、效率低。

表 1-2　部分高含水老油田 2015—2020 年能源消耗量统计表

油田名称	能源消耗量 [10^4 t（标准煤）]					
	2015 年	2016 年	2017 年	2018 年	2019 年	2020 年
大庆油田	687.50	651.13	666.52	663.47	635.61	600.69
胜利油田	477.00	462.92	449.43	449.62	423.99	369.46
辽河油田	299.20	273.11	281.74	311.92	306.05	283.60
长庆油田	566.21	485.51	490.71	511.54	531.60	564.70
塔里木油田	249.11	203.57	180.61	236.94	259.31	275.87
新疆油田	554.98	498.92	468.43	467.74	465.39	469.41
吉林油田	134.80	111.03	100.24	88.82	70.95	69.29
大港油田	46.48	42.97	40.51	41.38	41.29	40.29
青海油田	139.34	134.77	139.35	137.34	131.87	125.00
华北油田	62.94	61.26	61.45	61.02	57.39	50.90
玉门油田	58.34	52.68	62.09	54.76	48.25	48.67

三、数字化率低，生产管理水平不高

国内各油田数字化开展的领域和范围还不能够覆盖全油田，层次和水平相差较大，部分老油田的数字化率仍然相对较低。大庆油田、辽河油田、新疆油田和华北油田等老油田井数为 17.9 万口（占比 63.6%），平均数字化率仅为 29%。部分油田数据采集仍依靠人工抄录，准确性和工作效率均较低（图 1-14）。

图 1-14　中国石油整体数字化建设情况

随着油田地面系统数字化建设的规模开展、现场自动化程度提高、信息系统的规模应用，地面系统积累了海量的生产数据。如何利用采集的大量生产数据和进行深化分析来作为优化生产运行和管理的依据，是地面系统实现"智能化运维"的关键。目前生产管理仍然依赖人工经验，采用传统的工作手段开展，数据价值在隐患发现和生产优化中尚未得到充分挖掘，智能化应用刚刚起步。

第三节　国外技术现状及发展动态

随着新油田发现的减少和开发成本的增大，国外油公司开始把目光投向老油田，在老油田的投入占开发投资的 70% 以上，以实现老油田的长时间可持续开发。埃克森美孚（ExxonMobil）、英国石油公司（BP）、壳牌（Shell）等大石油公司已将提高老油田采收率作为公司重要的发展战略，重点对 30 年以上的老油田加大开发调整与挖潜力度，通过动态描述、数字化油藏、水气交注、多学科集成等先进技术，不断提升老油田价值，达到提高采收率的目的。BP 公司米勒（Miller）油田水驱采收率已达到 60%，通过实施 CO_2 驱，预计采收率可达到 70%；俄罗斯罗马什金（Romashkino）油田泥盆系二次采油采收率已达到 60%；挪威的斯塔科得（Statqord）油田、哥尔法克斯（Gullfaks）油田预计采收率分别达到 68% 和 65%。

一、优化简化求效益开发

1. 简化建设模式和工艺流程

俄罗斯罗马什金油田：由于原油凝点低、流动性好，采用单管集油工艺，在接转站进行油气分离和游离水脱除，分离后的天然气输至集中处理站、含油污水输至注水站回注、低含水油输至集中处理站脱水后外输（图 1-15）。

(a)采油井场 　　　　　　　　(b)计量间(预制模块整体建设)

(c)转油站(油气分离和游离水脱除,油气处理设备采用倾角结构形式)

图 1-15　俄罗斯罗马什金油田地面系统

美国巴肯(Bakken)油田:井场设备布置简易、紧凑,机泵、配电盘、流量计均露天设置。工艺管道大部分不做外防腐和保温,罐间管道直接地面敷设(图 1-16)。站场工艺因管径较小全部采用螺纹连接,安装拆卸灵活方便,可避免动火引起火灾事故。

(a)井场内设备布置简易、紧凑 　　(b)机泵、流量计均露天设置 　　(c)罐间管道不地下敷设,直接摆放在地表

图 1-16　美国巴肯油田地面系统

2. 高效处理设备和设施

美国哈里伯顿(Halliburton)公司 NATCO 三相分离器,采用蜿蜒板式消雾器,液粒粒径为 10μm 时分离效率 98%,液粒粒径为 50μm 时分离效率可达到 100%[图 1-17(a)]。

挪威艾贝尔(Aibel)公司研发的紧凑型电脱水器,采用内插式电极,结构紧凑、处理效率高[图 1-17(b)]。

俄罗斯西西伯利亚的玛蒙托斯克(Mamontovskoye)油田采用管式脱水器(TWS),解决中心集油站超负荷问题,3~4 个月即可完成装配和投产,项目静态回收期不到 1 年。

加拿大艾伯塔省（Alberta）研发了原油声波破乳装置，安装于高含水油井下游管径小于100mm的生产管线上，按预定频率释放高频声波以降低表面张力，使油水更易分离，原油含水率可降至1%[图1-17(c)]。

西门子水技术公司（SLC Water Technologies）研发的新型浮选装置（CFU），配备了具有独特双面叶轮的溶解气体浮选泵，在不使用填料的情况下，单级除油率在78.4%~87.1%之间，除油效果好[图1-17(d)]。

(a)哈里伯顿的NATCO三相分离器 　　(b)挪威艾贝尔紧凑型电脱水器

(c)加拿大艾伯塔原油声波破乳装置 　　(d)西门子新型浮选装置（CFU）

图1-17　国外典型高效处理设备

二、注重低碳环保

1. 国际石油公司大多制定了低碳发展目标

2015年《巴黎协定》签署之后，国际石油公司达成了天然气大发展和新能源必须发展两大共识，从占领道德制高点、赢得资本市场和可持续发展角度制定了低碳发展目标，明确了发展重点，聚焦于交通新燃料、电力和碳捕集利用与封存（CCUS），追求近零目标。部分国内外石油公司新能源应用情况见表1-3。

表1-3　部分国内外石油公司新能源应用情况表

公司	太阳能	风能	地热能	氢能	生物燃料	储能	充电服务	碳捕集
壳牌	★	★		★	★	★	★	★
BP	★	★		★	★	★	★	★
道达尔	★	★		★	★	★	★	★
埃克森美孚					★			★
雪佛龙	★	★	★		★	★		★

续表

公司	太阳能	风能	地热能	氢能	生物燃料	储能	充电服务	碳捕集
Equinor	★	★				★		★
中国石油	★		★		★		★	★
中国石化	★	★	★	★	★	★	★	★

交通新燃料（生物燃料、氢、充电）与石油公司现有业务的结合最为紧密；电力（太阳能、风能、储能等）是未来终端能源消费的主导者；碳捕集利用与封存是石油公司未来低碳发展的重要环节，一旦该技术具备规模推广的商业可行性与经济性，会在极大程度上解决油气工业的碳排放问题。

2. 废液和废渣处理以无害化、资源化利用为目标

国外油田的废液、废渣处理相关业务大多由专业服务公司来承担，处理技术较为丰富，但由于国土面积、人文状况、自然环境等存在较大差异，各国的法规标准差异较大，各自的处理技术也差别较大。

以含油污泥为例，国外主要工艺有化学热洗、焚烧、溶剂萃取、热解、生物处理等。法国、德国、日本等国的石化企业多采用焚烧的方式，灰渣用于修路或埋入指定的灰渣填埋场，焚烧产生的热能用于供热发电；荷兰 G-force 公司的"化学热洗（调质—离心）"技术已经在美国、阿根廷、科威特、俄罗斯、丹麦等多个国家应用，处理量为 5~45m³/h，处理后泥中含油量为 2%~5%；加拿大 MG 工程公司的 APEX（溶剂萃取）技术已经在美国、罗马尼亚、巴拿马、墨西哥、加拿大等多个国家应用，处理后泥中含油率小于 1%（表1-4）。

表1-4 国外典型含油污泥处理工艺对标表

技术名称	主要适用原料	国外技术公司	优点	缺点
化学热洗	落地油泥或稀油油泥；油田产生的非含聚合物油泥	美国 HYDROPURE 技术公司、荷兰 G-force 公司、德国 HILLER 公司	投资低，运行成本为 200~300元/t；可回收原油，有一定直接的经济效益；处理后泥中含油率小于2%	难于处理乳化严重的含油污泥；对离心机处理性能要求较高；回收原油有待进一步处理
焚烧	含水量不高，而油含量较高的含油污泥（原料热值不够需要混掺辅助燃料）	法国、德国、日本等国均有	实现最大限度地减量化，对原料适应能力强	投资大，运行成本高，为 200~400元/t；可能存在粉尘、SO_2 等二次污染；不产生直接经济效益
溶剂萃取	船底泥与罐底泥	加拿大 MG 工程公司	效率高，处理彻底；可回收石油类物质，有一定的直接经济效益；处理后泥中含油量不大于1%	剩余污泥量大

续表

技术名称	主要适用原料	国外技术公司	优点	缺点
热解	含水量不高，烃类含量高的污泥（稠油污泥）	德国 VEBA OEL 公司 美国 ECC 公司 美国 Retech 公司	介质完全无机化，烃类可回收利用 处理速度快，对污泥处理彻底	反应条件要求较高，操作比较复杂，设备投资大，能耗高，处理不好容易产生大气的二次污染
生物处理	油含量小于 5% 的含油污泥	印度尼西亚 VICO 公司	能耗低，处理成本低	处理周期长； 受温度影响大； 对高含油污泥难适应，资源无法回用

三、全程智能化应用

国外油气行业对信息技术历来比较重视，各大石油天然气公司运用物联网技术和云计算技术将数据与业务、人员进行跨行跨学科、跨组织、跨地区的整合，形成统一的平台，为油气田生产提供更安全、更高效、更科学的决策，为公司带来了更好的收益。大多数国际石油公司从 2000 年后陆续提出数字油田（或称智能油田、智慧油田等）建设理念，不少企业已经进入实质性推广应用阶段。

壳牌公司通过整合智能井、先进协作环境和油藏管理三个子项，形成统一的智能油田协同工作平台。

挪威国家石油公司通过搭建设备状态监测平台，实现对生产现场及关键设备状态与性能监测；于 2005 年启动了"整合运营"项目，该项目依靠物联网的实时数据，结合创新的工作流程，更好地进行设备监控和维护，使生产参数优化、采收率提高。

沙特阿美石油公司的智能油田项目主要目标是通过及时掌握生产状况，进行全油田优化、降低作业成本，通过远程监控与报警强化安全措施等来提高油气采收率。截至 2012 年，该公司采用物联网技术，在所有新老油田部署了井下传感器和地面传感器，以便实时监测生产动态。

另外，国外石油公司根据生产实际情况，地面工程在建设之初注重"高自动化程度、高安全环保标准、低建设投资、低运行成本"的理念，形成了一整套油田地面工程建设标准，大幅提升了场站监控和自动化水平，实现站场无人值守。例如，壳牌公司加蓬油田位于西非，所辖井大部分地处偏远或被茂密的高植被覆盖，加之连续雨天等恶劣的天气条件，壳牌公司提出智能油田建设理念，实现远程操作、智能运维；采收率提高 1%~5%，产量增加 3%，停运时间减少 3%~10%，运行效率提高 5%~20%。

第四节　国内典型做法与技术措施

一、通过"三优一简"实现提质增效

随着油田开发，面对不断增多的油水井和地面设施，国内高含水老油田持续优化布局、优化参数、优选设备和简化工艺，逐渐形成地面工程优化简化技术体系。

1. 总体布局优化

大庆、冀东、新疆等油田重点通过采取"关、停、并、转、减"等措施，进行总体布局优化，2008—2016年共减少投资22亿元。其中，大庆油田坚持少建站、建大站，将原规划的92座中型站场优化整合为36座联合站，共节省投资13.8亿元，年节约运行费用1750万元。

2. 工艺参数优化

系统运行参数直接反映了系统的运行水平，需要根据实际工况和环境的变化，及时优化运行参数，主要在以下五个方面开展优化。

(1)集油工艺参数：油田进入高含水开发阶段，集输介质的热力和水力特性已发生了较大变化，通过集油工艺参数的优化，实现不加热、不掺水或季节性掺水集输，加热参数应随着环境温度介质条件的变化实时调整，已在大庆、吉林、玉门、长庆等油田规模应用。

(2)原油脱水工艺参数：在高含水开发阶段，通过优化沉降温度和时间，实现游离水常温预脱除，并在优选药剂的辅助下，降低原油脱水温度，已在大庆、胜利、辽河、新疆、华北等油田规模应用。

(3)水处理工艺参数：优化节点控制参数，保障水质达标，已在大庆等油田规模应用。

(4)天然气处理参数：对工艺设备、单元装置动态能量优化，节约成本；通过优化动态调整运行参数，改进工艺流程和操作条件，提高产品收率，已在大庆、冀东、塔里木等油田规模应用。

(5)化学药剂与加注方案：地面集输与处理过程中需要使用大量各类药剂，药剂费用占生产成本的比率越来越高，优选高效药剂是降本增效的有效途径(油田集输及处理系统：破乳剂、防垢剂、缓蚀剂；水处理及注水系统：破乳剂、絮凝剂、杀菌剂、防垢剂)，已在渤海、绥中、大庆、辽河、新疆、华北等油田规模应用。

3. 高效设备研发与优选

大庆、大港、河南、中原等油田通过优化选择节能高效设备、优先选择成熟国产设备、减少备用设备，同时注重对闲置设备的再利用，实现地面工程降本增效。其中，大港油田优选一种节能型高效三相分离器，该设备集气液旋流分离、水洗游离态水、低温热化学破乳、重力沉降分离等技术于一体，可实现脱水温度降低5~8℃、含水率90%以上的采出液一次性脱水到1%以下的净化油，大幅节能降耗，生产运行成本可降低30%，工程建设投资可降低30%~50%；截至2019年12月底，共应用了329台，全油田年效益1000万元以上。中国高含水老油田地面工程优选典型设备部分列表见表1-5。

表1-5 中国高含水老油田地面工程优选典型设备部分列表

系统	典型设备名称	功能及处理效果	应用油田	适用范围
原油处理系统	高效三相分离器	将含水率90%以上的原油一次处理成含水率1%以下的净化油	大港油田、长庆油田等	油水分离性质较好的原油处理
	翼形板油水分离设备	实现采出液的高效分离，比常规设备单台处理能力提高50%以上	大庆油田等	原油气液分离或一段脱水
	电脱水器	采用电化学脱水方式将原油处理到含水率0.5%以下，有效提高油水分离效果	大庆油田、胜利油田等	原油二段脱水

续表

系统	典型设备名称	功能及处理效果	应用油田	适用范围
原油处理系统	多功能合一装置	将气液分离、沉降、加热、电脱水、缓冲等多种功能在一台设备内组合布置，降低投资30%以上	大庆油田、延长油田等	低产分散区块油田
	壳程长效相变加热炉	可解决化学驱加热困难，设计热效率90%以上，运行热效率长期保持88%以上	大庆油田等	集输加热
采出水处理系统	一体化预分水集成装置	可代替传统的预分水装置和整个采出水处理站，节省投资50%、节约占地70%、节约运行成本60%	江苏油田等	采出水处理
	立式斜板沉降罐	在普通除油罐中心反应筒的分离区加设了斜板组，提高除油处理能力1.0~1.5倍	渤海油田、长庆油田等	采出水沉降
	气浮沉降罐	在沉降罐内增加气浮释放设施，在沉降罐外增加气浮溶气设备，可使处理后出水中的含油量和悬浮固体含量去除率提高20%以上	大庆油田、绥中油田等	采出水沉降
	双层滤料压力过滤器	使用石英砂—磁铁矿双滤料压力过滤技术，含油量和悬浮固体的去除率提高20%以上	大庆油田、绥中油田等	采出水过滤
注水系统	大排量离心泵	离心泵效率提高2%以上	大庆油田等	排量不小于10000m³/d，压力不大于20MPa
	柱塞泵	柱塞泵的泵效普遍比离心泵高出12.5%以上，节电率15%以上	大庆油田等	排量不大于250m³/h

4. 工艺简化

重点简化和缩短工艺流程、提高系统效率。

（1）软件量油技术。应用软件量油技术，可取消传统的计量站，极大简化地面集输工艺、降低建设投资和运行成本。大庆油田从20世纪80年代开始在外围低产、低渗透油田规模应用以软件量油为主的优化简化系列技术。大港油田在老油田改造中全面应用软件量油技术。

（2）集油工艺简化。近年来，中国石油大力推进集油工艺简化，三管集油流程不断减少，中国石油所属老油田单管集油流程井数占比已经达到48%（图1-18）。

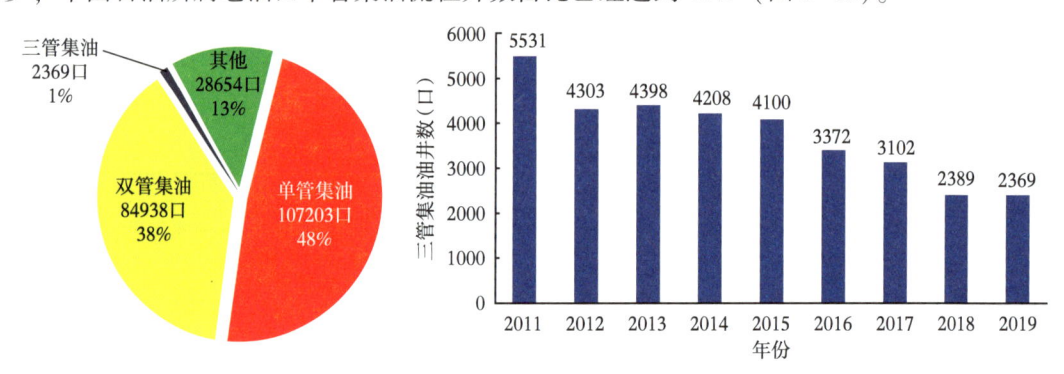

图1-18 中国石油集油工艺简化实施情况

第一章　概述

(3)注水工艺简化。应用稳流配水技术可简化注水工艺，减少注水支线，取消配水间。大港、华北等油田在1.6万口注水井推广应用，与单干管多井配水工艺相比，单井地面投资降低10万元以上。

二、积极完善地面配套工艺适应新的开发方式

对于地面工程来说，老油田目前已经实施的提高采收率技术主要有化学驱、热采、气驱三大类，每类里面存在着多种驱替方式，有的已经配套形成地面工程技术体系，有的尚处于技术攻关阶段（表1-6）。

表1-6　老油田已实施提高采收率技术对应的地面工程技术配套情况

提高采收率技术	已配套	待攻关
化学驱	聚合物驱、三元复合驱、二元复合驱	新型高性能驱油剂、微生物降解成气技术
热采	蒸汽吞吐、蒸汽驱	完善并规模应用SAGD、火驱
气驱	天然气驱、二氧化碳驱	减氧空气驱

随着高含水老油田新的开发方式规模应用，地面工程技术发展趋势和特色如下：

(1)化学驱配注工艺持续简化。

大庆油田聚合物驱"集中配制、分散注入"：可实现聚合物母液一管多站供液和目的液一泵多井橇装注入，较"分散配制、分散注入"投资降低20%~30%。

大庆油田三元复合驱采用"低压三元、高压二元"混配注入工艺：可实现"单剂调浓、梯次投加、在线混配"，浓度误差小于3%，投资降低26.5%。

(2)采出液处理效率持续提高。

大庆油田三元复合驱采出液高效处理技术：揭示了空间位阻和过饱和是采出液油水分离和油净化处理困难的主控机理，发明水质稳定剂和破乳剂，研发出两类工艺、8种专用设备，建立技术标准，实现原油达标外输、污水达标回注，满足每年近亿立方米采出液的高效处理。

胜利油田二元复合驱高频聚结油水分离技术：针对二元复合驱采出液处理难度大，常规分水设备无法满足分水需求的问题，攻关了高频聚结油水分离技术，在东四、埕东等站场推广应用，可在低温、高含水状态下建立稳定电场，缩短处理时间90%，降低处理能耗80%以上。

新疆油田SAGD采出液稠油高效脱水技术：创新性地提出了先破胶、再破乳的油水分离方法，研发了配套的耐高温有机药剂体系，发明了基于两段聚结原理的高温仰角脱水装置，实现了高效油水分离，脱水成本降低约50%。

辽河油田稠油采出水深度处理回用蒸汽锅炉给水工艺：稠油采出水经过深度处理后通常用于蒸汽锅炉给水，首先对采出水进行油水分离和过滤，末端需要对采出水进行软化处理符合进锅炉要求。

三、发展新能源业务实现清洁能源替代

随着世界能源格局变化，传统油气业务与新能源发展高度融合将成为时代主流。世界能

源正在加快向多元化、清洁化、低碳化转型,能源结构"四分天下"(油、气、煤炭、清洁能源)格局将逐步形成,传统油气与新能源高度融合共同发展将成为时代特征(图1-19)。

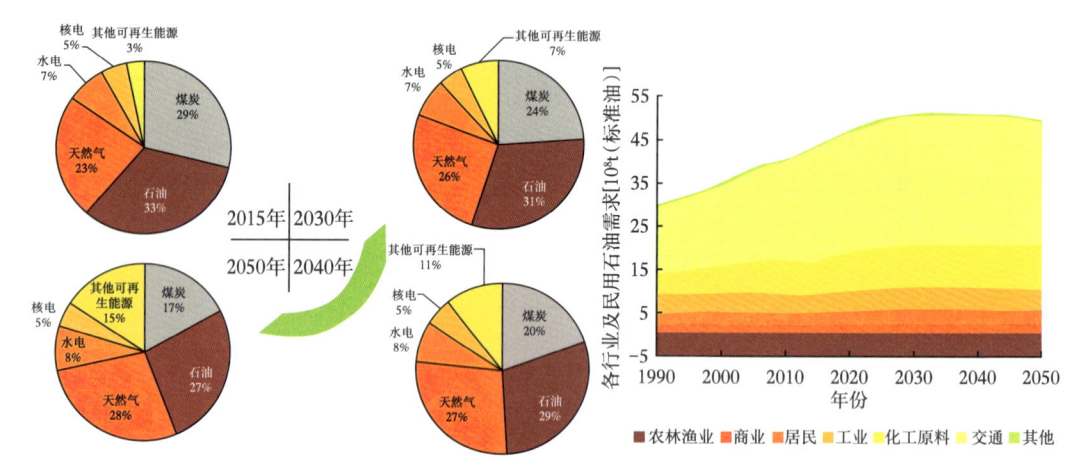

图1-19 世界能源发展格局展望

数据来源:中国石油经济技术研究院《2050年世界与中国能源展望》(2019版)

习近平总书记在第七十五届联合国大会上,提出"中国将提高国家自主贡献力度,采取更加有力的政策和措施,二氧化碳排放力争于2030年前达到峰值,努力争取2060年前实现碳中和。"在科学家座谈会上,也明确指出"能源资源方面,新能源技术发展不足"。因此,高含水老油田要加快推进绿色低碳发展,加大新能源发展,以大庆油田、胜利油田、玉门油田、华北油田等为代表的高含水老油田与地方政府协调推进,开展国家级示范区建设,例如"国家可再生能源综合应用大庆示范区"。充分发挥高含水老油田风、光、工业余热、地热等绿色能源优势,大力开发和利用可再生的清洁能源,达到高含水老油田"碳中和"。

目前,我国高含水老油田在太阳能和地热能方面开展了一定应用。

(1)光伏+光热技术在多个典型项目中应用。

胜利、大港、长庆油田利用太阳能直接给边远拉油井储罐维温,胜利油田2019年应用"橇装式单井原油光热循环加热装置"36井次;胜利、塔里木油田建设太阳能分布式光伏发电;截至2019年12月底,新疆油田已应用10套太阳能+空气源热泵组合加热工艺(图1-20)。

(2)地热能替代生产和生活用热。

采出水余热作为一种地热能,在大庆、胜利等油田得到较大规模利用。大庆油田从2002年开始陆续建设了24座热泵站,用于采暖供热;截至2019年12月底,总供热能力达到46.3MW、供暖面积达到$27.4×10^4 m^2$。截至2019年12月底,胜利油田已建成余热项目22个,除了采暖供热外,还可用于加热脱水油和稀油等替代生产用热。

长关井作为地热井利用,可实现"取热不取水",既降低了能耗,又实现了老油田弃置设施有效利用,已在大庆海拉尔油田试验应用。

地热水可用于城市供热、温泉洗浴等行业,已在华北、冀东、新星等油田得到规模应用,形成新的产业。

(a) "太阳能集热+电加热"油罐维温　　(b) 井场光伏发电　　(c) 联合站光伏发电

(d) 边远岗位分布式+建筑应用　　(e) 太阳能+空气源热泵

图 1-20　油田应用太阳能部分典型案例图片

四、积极开展废液和固废无害化处理技术应用

国内各油田都以建设自行管理的处理站为主，处理后达到所在地政府环保要求，实现无害化。废液处理的基本原则是处理后回注或回用，不外排；当发生外排时严格执行地方排放标准，严保达标，并尽量做到资源化利用。固废处理的基本原则是尽可能回收原油和降低污泥的含水率，处理的结果符合国家的环保规定，最终实现无害化、资源化（表 1-7 和表 1-8）。

表 1-7　各类油田废液典型处理方式列表

废液类型	典型处理方式	处理工艺技术	应用油田	存在问题
钻井废弃液	固液分离处理	来液→钻井液卸液池→脱稳搅拌池→振动筛→均质缓存池→加压缓冲→固液分离装置	吉林、大庆等	运输费用高，处理费用较高。虽然可以作为处理水基废弃钻井液的完整处理工艺，但对于油基废弃钻井液，还需要进行后续处理
压裂返排液	回用处理	井口→除砂器→水池沉降→过滤装置→配制压裂液	西南等	回用配液技术依赖可回收压裂液体系，应用不够广泛
	回注处理	气浮→絮凝→磁分离→过滤	大庆等	处理工艺复杂，处理成本高，二次污染风险大
综合废液	依托已建系统处理后回注	罐车卸液→卸车池→提升→预处理罐→污水站	大庆等	还没有形成相关行业标准；各油田处理技术多为外部公司提供，缺少自主知识产权；高效可搬迁处理装置及相应的工艺技术有待研究和完善
	独立建站处理后回注	罐车卸液→隔油沉淀池→调节池→电催化→絮凝沉淀→铁碳微电解→过滤→净化水罐→回注站	冀东等	

续表

废液类型	典型处理方式	处理工艺技术	应用油田	存在问题
外排含油污水	独立建站处理后排放	前段常规处理：两级隔油→两级压力过滤 生化处理：预处理→厌氧+好氧悬浮→沉淀池	冀东、新疆等	处理站场的建设投资和运行费用相较回注处理方式高；未来将会面临工艺升级改造，投资和运行成本增加的问题；有效降解聚合物是含聚合物污水COD达标关键；油田过剩含油污水虽然满足环保要求达标排放，但未能实现资源化利用

表1-8 各类油田固废典型处理方式列表

废液类型	典型处理方式	处理工艺技术	应用油田	存在问题
含油污泥	化学热洗+离心脱水	污泥收集→预处理→调质→离心→铺垫井场	大庆等	随着油田开发助剂的使用，含油污泥的黏度增大导致已建设施处理量下降；含油污泥处理后资源化利用不充分，利用途径单一
	热解析	污泥预处理→热解→冷却→铺垫井场、制砖等	新疆、辽河等	
	焚烧	污泥脱水晾晒→与煤混合→按比例焚烧→废渣排放	胜利、大庆等	
	微生物	污泥收集→预处理→与菌剂混合→洒水及翻耕→植物种植	胜利、青海等	
	地层回注	污泥均质→调配→回注	胜利、长庆	
含油废弃包裹物	热解析	破碎→筛分→热解→冷却→铺垫井场	大庆等	各油田针对含油污废弃包裹物主要是采用对外招标的形式进行处理；含油废弃包裹物处理后资源化利用途径单一
钻井废弃液处理后废渣	固化	废弃物收集→固液分离→搅拌固化→就地填埋	西南等	固化技术后续处置或综合利用制砖费用较高；土地耕作处理技术简单易行，成本较低，运行费用低，但是净化过程缓慢，不适用于冬季较长的地区；微生物技术对温度、湿度等环境条件要求严格，周期长，难以去除一些不可生化有机物和无机有毒离子
	土地耕作	选择土壤→预处理→投加菌剂→保持必要条件→检测效果	国内未见	
	微生物	钻井废弃液渣泥→接种→驯化→分离→纯化→筛选→获得优势菌种→制成固体菌种→现场应用	西南等	

五、大力实施管道完整性管理

国内老油田推广应用完整性管理，实现了以泄漏事件处理为主的被动管理模式向基于风险评价主动维修维护为主的完整性管理模式的转变，管道泄漏风险得到了有效的遏制。例如，塔里木油田开展了系统的管道完整性评价工作，中国海油开展了形式多样的海管勘测及内检测技术比选（图1-21）。

第一章 概述

```
①完整性检测、评价试点
塔中11条管道的内、外腐蚀直接
评价塔中2条125.5km管道的内腐
蚀检测牙哈装车站RBI、SIL
试点

②完整性管理体系建设
油田完整性管理体系顶层规划
完整性管理文件体系初稿编制
数据采集表初稿编制

完整性
试点

③管道和站场技术攻关
非金属管道剩余寿命研究
管线外腐蚀及阴极保护检测与评估
注气压缩机组自带压力容器安评
缓蚀剂应用效果跟踪及优化研究

④标准规范编制
凝析气处理厂检修规范编制、集输
管道高后果区划分标准、集输管道
半定量风险评价标准、站场和管道
完整性管理实施规范
```

(a) 塔里木油田开展了系统的管道完整性评价工作

海管内检测技术成熟、检测结果准确，可以对海管的健康状况作出评估；海管勘测可以精准掌握海管位置、状态等信息

漏磁检测器MFL　　超声波器检测器UT

远场偶流检测器RFT　　海管勘测

(b) 中国海油开展了形式多样的海管勘测及内检测技术比选

图1-21　中国老油田管道完整性典型案例

中国石油自2015年起，连续五年以上开展油田完整性管理试点工程，管道失效率明显降低，管道安全性大幅提升，投入产出比平均超过1:4，治理成效显著。

塔里木油田推广应用完整性管理技术，管道泄漏失效次数由2010年最高的663次降至2019年136次，平均失效率由116次/(10^3km·a)降至8次/(10^3km·a)（图1-22）。

长庆油田推广应用完整性管理技术，在管道泄漏前实施预防性修复，管道失效率由210次/(10^3km·a)降至17次/(10^3km·a)，下降了92%（图1-23）。

图 1-22 塔里木油田集输管道总长度与管道失效率

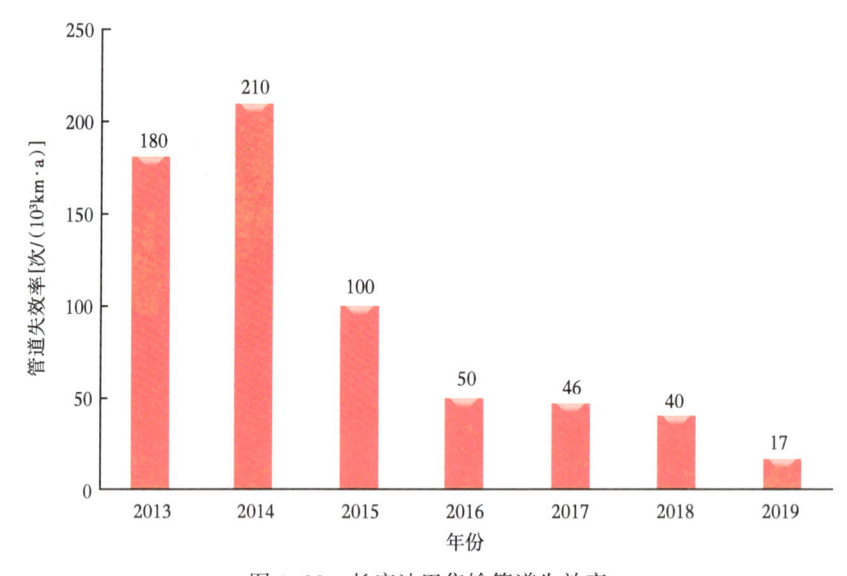

图 1-23 长庆油田集输管道失效率

六、积极推进数字油田、智能油田建设

随着物联网技术的快速发展和广泛应用，中国各油田陆续开展数字油田建设工作，目标是：建立覆盖油气井区、计量间、集输站、联合站、处理厂的规范、统一的数据管理平台，实现生产数据自动采集、远程监控、生产预警，支持油气生产过程管理。通过生产流程、管理流程、组织机构的优化，实现生产效率的提高、管理水平的提升。

数字油田的实施可以带来以下成效：

(1)转变生产方式，提高工作效率。通过生产过程实时监控、工况分析等功能，将现场生产由传统的经验型管理、人工巡检，转变为智能管理、电子巡井。节约了人力，降低了劳动强度，提高了工作效率。

（2）优化劳动组织架构，减员增效显著。压缩了管理层级；井场、中小型站场无人值守，为优化用工结构奠定了基础。

（3）精确操控为精细化管理创造了条件，生产安全得到加强。精确掺水、调温、加药，减少了生产成本，促进了节能降耗；通过自动感知、实时监控等功能，"跑、冒、滴、漏"等隐患提前得到消除，生产本质安全得到加强。

中国石油建立了一套物联网建设标准体系、构建了一个油气生产物联网平台、建成了一批物联网示范工程，通过示范和推广，已建成数字化井14.4万口、数字化站9000余座，分别约占井、站总数的52%和43%。在油田数字化建设中，油井通过应用功图计产、视频监控、数据实时采集等方法，实现了全方位监控生产环节，快速准确掌握生产动态，精细机采管理可提高时率和利用率；地面系统通过生产数据进行自动采集、监测和分析预警，实现了数据实时推送，为实施精确注水、精确掺水、精确调温、精确加药、软件计量、错峰用电等节能降耗、能效优化、提质增效措施提供了数据支持。目前，已建成投产的数据系统主要有油气水井生产数据管理系统（A2）、中国石油采油与地面工程运行管理系统（A5）、油气生产物联网系统（A11）等，各系统间实现了数据共享，提升了数据应用水平。系统业务范围及数据量情况见表1—9。

表1—9　A2、A5、A11系统业务范围及数据量情况表

系统	系统概述	业务范围	数据量
A2	以油气生产产量管理为核心，统一规范的油气生产数据采集、处理汇总和展示的数据管理系统	稀油、稠油、天然气及煤层气的生产管理；油气水井分别按井站库管理，按组织机构管理，按地质单元管理	30万口油（气、水）井及站场生产数据
A5	为满足总部、各油气田公司、各采油采气厂三个层面的采油工程与地面工程生产运行管理与决策支持需求的工程信息管理平台	采油工程规划与方案管理、完井管理、采油气及注入生产管理、井下作业管理、综合管理；地面工程的前期管理、建设、生产、辅助、综合管理	4092个采油工程数据项，4197个地面工程数据项
A11	利用物联网技术，实现对油气水井、计量间、站库、集输管网等对象的生产数据采集和控制、运行监控和管理	油气举升、产量计量、油气集输、油气水处理、油气储运等多个环节	6400多个生产运行数据项

长庆油田基本建成了数字化油田，应用25项关键技术，实现了"油水气井远程监控、管道安全监控、数据智能分析、报表自动生成"等功能。对56032口油（水）井、2100座站点实施数字化，实现井、站、线过程管控。建成生产指挥应急管理一体化平台，实现对全油田井站监控，对10条长输管道实施远程截断（图1—24）。

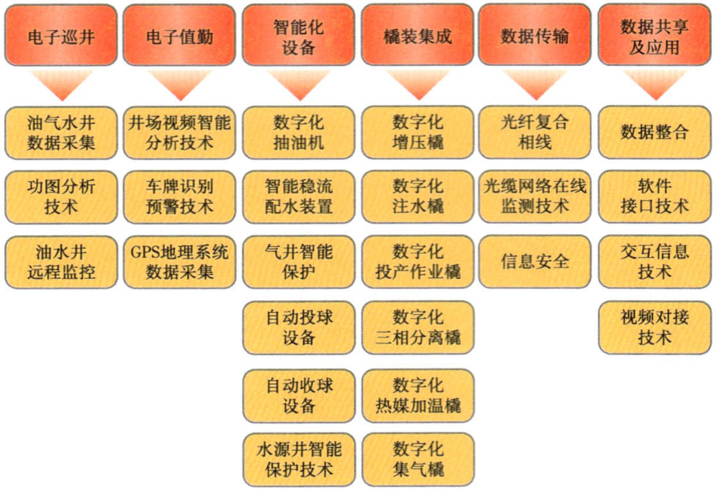

(a) 25项关键技术体系框图

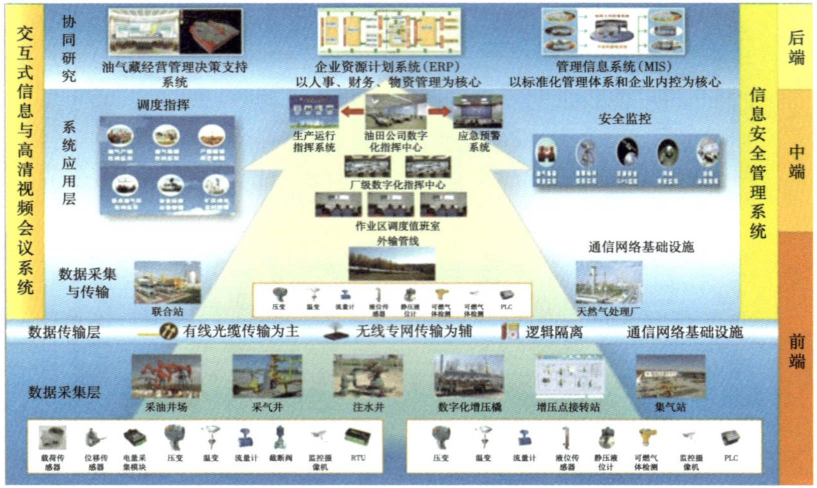

(b) 长庆油田数字化建设蓝图

图 1-24　长庆油田数字化建设模式

胜利油田实现了陆上油田数字化全覆盖，共建成"四化"（信息化提升、标准化设计、标准化采购、模块化建设）管理区 112 个，覆盖油井 24799 口、水井 7800 口、配水间 1785 座、站库 470 座。通过现场生产物联网能自动采集数据，实现生产全过程的实时感知、管控和超前预警；搭建了包括智能生产指挥平台在内的科学决策系统平台、精细管控优化平台，初步建立了油田基础设施云（图 1-25）。

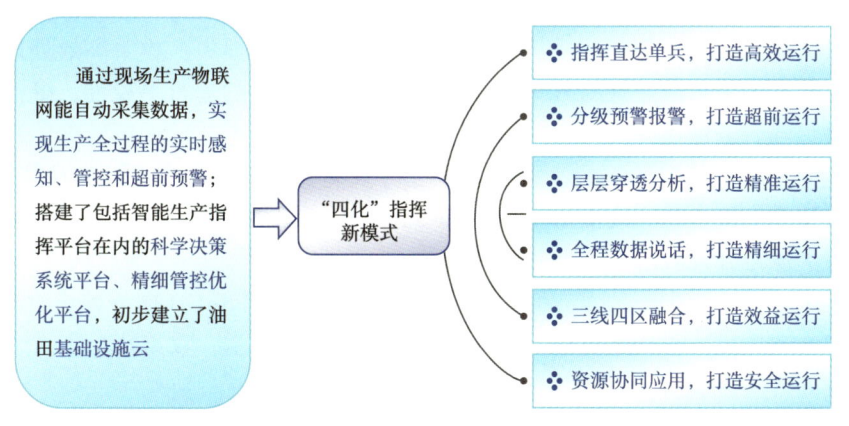

图 1-25　胜利油田数字化建设模式

第五节　地面工程技术发展方向

通过上述现状分析、技术对标，高含水老油田地面普遍存在着设施投入大、运维成本逐年增加、地面设施老化问题日益显现、安全环保压力大、能耗居高不下、数字化率低、生产管理水平不高等问题，需要向高效、绿色、智慧方向发展，发展潜力重点聚焦于优化简化、完善配套、清洁能源替代、废液和固废无害化处理、设施完整性管理和数字化油田建设六大方面。

一、高效益建设、高效率运行

（1）高含水老油田经过多年开发建设，地面系统庞杂，注水和集输管网复杂，综合含水率逐年上升，注水量和产液量居高不下，造成地面系统容量越来越大、约束越来越多，亟需持续创新基于大规模、多因素的"优化布局、优化参数、优选设备、简化工艺"技术体系，实现地面资产轻量化、集约高效，降低地面工程建设投资，提高地面系统运行效率，保障油田效益开发。

①在降低工程投资方面，重点通过"优化布局，简化工艺"，减少站场数量、输送距离，实现地面资产轻量化。例如，针对高含水原油集输水力、热力条件改善、产油量下降的实际情况，应用日趋成熟的油井软件量油等技术，采取简化工艺、站场"抽稀合并"等措施，统筹优化系统布局。

②在提高运行效率方面，重点通过"优化运行参数，优选高效设备"，实现地面生产系统高效运行。例如，研发应用特高含水采出液水力旋流预脱水器；研发应用基于磁场、超声波及高频脉冲电场技术的脱水设备；研发采出液处理和回注一体化集成处理装置，实

现采出液处理和回注一站式完成,缩短处理流程。

(2)为了延长高含水老油田的开采寿命,往往采取新的提高采收率开发方式,导致的采出液成分越来越复杂,且处理困难,亟须持续创新基于复杂采出流体的"优化布局、优化参数、优选设备、简化工艺"技术体系,实现地面工程对新开发方式的高效配套,保障油田效益开发。

①在化学驱地面工程配套技术方面,重点攻关熟化配制连续化、注入分子量个性化、配注装置一体化集成,提升配注质量、降低配注系统的黏度损失;攻关高效处理设备和适应整个开发周期的采出液处理高效化学助剂,提高处理系统的运行平稳性,降低生产运行成本。同时,随着老油田开发对象向渗透率更低、储层物性更差的油层转变,现有化学驱技术已不能完全满足开发的需要,相关专业已开展新型化学驱油体系(如功能性聚合物、非均相复合体系、聚合物—表面活性剂—NaCl三元复合体系等)技术攻关,需密切跟踪开发进展,攻关满足开发要求的地面工程配套技术。

②在热采地面工程配套技术方面,重点攻关特(超)稠油SAGD循环预热阶段采出液处理工艺技术,攻关生产阶段采出液的密闭集输及处理工艺技术,攻关特(超)稠油SAGD采出液的集输处理关键设备。

③在二氧化碳驱地面工程配套技术方面(图1-26),重点针对水驱转CCUS开发对地面工程技术的要求,攻关基于源汇匹配的二氧化碳超临界管输技术,降低输送和注入成本;攻关低温高气液比、高含二氧化碳采出流体集油技术,以实现采出流体流动稳定;攻关循环回注,实现伴生气中二氧化碳全部回收、回用;攻关计量、气液分离、脱水、采出水处理以及采出系统腐蚀和结垢防治技术,实现高效处理、达标生产。

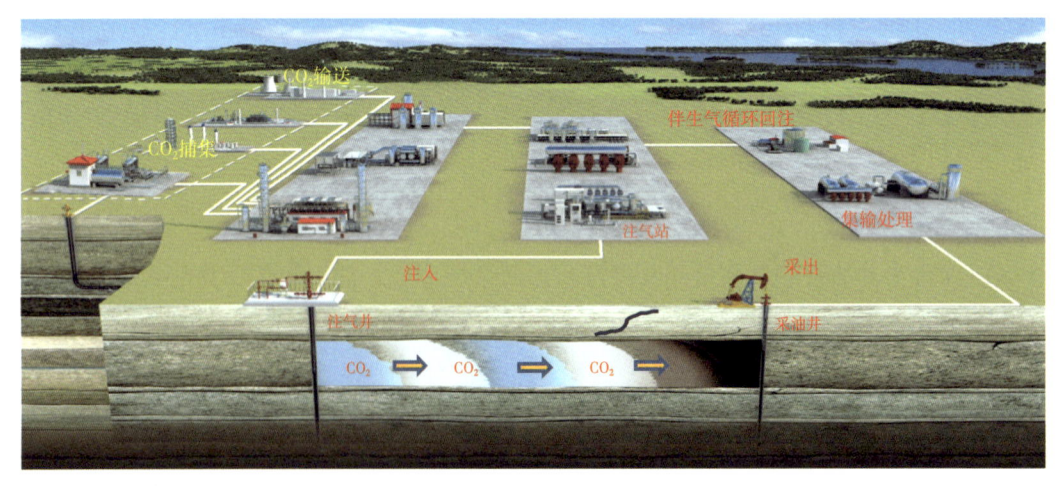

图1-26 二氧化碳驱地面工程建设模式

二、基于低碳的绿色节能、基于本质安全的绿色环保

(1)高含水老油田随着开发深入,产液综合含水率逐年上升,产液量和注水量也随之升高,集输、注水等地面生产环节能耗居高不下;同时为了延长油田开采寿命,老油田开发后期通常采取新的提高采收率开发方式,这些开发方式的能耗高于水驱几倍,甚至几十

倍以上。亟须持续创新基于低碳的绿色节能技术和新能源综合有效利用技术，实现地面系统生产用能大幅降低，保障油田低碳绿色开发。

①在基于低碳的绿色节能技术方面，注重系统综合节能，攻关主要类型油田油品物性包、稀油油田注水和集输系统优化、稠油油田集输和热力系统优化、稠油注汽系统优化等单体能量系统优化技术，最终集成并不断升级油田能量系统优化集成技术；针对集输系统，攻关以"异构数据源采集识别洗涤，基于大数据集油管网运行参数预测模型建立与求解，集油管网拓扑构建和系统节点参数计算方法，多目标集输系统运行参数优化数学模型"为核心的转油站系统在线能效优化系统，配套研制正压精准配风加热炉，研发流量在线拟合调控和低温污水处理技术等，实现能耗协同调控，最终形成新一代炉、泵、集油管网协同低能耗优化运行技术群；针对注水系统，攻关以"基于GIS的大型复杂管网自动建模技术、基于大数据的在线动态能耗分析、注水泵和注水站工作特性模型、管—站耦合仿真计算模型、分析诊断系统、多方案优化比选推送"为核心仿真管控平台，最大限度地提高注水系统效率，降低泵管压差；同时，以大幅降低井口节流压损为目标，攻关注水系统生产运行调度优化数学模型，并开发相应的智能调度子系统，实现注水泵运行参数、阀门开度、注水量等相关参数的智能匹配，最大限度地降低注水能耗，最终形成新一代注水系统管—站耦合智能优化运行技术群。

②在新能源有效综合利用方面，高含水老油田耗能高且所处区域大多蕴含丰富的风、光、地热能等可再生能源，具备氢能、生物质能等制备基础条件，具备消纳能力，攻关清洁能源多能互补有效利用技术，实现风能、太阳能、地热能等可再生能源的有效利用，大幅替代生产用能，促进油田绿色低碳发展。油田分布式新能源综合利用将以综合能源管理为核心，地上地下统筹优化、系统考虑注采循环液量，以最大限度地节约能耗；配套风光发电与地热等技术，实现低碳和近零排放（图1-27）。

图1-27 可再生能源综合应用示意图

（2）高含水老油田开发到后期，压裂、洗井、注水干线冲洗、油水井常规作业等措施逐年增多，废液量不断增多、处理难度越来越高，新国标对挥发性有机物（VOCs）排放提出了强制性要求，环保压力越来越大；地面设施老化日益显现，腐蚀尤为突出，多因素动态耦合的腐蚀环境使得内腐蚀机制复杂，"跑、冒、滴、漏"时有发生，管网失效率高、站场设备故障率高，安全环保防控艰难。亟须持续创新高效无害化处理、深度资源化利用、污染土壤绿色修复技术及设施的失效预测与治理技术，形成基于本质安全的绿色环保技术体系，实现地面系统清洁生产、本质安全、绿色环保，保障油田绿色健康开发。

①在固废资源化方面，重点攻关含油污泥等固废绿色高效处理及污染土壤修复技术，实现含油污泥等固废处理后用于耕地或建筑材料等资源化利用。

②在废液资源化方面，重点攻关废液绿色处理及污染土壤修复技术，实现钻井液、压裂返排液等废液处理后全部回注、回用，实现循环利用。

③在基于本质安全的环保方面，通过建立具有高后果区识别、风险评价、监检测计划、维修维护计划、风险预警及成因分析、腐蚀诊断与评估、剩余寿命预测等系列功能的地面设施完整性辅助决策系统，消减设施泄放风险，实现以风险预控管理为核心的地面设施本质安全（图1-28）。

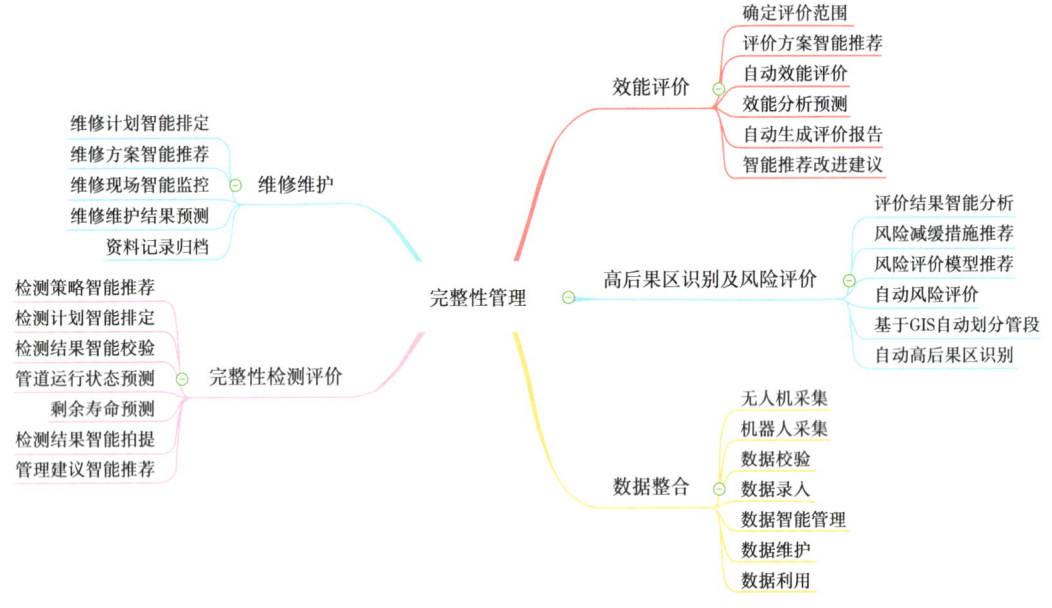

图1-28　地面设施完整性管理设想拓扑图

三、全生命周期数字化、智能化、智慧化建设与运维

高含水老油田均已经建成了十分庞大而复杂的地面生产系统，维护、管理难度增大，亟需持续创新"数字化、智能化、智慧化"技术体系。其中，数字化主要在感知层建设，是深化应用的基础；智能化是在数字化建设的基础上，通过数学建模、知识专家系统将人工生产管理决策转化为IT逻辑，并产生指令指挥自动化系统实现决策；智慧化通过全面

拓展和深化空间信息、认知计算、智能仿真与控制、虚拟现实等技术，基于专家系统和大数据、云计算的深入融合，有自我学习、思考、分析能力，能够主动决策。数字化、智能化、智慧化的实现途径为全面感知、自动操控、预警趋势、优化决策四个环节，最终达到解放人力资源、提高经济效率、提高生产效率、保障安全生产的目的，以促进油田绿色高效运营（图1-29）。

图1-29　高含水老油田智慧油田建设体系

（1）全面感知：主要指在数据、视频自动采集集中监控基础上，利用传感技术和全覆盖的传感网络，实现对生产行为的自动记录、对设备的智能识别、对风险的实时提示和防范，前方实时感知，后方高效智能分析。

随着互联网技术的发展、数字化油田的建设，以往单体采集的数据、视频可自动采集、集中监控，实现在一个平台上对生产行为的自动记录、对设备的智能识别、对风险的实时提示和防范，将基本上可以实现自动感知、自动预警、自动防范。但是，在一些特殊生产单元尚未做到全面感知，如小口径金属管道的内部腐蚀、非金属管道完整性等风险识别，再如在线含水率分析、在线水质分析等。

（2）自动操控：主要指利用先进的自动化和信息技术，实现油田生产的自动控制，电子/现场巡检自动执行，设备运行状态自动诊断，紧急状况自动连锁动作，数据自动分析、主动推送。

随着自动化和信息技术的发展，工艺和设备的自动控制技术已经基本可以实现基于本质安全的自动控制；各类摄像机、无人机等已经在大庆油田地面生产系统规模应用；站场巡检和聚合物搬运等机器人已经在其他油田应用；VR巡检技术已经成熟，不但可巡检场景，还可以巡检生产状态与参数等属性信息，即将在油田示范应用；设备运行状态自动诊断，紧急状况自动连锁动作等设备、工艺、操作本质安全，已经在工程设计阶段予以考虑；数据自动分析、主动推送，在一些生产环节已经得到应用，如环状掺水参数自动分析和节能降耗调参主动推送。

（3）预测趋势：主要指在对海量历史数据进行分析的基础上，通过数据挖掘、业务模型分析，根据生产系统各环节的运行趋势，来实现对生产趋势和异常问题进行预测预警、分级报警、提前响应、及时处置。

多年来，尽管没有全面建成数字化油田、没有形成"数据湖"，但是部分生产单元的业务分析模型和技术一直在不断发展，基于手工录入和局部自动采集的历史数据来分析优化生产系统运行方案和参数，进而优化生产运行；但是由于数据的全面性、准确性、实时性尚未完全实现，分析模型基于海量在线实时数据的自学习能力尚不完善，对生产趋势和异常问题进行预测预警、分级报警、提前响应、及时处置的水平有待提高。

（4）优化决策：主要指以实时数据驱动专业模型形成的智能分析、预测结论为依据，通过实时推送的可视化协同工作环境，结合行业专家经验的辅助决策系统，实现智能技术与人的经验智慧结合，全面提升优化决策能力。

"以实时数据驱动专业模型""行业专家经验的辅助决策"等优化决策的技术基础尚不成熟，需要针对各生产环节个性化开展攻关。

在智慧油田建设中，地面工程将以数字化协同设计为源头，以资产对象为核心，通过统一的工程信息管理平台，构建起完整的站场工程信息集成模型，进而实现站场信息的数字化移交、模型的全业务共享和全生命周期应用（图1-30）。

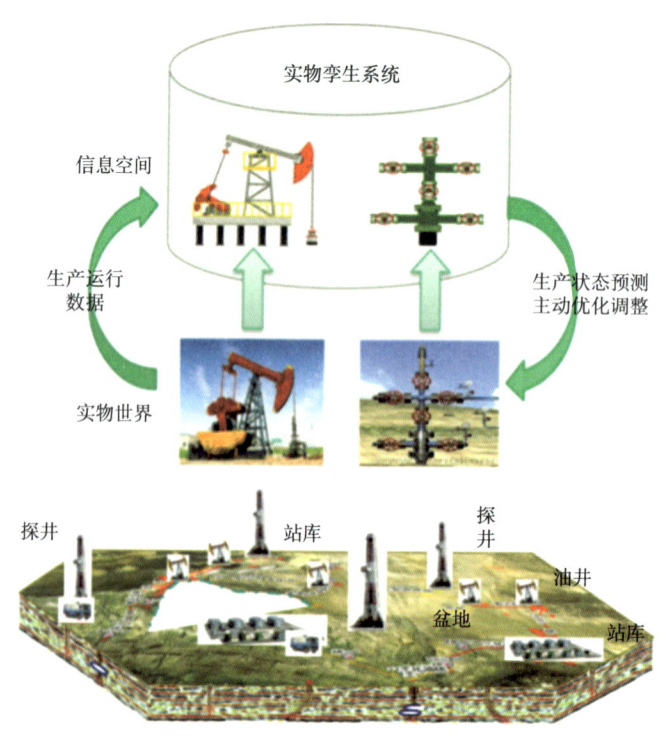

图1-30 智慧油田生产运行模式示意图

四、聚焦六大发展潜力,实现高效、绿色、智慧发展

高含水老油田地面工程经过多年开发建设,出现已建设施庞大老旧、采出液成分复杂、能耗居高不下、减排压力大、固液废逐年增加、生产系统庞杂等问题,亟须开展技术攻关以实现高效、绿色、智慧发展。将重点聚焦发展六大关键技术:

(1)大容量多约束地面系统优化简化技术。针对越来越多的油水井和采出液量以及众多约束节点,持续创新"优化布局、优化参数、优选设备、简化工艺"技术体系,以提升工程建设效益。力争在"十四五"末达到国际先进水平。

(2)复杂采出液高效达标处理技术。针对新的提高采收率开发方式导致的采出液成分越来越复杂、达标处理困难,攻关处理工艺、设备和化学剂,实现高效达标处理,以满足高效开发要求。力争在"十四五"末达到国际领先水平。

(3)地面生产系统能效优化技术。针对生产能耗居高不下,攻关基于大数据分析和机理模型的地面生产单元精准控制技术,实现在线优化生产能效,以提升生产运行效率。力争在"十五五"末达到国际领先水平。

(4)清洁能源多能互补有效利用技术。针对"清洁替代、资源接替、绿色转型"的需求,攻关风能、光能、地热能等可再生能源与清洁能源的综合利用技术,以实现低碳绿色发展。力争在"十四五"末建成基地,在"十五五"末实现产业化,在"十六五"末战略接替,21世纪中叶实现近零目标,最终实现油田转型。

(5)废液和固废绿色处理及污染土壤修复技术。针对生产过程中产生的各类废液、固废等污染物,攻关高效无害化处理、深度资源化利用及污染土壤绿色修复技术,以实现清洁生产、绿色环保。力争在"十五五"末"三废"(废液、废气、固废)全部实现资源化利用平。

(6)地面设施全生命周期智能化建设与安全运维技术。针对日益庞大复杂的地面生产系统,以数字化协同设计为源头,以资产对象为核心,攻关构建完整的信息集成模型,以实现智慧化油田建设。力争在"十五五"末全面建成智能油田,21世纪中叶建成智慧油田。

第二章 高含水老油田地面工程优化简化技术

油田地面工程系统具有点多、面广、线长、系统复杂等特点，特别是要在油田开发区域内布置地面各类站（库），形成油气集输和注水等多种管网系统，由于地面工艺流程的选择取决于油藏类型、油气物性、地理环境、开采方式等多种因素，加之地面工程设施具有形态上固定等特点，使得地面系统的工艺流程和设备的组合、各系统的衔接、地面建设标准的掌握都呈现多样性和复杂性。如何采取最优化的方法和手段，控制地面系统建设规模，简化和优化地面流程，降低工程投资和生产运行成本，提高地面系统保障能力，为实现油田有效益、有质量、可持续发展提供技术支撑，是油田地面工程面临的巨大任务。

第一节 面临的问题与矛盾

老油田进入高含水期开发阶段后，产油量总体递减、产液量和含水率大幅度上升、采出水产注不平衡矛盾日益突出，导致已建地面系统显现出布局不适应、生产设施负荷率低，运行效率低、生产成本高等问题[2]。

同时，为了有效动用老油田剩余资源，采取了化学驱、气驱等新的开发方式。为了满足开发需求，地面工艺日趋复杂、处理难度加大，也带来了建设投资和运行成本大幅提高等问题。

（1）地面系统布局需要优化调整。

随着油田开发进入中后期，油量下降、水量上升，部分系统和局部区域已建设施能力与实际处理需求难以匹配，油气集输、处理等系统负荷偏低，导致部分站（库）低效、低负荷运行。

同时，随着油田的不断开发，新建产能布井、建站往往就近接入附近站（库）进行处理，造成站场布局及管网建设不合理，各区块间的能力难以充分利用，站（库）的负荷存在差异。

据 2019 年中国石油生产运行系统数据统计，原油一段脱水能力为 $12.9 \times 10^8 \mathrm{m}^3/\mathrm{a}$，负荷率为 63.4%；伴生气处理能力为 $78 \times 10^8 \mathrm{m}^3/\mathrm{a}$，负荷率为 67.5%；采出水处理能力为 $21.2 \times 10^8 \mathrm{m}^3/\mathrm{a}$，负荷率为 65.7%；注水能力 $17.1 \times 10^8 \mathrm{m}^3/\mathrm{a}$，负荷率为 59.4%（图 2—1）。

（2）运行参数需进一步优化。

随着站场负荷率的降低及高含水期采出液水力热力特性的变化，原油处理系统、水处理系统、伴生气处理系统等的运行参数都有较大的优化空间。需要在做好技术经济指标对比分析的基础上，根据实际工况和条件的变化，及时采取针对性措施，系统优化生产运行参数，提升处理效果，降低生产能耗。

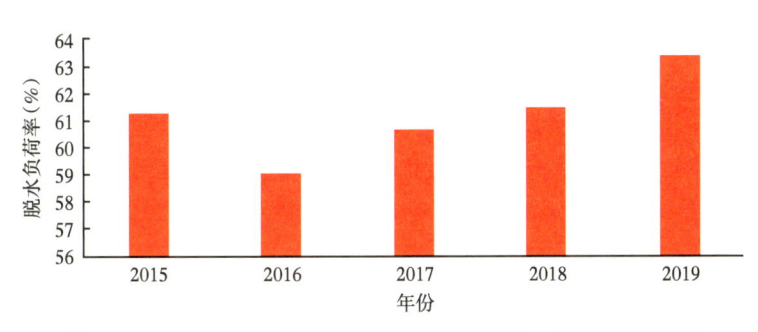

图 2-1　2015—2019 年中国石油所属油田原油一段脱水负荷率

随着多种开发方式并存，采出液性质日趋复杂，各已建系统处理能力相比设计初期有较大变化，需要对不同性质采出液的处理能力进行重新校核，以便准确核实已建系统剩余能力，为地面建设方案提供科学合理的数据支撑。

(3)高效设备应用率有待提高。

老油田已建设备老化严重、运行效率低，对目前复杂采出液处理的适应性较差。在新区产能建设和老油田改造工程中，需要规模应用一体化集成装置为代表的高效处理设备。

(4)地面工艺需要进一步简化。

油田集输系统主要采用单管集油、双管集油、三管集油、拉油及其他工艺，其中单管集油比例较低。随着高含水老油田水力热力条件改善，结合软件量油等先进技术，集油工艺简化空间较大。

注水系统主要采用单干管多井注水工艺控制单井配水量，导致配水工艺复杂，可依托稳流配水等先进技术，进一步简化注水工艺。

(5)新开发方式需要配套高效地面技术体系。

随着化学驱、气驱、稠油蒸汽辅助重力泄油（SAGD）等开发方式的工业化应用，地面工艺流程越来越复杂，采出液处理难度越来越大，地面建设投资和生产成本不断增加。地面工程需要研发新的配套技术体系以支撑开发方式的转变，保证油田经济有效开发[3]。

(6)闲置资源需加大再利用力度。

高含水老油田闲置设施及站场越来越多，如果闲置设施直接报废，弃置费用高，安全环保风险大，需加大闲置资源再利用力度。

第二节　优化简化技术进展

高含水老油田经过长期滚动开发，产量、流体性质和组分、地层压力等与开发初期相比均发生了很大的变化，综合含水率逐年上升、产液量和能耗居高不下，地面设施日益增多，注水和集输管网日趋复杂，多种驱替方式并存、采出液成分复杂，各高含水老油田积极探索和实践优化简化技术措施，持续创新"优化布局、优化参数、优选设备、简化工艺"技术系列，逐渐形成地面工程优化简化技术体系，降低了地面工程建设投资，提高了地面系统运行效率，保障了油田效益开发。

一、地面系统优化调整效果

高含水老油田地面系统布局优化是提高油气田系统效率和降低产能建设投资的重要措施，需要依据开发预测，优化调整地面系统布局和规模，在核实老区各系统运行负荷、运行时间及存在问题的基础上，通过"关停并转减"等措施进行系统总体优化调整。

"关停"即对建设时间长、负荷率低、能耗高、布局不合理、维护改造投入较大的计量站、接转站、注水站、变电所等生产部位和环节实施关停。

"并"即在对生产中的诸多环节详细调查论证后，变分散为集中，如将距离较近、集输半径较小、设施腐蚀老化严重急需更新改造的相邻站合二为一或合并新建。

"转"即转变不合理的集输或生产方式、调整不合理的生产结构。如转变站的等级，即脱水站改为放水站、放水站改为接转站、计量站或接转站改为阀组间；改变站的用途，即将水驱站改为水聚驱互用；改变不合理、不适应的工艺，即改变集油工艺、改变采油方式（由机采改提捞）。

"减"即对剩余能力较大的站进行设备抽稀，对泵进行减级，对变压器减容减量，提高设备运行效率。

布局总体优化的关键就是关停、合并低效站场。通过"关停并转减"等措施进行系统总体优化调整，可以优化地面工程布局，缓解负荷不平衡的矛盾；可以合理削减设施规模，降低老油田地面系统调整改造投资；可以实现管网优化和站场"抽稀"，提高系统负荷率。

大庆油田结合开发调整，采取合并、停运、改造等，坚持少建站、建大站，缩减站点数量。通过规模应用优化简化措施，"十三五"期间少建大中型站场149座，减少占地5.04万亩，节省地面建设投资35.89亿元，平均年节省运行费用6300万元。例如，杏十区纯油区聚合物驱产能工程，将污水处理站、转油放水站、配制站、注水曝氧站和变电站这5座不同功能的中型站场合并建设为聚杏Ⅴ-1联合站，采用合岗布站代替传统的分岗布站，按照集中监控、集中配电、集中布局、专业融合、厂房融合的"三集中、两融合"原则，严格控制防火间距，形成"集中监控、无人值守""前中控、后工厂"的大型站场布站模式（图2-2）。与分散建站相比，占地面积减少9645m^2，减少采暖、道路等公用工程建设投资200万元。

大港油田以功图法量油技术为突破口，通过技术攻关形成了油井远程在线计量、注水井远程监控、油井单管常温输送、生产信息采集与传输处理四项关键技术，建立了"港西模式"，并不断地深化、持续改进和完善，形成了独具大港特色的地面工艺优化简化技术。这种地面工艺优化简化模式被中国石油命名为"港西模式"，在老油田改造和新老区产能建设中得到了规模推广应用[4]。大港油田通过优化简化，大幅缩减系统规模，取消各类场站558座（降幅79%）、管道2453km（降幅37%），地面不再新建计量站和配水间，年减少运行成本和维护费用1.39亿元。图2-3以大港油田枣二脱水站为例，展示优化、简化效果图。

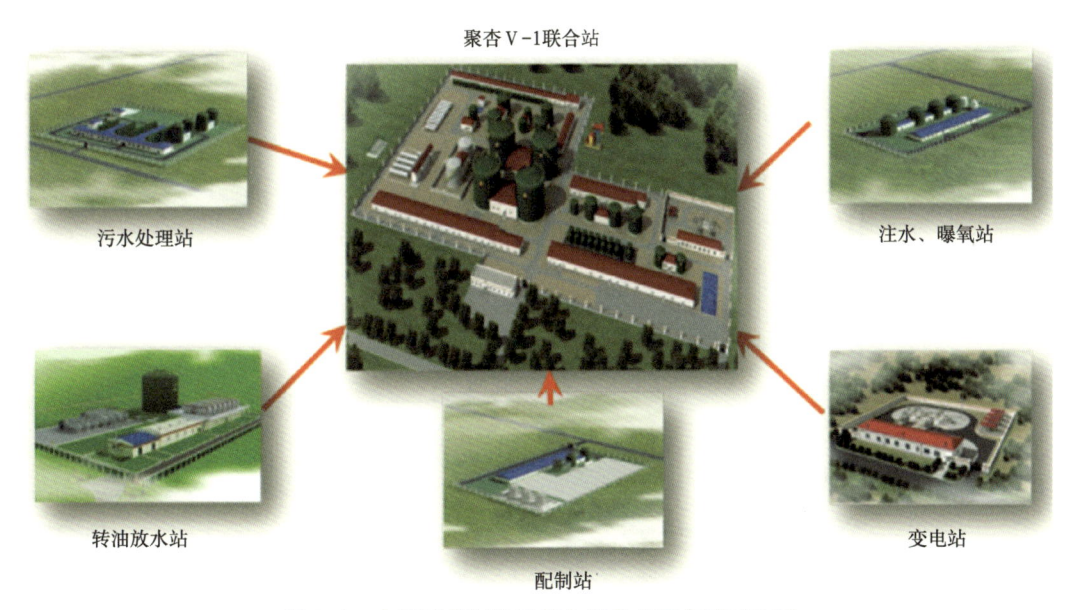

图 2-2　大庆喇嘛甸油田优化简化前后布局对比图

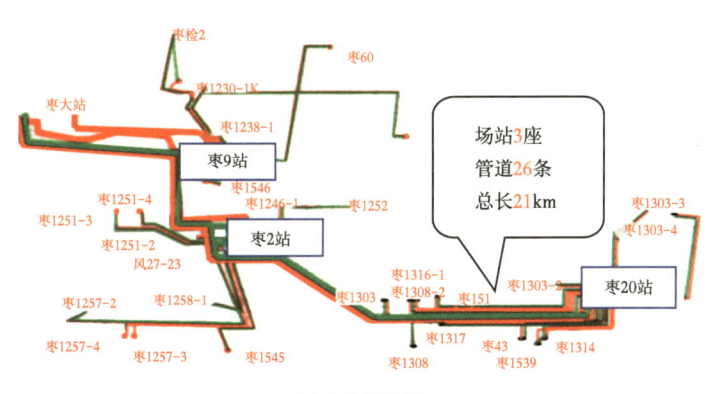

（a）优化简化前

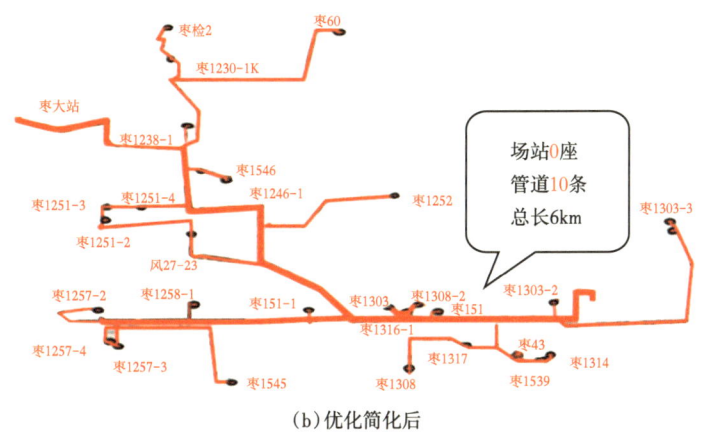

（b）优化简化后

图 2-3　大港油田枣二脱水站系统布局优化简化效果图

吉林扶余油田在整体改造中，实施了减少外输出口、合并脱水站、改变计量方式、取消计量站、提高井口回压、油气混输、转油站改变功能及站场布局"抽稀"（图2-4和图2-5）等优化调整措施。调整改造后，集中处理站由3座调整为1座，其他2座简化为放水站，集输干线由23条减少为12条，净化油外输口由3个减少为1个，转油站由25座减少为6座，321座计量站简化为203座阀组间。实施后三个采油厂合并为一个，三分之二的油井改为不加热集输，三个注水管网合并为一个，人员减少800人。整体调整改造后节能降耗效果显著，通过流程密闭减少原油损失$0.87×10^4$t/a，通过不加热集油节约燃料油$4.13×10^4$t/a，总体节电$1317×10^4$kW·h/a。

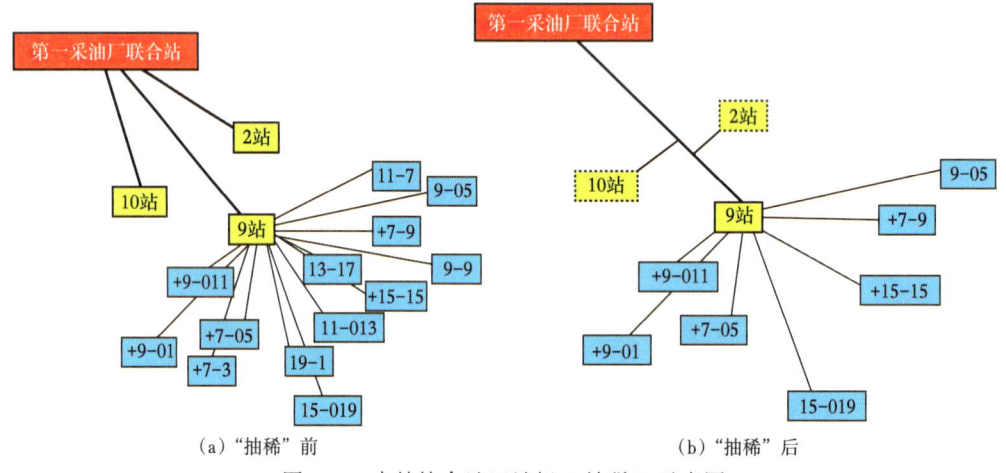

(a)"抽稀"前　　　　　　　　　　(b)"抽稀"后

图2-4　吉林扶余油田站场"抽稀"示意图

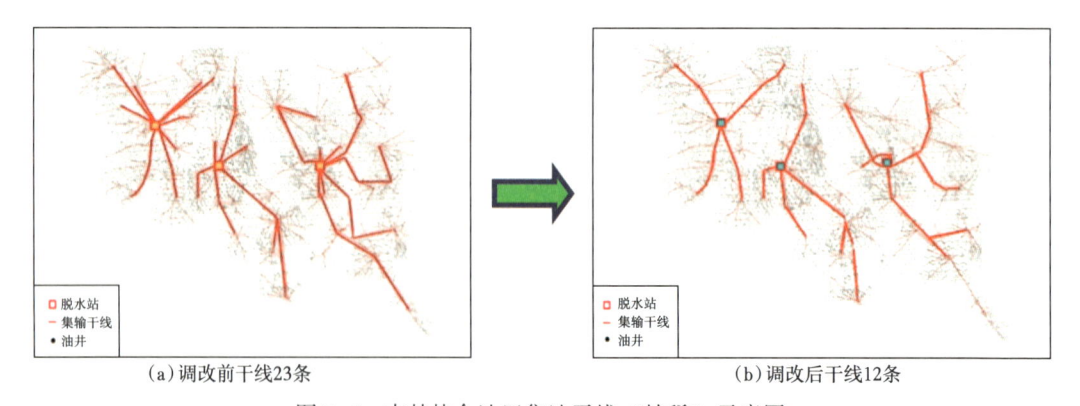

(a)调改前干线23条　　　　　　　　(b)调改后干线12条

图2-5　吉林扶余油田集油干线"抽稀"示意图

二、参数优化技术

大庆、渤海、新疆等油田在产能建设和老油田改造中通过调整优化运行参数，充分利用已建设施能力，提高系统运行效率，对集输处理、污水处理和天然气处理进行了系统的工艺参数优化。

1. 集输工艺参数优化

集输系统水力计算的工艺参数主要包括原油的黏度、凝点、屈服值等，其中优化集输参数的关键是准确测定采出液的黏度。黏度测算值通常都是根据原油黏度测定标准《原油粘度测定 旋转粘度计平衡法》(SY/T 0520—2008)来测定。进入特高含水后期,如果仍沿用上述测定方法的测试结果,工艺参数过于保守。大庆油田开展了不同原油含水率、不同聚合物浓度的模拟采出液在控温油水两相流实验环道中的流态、压降梯度变化等一系列的实验,确定了特高含水含聚合物采出液的黏度,获得含聚合物采出液混合黏度的预测模型,得出一套适合特高含水、含聚合物采出液流变性的测定方法。利用该方法,合理地确定水驱系统含水率为90%~95%的特高含水含聚合物采出液的混合黏度,计算集输系统管路压降,并根据井口产液温度变化,综合考虑采出液及采出水处理能力及处理效果,通过试验探索和理论计算,优化了集输系统运行参数,油气集输温度比原设计参数降低5℃。

2. 原油脱水工艺参数优化

由于聚合物驱开发的不断深入,大庆油田长垣老区已建的水驱采出液普遍含聚合物,导致处理难度较纯水驱增大[5]。通过试验确定了水驱脱水设备处理含聚合物采出液的处理能力,准确核实了已建水驱剩余处理能力,试验结果可应用于原油集输处理系统设计中,打破水驱和聚合物驱界限,充分利用已建水驱转油站和脱水站的剩余能力,水驱和聚合物驱不再严格分开处理[6]。新建聚合物驱井产液可进入已建水驱系统处理,有效降低地面建设投资。

已建水驱处理含聚合物采出液的能力核定试验,主要是选定不同聚合物含量和处理量的典型已建水驱接转站和脱水站,在不改变脱水温度、加药量等条件下,分别改变三相分离器的气液分离停留时间、游离水脱除器的停留时间等工艺参数,检测工艺参数改变前后采出液脱水的各项指标变化情况,对比确定各种工艺设备处理能力的变化(表2-1)。

表2-1 不同聚合物浓度下采出液一段脱水沉降时间

聚合物浓度(mg/L)	0~150	150~350	350~450	>450
一段脱水沉降时间(min)	20	25	30	40

注:来液温度下沉降,破乳剂投加量为10~30mg/L。

3. 水处理工艺参数优化

随着高含水老油田开发后期含水率的不断升高,污水处理量不断增大,水质也随着开发方式的多元化而日趋复杂。大庆油田为解决污水处理系统中运行参数不适应现有污水水质的问题,优化污水处理系统运行参数,量化节点控制指标,确保全系统达标(表2-2和图2-6)。

表2-2 大庆油田采出水处理系统节点控制指标及典型措施

节点	环节指标	典型控制措施
油站来水	水驱含油量≤300mg/L 聚合物驱含油量≤500mg/L	两调一清:调界面、调配方、清容器
沉降段	水驱含油量≤50mg/L 水驱悬浮固体含量≤30mg/L 聚合物驱含油量≤100mg/L 聚合物驱悬浮固体含量≤50mg/L	双定双调:定量收油、定期排泥、调液位、调药剂

续表

节点	环节指标	典型控制措施
过滤段	严于注入水质标准20%	两控一调：控质量、控细菌、调参数
注水站	严于注入水质标准10%	四定管理：定时监测、定量收油、定期清淤、定期清洗
注水井	油藏注入水质标准	两清管理：清管线，清井筒

图 2-6 典型采出水处理系统节点示意图

1）已建水驱系统处理含聚合物采出水运行参数优化

大庆油田开展了已建水驱处理含聚合物采出水的能力核定试验，选定不同聚合物含量和处理量的典型已建水驱污水处理站，在不改变污水处理温度的条件下，分别调整污水沉降时间、一次滤速和二次滤速等工艺参数，检测工艺参数改变前后采出水的水质变化情况，确定了不同聚合物浓度下水聚合物驱采出水处理参数（表2-3）。

表 2-3 不同聚合物浓度下水聚合物驱采出水处理参数

聚合物浓度（mg/L）	0~150	150~350	350~450	>450
一沉停留时间（h）	4.0	5.8	7.1	8.3
二沉停留时间（h）	2.0	2.9	3.6	4.2
核桃壳滤罐过滤速度（m/h）	16.0	11.1	9.0	7.7

2）沉降段采取污泥减量化技术

集输过程中的含油污泥具有成分复杂、含液率高、乳化胶结稳定等特性，占油田危险废物新增量的60%左右，是污染防治的重点[7]。随着油田开发进入化学驱阶段，采出水处理站内沉降罐产生污泥量不断增加。为了有效地降低污泥拉运、存放及处理量，主要采用"污泥浓缩罐+叠螺机"和"两级旋流+离心机"污泥减量化处理工艺（图2-7），处理后能够达到污泥含水率不大于80%，按照现场试验运行经验，污泥浓缩罐有效停留时间不短于20h，加药（干粉有机高分子絮凝剂）量为30~50mg/L。

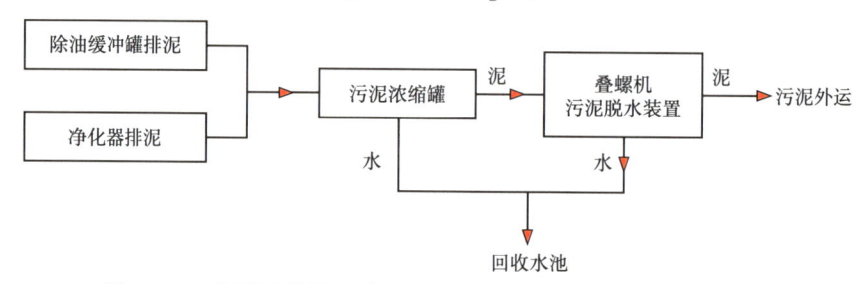

图 2-7 "污泥浓缩罐+叠螺机"污泥减量化处理工艺流程示意图

3) 过滤段提温反冲洗技术

常规反冲洗效果变差，影响滤料再生效果，滤后水质达标困难，为此开展了提温反洗技术攻关。通过现场试验，确定了最佳反洗温度和最佳反洗周期，相比于提温反冲洗前，过滤罐出水水质及除油率、除悬率分别提高5.5%和4.6%。提温反冲洗工艺可改善滤料再生效果，解决滤后水质不达标的问题。实施提温反冲洗工艺后（图2-8），反冲洗周期可由24h延长至48h，降低了员工劳动强度，节约了运行成本[8]。

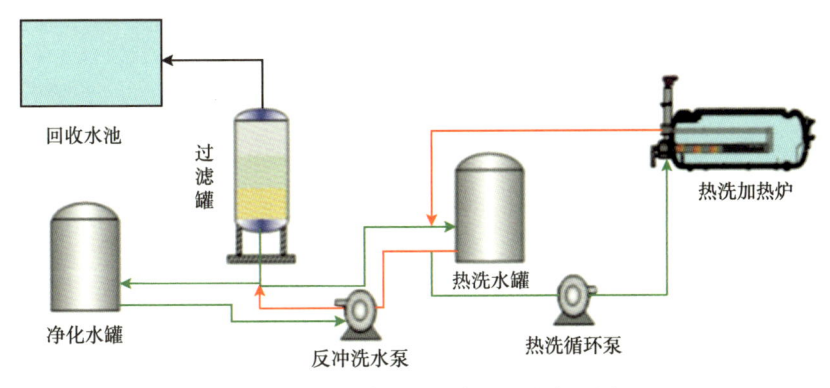

图2-8 过滤罐提温反冲洗工艺流程图

4) 气水反冲洗工艺技术

渤海辽东湾油田实施聚合物驱后面临生产污水处理难度大的问题，生产污水系统过滤器滤料颗粒易受含聚产出液影响出现颗粒黏度升高，附着力增强，滤料再生率下降，甚至板结成块，原气水反冲洗工艺已无法满足生产水的处理指标控制要求。通过优选滤料粒径为0.8～1.2mm，气水反冲洗气源由罗茨鼓风机变更为公用气罐，选取0.13MPa入口压力、提升气冲洗强度等工艺优化措施，有效地解决了滤料污染后再生困难的技术难题，通过优化反冲洗工艺参数，使滤后水含油、悬浮物固体含量得到控制，其中悬浮物固体质量浓度下降约6mg/L，适应了油田开发后期水质发生变化的特点（图2-9）。

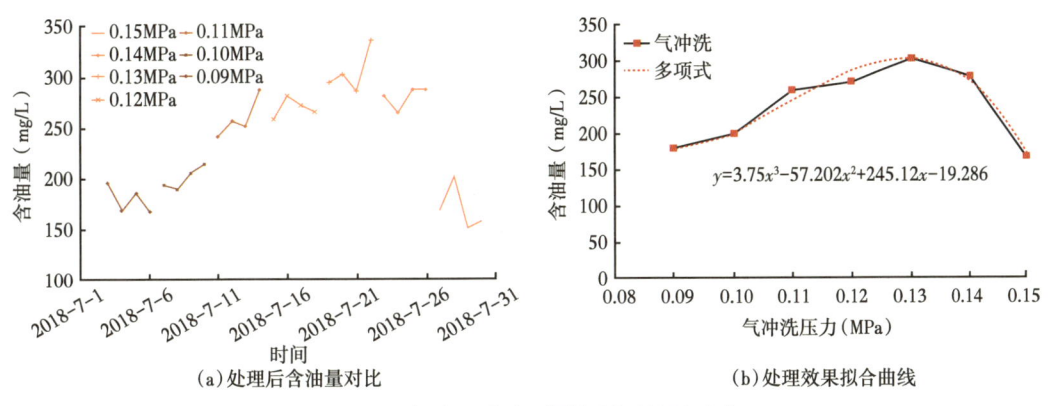

(a) 处理后含油量对比

(b) 处理效果拟合曲线

$y=3.75x^3-57.202x^2+245.12x-19.286$

图2-9 气水反冲洗不同气压下效果对比

5）稠油污水处理工艺参数优化

新疆油田红浅稠油污水处理系统在运行过程中出现了前端来水性质不稳定，工艺参数、设备运行周期不能满足现场生产的需要等问题，导致污水处理效果不稳定。为了保证原油处理系统平稳运行，在稠油处理站采取了提高来油温度、控制沉降罐油层厚度、优化破乳剂的加药浓度、加强原油沉降罐的排泥等措施，使处理后的污水含油低于700mg/L（表2-4和表2-5）。工艺管理部门有针对性地制订了《红浅稠油污水处理系统运行检查大表》和《红浅稠油污水处理系统节点参数表》，对红浅稠油污水处理系统的工艺、设备和管理情况进行监督，实现了稠油污水处理系统的高效化运行管理。

表2-4 污水处理系统周期优化对比

名称	隔油周期		排泥周期		清罐周期	
	优化前	优化后	优化前	优化后	优化前	优化后
6000m³ 重力除油罐	8 小时/天	24 小时	1 次/周	2 次/周	1 次/年	2 次/年
调储罐	1 次/月	1 次/周	1 次/月	1 次/周	1 次/年	1 次/年
反应罐	1 次/周	1 次/天	4 次/天	8 次/天	1 次/年	2 次/年
2000m³ 混凝沉降罐	1 次/周	1 次/天	1 次/周	1 次/天	1 次/年	1 次/年

表2-5 污水处理周期优化后效果对比

名称	油层厚度（m）		混层厚度（m）		出口含油量（mg/L）		出口悬浮固体含量（mg/L）	
	优化前	优化后	优化前	优化后	优化前	优化后	优化前	优化后
6000m³ 重力除油罐	5.0	0.8	2	0.5	820	95	530	150
调储罐	2.0	0.2	1	0.3	310	52	120	25
反应罐	1.0	0.2	7	0.5	23	8	17	7
2000m³ 混凝沉降罐	0.8	0.2	1	0.1	15	5	21	3

4. 天然气处理工艺参数优化

大庆油田结合气质及尾气要求，改进工艺流程和操作条件，提高商品率、轻烃收率和商品气达标率；随着气量、组分、压力、温度的变化，实时对处理系统进行运行参数优化，提高系统效率，节能降耗。

1）提高伴生气深冷化率

采用自压、增压两路调气，将第三采油厂地区部分气量调往第一采油厂地区的北Ⅰ-1深冷装置、北Ⅰ-2深冷装置处理；第一采油厂地区、第二采油厂地区伴生气优先调入南八深冷装置、萨南深冷装置处理。伴生气深冷率同比增加1.5%，达到81%（图2-10）。

2）优化运行降低能耗

根据目前干气深冷装置原料气较贫、膨胀机制冷负荷有一定富余的现状，停运北Ⅱ浅冷装置制冷机组、红压浅冷装置的制冷机组，伴生气经增压后直接进入北Ⅱ-2深冷装置和红压干气深冷装置，节电、节水效果显著。

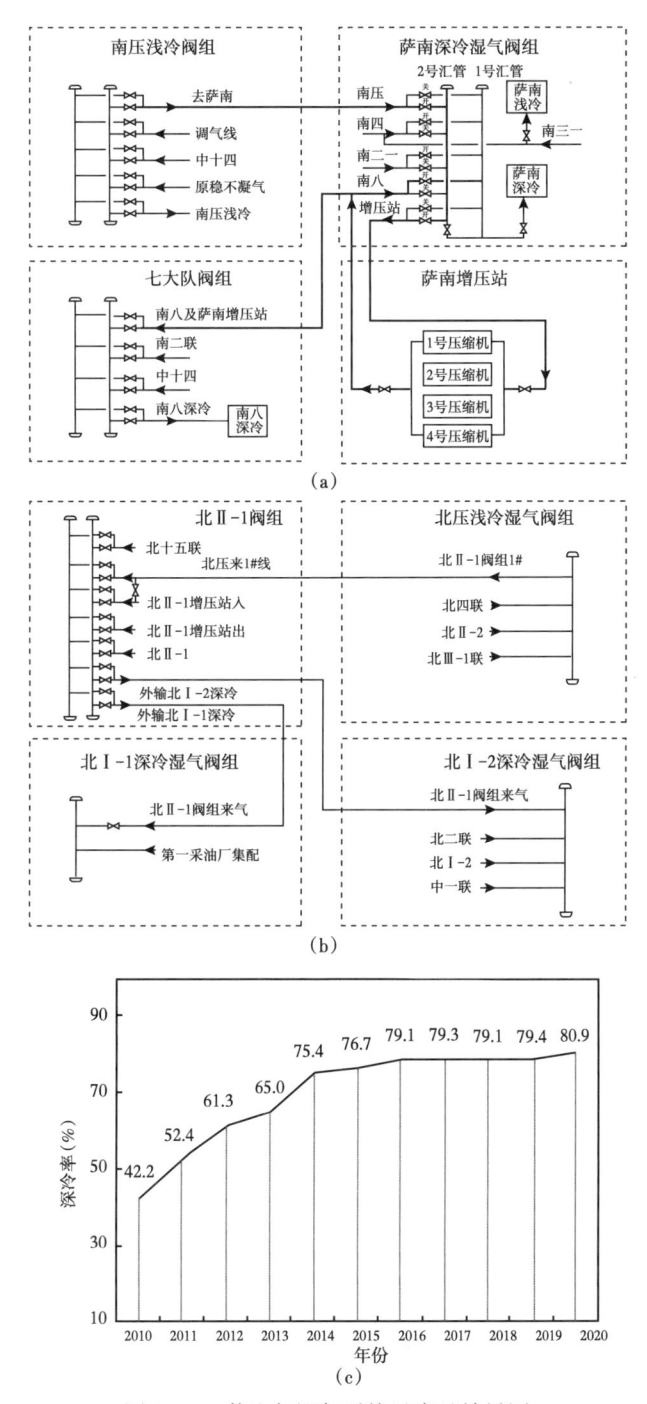

图 2-10 伴生气调气系统示意及效果图

3)精细控制装置运行

对 24 套装置的膨胀机出口温度、脱甲烷塔塔顶温度等关键参数进行日分析、周评价，研判装置运行状态，督促站队及时做出调整，关键参数合格率由 78% 上升至 95%，气烃收率同比提高 $0.11t/10^4m^3$（图 2-11 和图 2-12）。

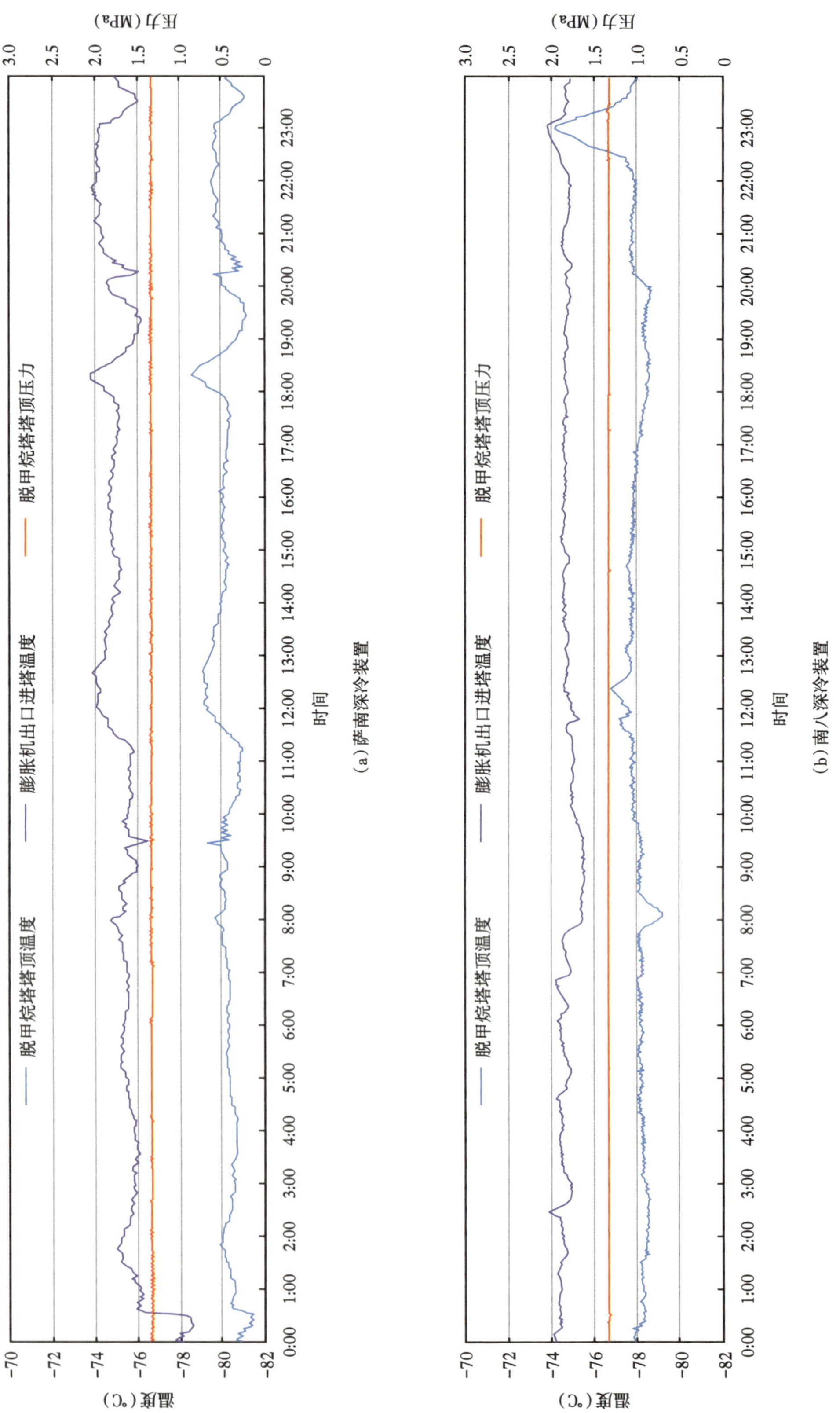

图 2-11 深冷装置参数统计分析

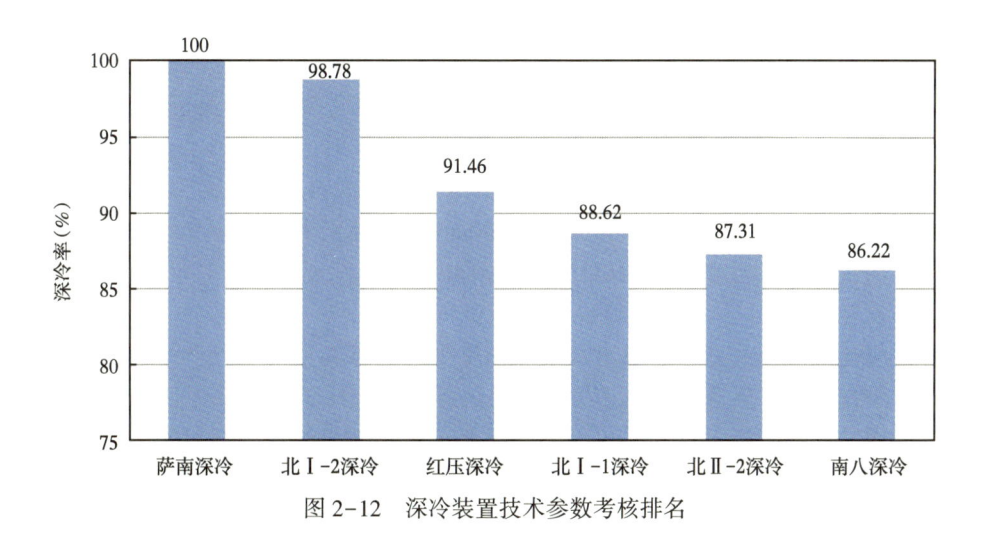

图 2-12 深冷装置技术参数考核排名

5. 化学药剂与加注方案优化

针对高含水老油田绿色高效地面工程建设的需要,研制和应用了低温破乳剂、油水分离剂、污油破乳剂、硫化物去除剂、反硝化药剂、水质稳定剂、反相破乳剂等高效处理药剂,为降低集油过程能耗、改善化学驱采出液和采出水处理效果、减少原油脱水和采出水处理过程中的污油和污泥产生量、降低原油开采过程中的环境污染和碳排放提供了处理药剂保障。

1) 低温破乳剂

大庆油田针对高含水开发期大规模实施低温集油,降低集输过程能耗的需要,研制了适用于水驱采出液和聚合物驱聚采出液的石蜡基原油低温破乳剂,可将采出液的游离水脱除温度降低到原油国家标的凝点附近。实施低温集油期间,大庆油田杏十二联合站游离水脱除器进液温度降低到35℃(脱水脱气原油的国家标准凝点为33℃)。在应用低温破乳剂的情况下,该站实施低温集油期间采出液脱水运行平稳,游离水脱除器放水含油量平均值为224mg/L,出油水含量平均值为3.6%。与实施低温集油前相比,杏十二联合站系统集输和原油脱水自耗气量降低20%。

为降低原油脱水能耗,新疆油田研制和应用了低温破乳剂。新疆油田石南21处理站通过用低温破乳剂替代常规破乳剂,同时将破乳剂加药点前提到井区,实施"端点加药、管道破乳",将原油脱水温度由50~55℃降至34~37℃,年节约天然气356×10^{4}m^3,同时还将破乳剂加药浓度由139mg/L降至69mg/L,年减少破乳剂用量114t。

2) 油水分离剂

针对采出水处理中普遍应用的阳离子型混凝剂和絮凝剂与聚合物驱采出水中的阴离子型聚合物不配伍,易导致聚合物失稳形成絮状沉淀物,增大污油和污泥产生量的问题,大庆油田研制了对水/油(O/W)型和水/油/水(W/O/W)型采出液兼有正相、反相破乳双重功能的油水分离剂,将其投加在水/油型和水/油/水型采出液中可同时替代采出液处理中投加的破乳剂和采出水处理中投加的阳离子型清水剂,在实现采出液和采出水达标处理的同时，还可避免在采出水处理中应用阳离子清水剂产生的聚合物沉淀物，显著降低采出水处理过程中的污油和污泥产生量，同时也显著降低了污油和污泥的处理难度。

大庆油田喇Ⅱ-1联合站应用油水分离剂SP1002（加药浓度为15mg/L），替代该站原来使用的常规非离子型破乳剂和阳离子型反相破乳剂，同时取消了采出水处理中投加的阳离子型絮凝剂，外输原油水含量控制在0.3%以下（电脱水器进液温度为45~46℃），游离水脱除器放水的平均含油量由更换药剂前的2004mg/L降低到443mg/L，处理后回注采出水的平均含油量由更换药剂前的31mg/L降低到4.1mg/L。

3）污油处理药剂

针对大庆油田诸多采出液和采出水处理设施内囤积有大量污油、将污油回掺到新鲜采出液中严重干扰电脱水器运行和出矿原油质量的问题，大庆油田在揭示采出液和采出水处理设施内污油的成分、稳定机制和成因的基础上，研制了污油破乳剂、非氧化型硫化物去除剂和反硝化药剂等系列污油处理药剂，其中污油破乳剂可将污油中的碱土金属碳酸盐和硫化亚铁等具有油水界面活性的固体微粒转变为水润湿性而离开油水界面，消除其对污油中水滴聚并形成的空间屏障，硫化物去除剂可将污油中的碱土金属碳酸盐和硫化亚铁微粒溶解，抑制其在采出液和采出水处理系统内的恶性循环，反硝化药剂可利用污油中的原生反硝化细菌去除污油中的硫化亚铁微粒。

大庆油田北二联合站在沉降罐内污油回收处理过程中联合应用污油破乳剂SO1003和硫化物去除剂SC1001（加药浓度为607mg/L），加药22d后该站污水沉降罐内的污油存量由2350m³降低至250m³。大庆油田葡三联合站在沉降罐内污油污油处理过程中联合应用污油破乳剂SO1004和反硝化药剂SD1001（加药浓度为759mg/L），加药14d后该站污水沉降罐内的污油存量由1140m³降低至420m³。

4）采出水处理药剂

针对三元复合驱采出液成分复杂，油水乳化严重，机械杂质含量高，采出液水相中持续析出碱土金属碳酸盐微粒、硅酸絮体和非晶质二氧化硅微粒，造成采出液油气分离、油水分离和采出水处理困难的问题，大庆油田在揭示三元复合驱采出液形成和稳定机制的基础上，研制了适用于三元复合驱不同阶段采出液和采出水的油水分离剂、破乳剂、碱剂、消泡剂、螯合型水质稳定剂、硫化物去除型水质稳定剂和硅酸抑制型水质稳定剂等系列药剂，并制订了表2-6和图2-13所示的药剂投加方案。通过在采出液和采出水处理中投加上述药剂，可实现三元复合驱采出液和采出水的达标处理，同时避免在三元复合驱采出液和采出水处理中产生大量的污油和污泥。

表2-6 三元复合驱采出液和采出水处理药剂应用方案

药剂	加药点	投加方式
油水分离剂	计量间来液汇管或掺水加热炉进口	连续投加
消泡剂	计量间来液汇管或掺水加热炉进口	必要时连续投加
螯合型水质稳定剂	掺水加热炉进口	必要时连续投加
碱剂	掺水加热炉进口	必要时连续投加

续表

药剂	加药点	投加方式
破乳剂	脱水加热炉进口	必要时连续投加
硫化物去除型水质稳定剂	脱水加热炉进口 单计量间掺水管道 过滤罐反冲洗增压泵进口	必要时连续投加 必要时临时冲击投加 必要时临时冲击投加
硅酸抑制型水质稳定剂	脱水加热炉进口 单过滤罐进口 过滤罐反冲洗增压泵进口	必要时连续投加 必要时临时冲击投加 必要时临时冲击投加

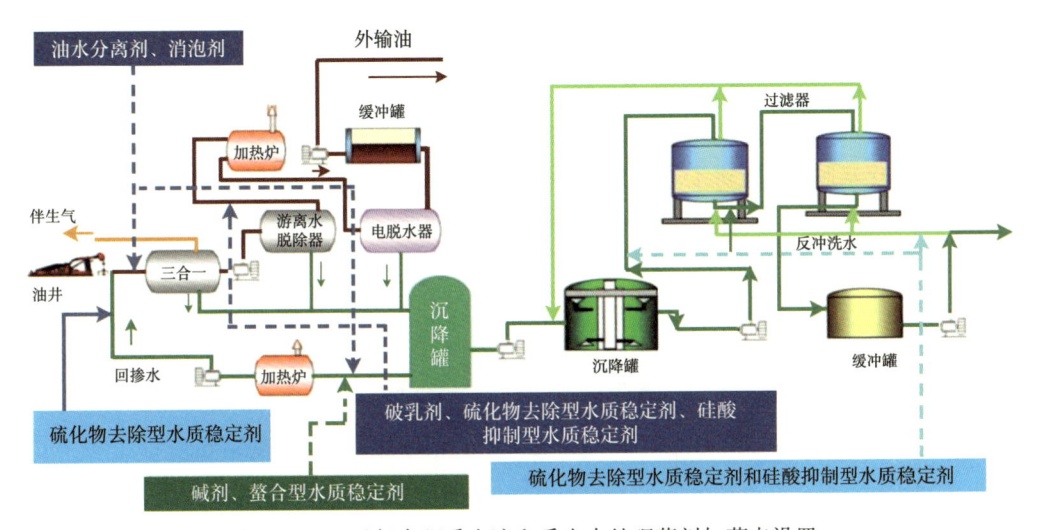

图 2-13 三元复合驱采出液和采出水处理药剂加药点设置

截至 2020 年底，新疆油田开展的弱碱三元复合驱累计产油量已逾 $13×10^4$ t，暂与其他采出液混掺进行处理。新疆油田三元复合驱乳液与其他乳液并无本质区别，破乳剂的加入可导致油水界面张力和 Zeta 电位均升高，液滴间的聚并和沉降加速，乳液破乳。破乳剂对模拟三元复合驱乳状液的破乳效果排序依次为：AR 型破乳剂>AE 型破乳剂≈SP 型破乳剂>AP 型破乳剂。

5）稠油污水处理药剂

为配合国内稠油、超稠油的开采，提高原油采出率，部分油田开始使用蒸汽辅助重力泄油技术（SAGD），由此产生的稠油污水乳状液成为困扰油田回注水质达标的一项难题。稠油污水乳状液成分复杂、油水密度差小、乳化程度高，导致其处理流程长、投资大、运行成本高。

针对 SAGD 稠油污水乳状液的特点，中国石油大学（北京）合成了一种高分子金属离子络合型反相破乳剂 CCS-Fe^{3+}，应用于新疆油田 SAGD 产生的稠油污水，在最佳投加质量浓度22mg/L下，污水中的油降低70%。同时该反相破乳剂易生化降解，是一种环境友好型绿色破乳剂。

三、研发应用高效设备

高含水老油田针对处理介质的变化，研发应用高效设备，优化在用设备结构，实现了地面工程的提质增效。

1. 原油集输及处理系统高效设备

1) 高效三相分离器

大港油田高效三相分离器通过旋流（气液预分离）、水洗（脱游离水）、重力沉降分离、加热（脱水）、聚结（油水、气液分离）、捕雾丝网（气除液）实现采出液的油气水三相分离（图2-14、图2-15和表2-7）。适用于气油比在10~100m³/t之间、油品性质低黏、含水率大于50%的高含水、高气液比原油区块[9]。

这种节能型高效三相分离器采用来液预处理、板槽式布液、机械破乳、高效填料聚结和整流、油水界面自控等技术，为油水分离和气液分离提供了良好的流场环境及分离环境；采用防浪板抑制来液的波动对沿流向后部区域的影响；采用分级分区的脱水方法（游离水脱除和乳化水脱除）提高了原油脱水效果；配套使用具有良好性能的化学破乳剂，提高了油水分离效果。通过以上技术的集成应用，使高效三相分离器具备分离效果好、处理量大、脱水效率高、自动化水平高和适应能力强的特点。

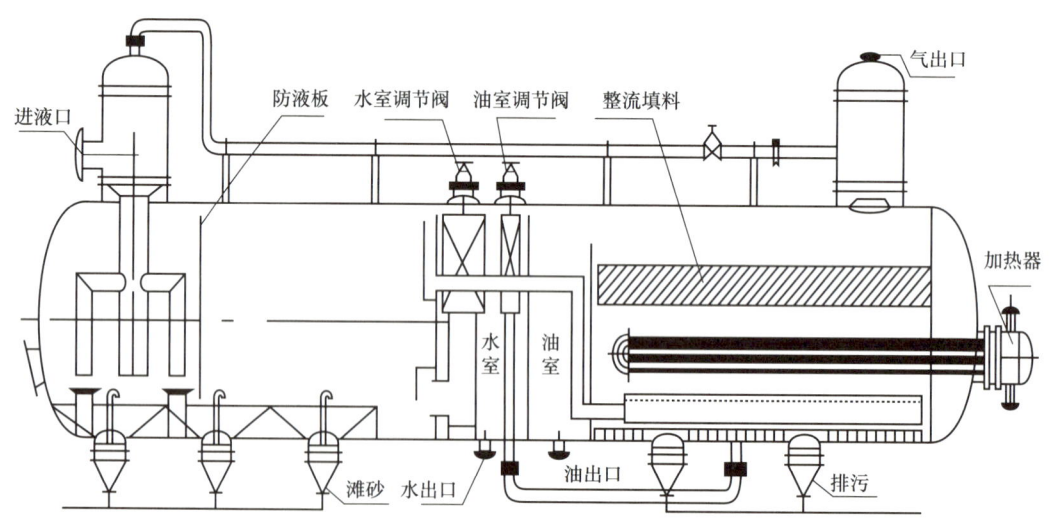

图2-14 新型三相分离器结构示意图

表2-7 新型三相分离器参数表

类型	规格 (m×m)	处理液量 (m³/d)	处理气量 (m³/d)	进液含水率 (%)	进液温度 (℃)	加药量 (mg/L)	出油含水率 (%)	出水含油量 (mg/L)
新型三相分离器	φ3.6×14.4	2720	32700	93.3	33	40~50	0.9	<200

图 2-15 新型三相分离器现场应用

2）高效分离装置

大庆油田针对高含水油田采出液处理量大、成分复杂的特征，根据无量纲处理设备模型的内部油水分离数值分析，确定了翼形结构和斜板倾角等参数对分离效果的影响，创新了对开式翼形板组合体（图 2-16）。以对开式翼形板组合体为核心，形成了翼形板高效分离装置，与常规应用板式聚结构件的分离装置相比，处理能力提高 20% 以上，且无泥沙淤塞。该组合体既可应用于新建设备，又可应用于在用设备的改造；可应用于油气水三相分离装置，也可应用于游离水脱除两相分离装置。

截至 2020 年底，翼形板高效分离装置已在大庆油田累计应用 50 余台，运行时间最长 6 年以上，所有已投产的设备均运行平稳、高效，取得了良好的油水分离效果。

图 2-16 翼形板三相分离器

新疆油田在 SAGD 中研制并应用了基于两段聚结原理的高温仰角脱水装置，可以实现高效油水分离。

3）电脱水器

大庆油田于 20 世纪 60 年代研发应用了电脱水器，其主要原理是将原油乳状液置于高压电场中，使水滴发生变形和定向运动，削弱油水界面膜的机械强度、促进水滴的碰撞概率，从而更高效地将水滴从原油中分离出来。水滴在电场中聚结主要有三种方式，即电泳聚结、偶极聚结和振荡聚结。在交流电场中，水滴以振荡聚结为主；在直流电场中，水滴以电泳聚结为主、偶极聚结为辅。

大庆油田多采用电脱水器进行水驱和化学驱原油乳状液脱水，可将原油处理到含水率0.3%以下，脱水温度较热化学脱水低15℃以上。胜利、辽河等油田也有部分应用（图2-17）。

(a) 结构示意图　　(b) 实物

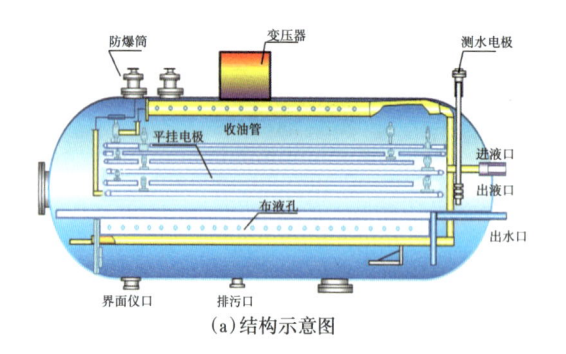

图2-17　大庆油田在用电脱水器

胜利油田利用COMSOL Multiphasics软件建立电场数值模拟模型，选定厚1.5mm的绝缘层及间距10mm的平板电极作为实验绝缘电极，研制了新型电脱水器，并对陈庄稠油进行了试验研究。通过与常规电脱水器及重力沉降脱水效果进行对比，新型电脱水器不仅克服了常规电脱易击穿、垮电场的致命缺点，和常规电脱相比，在相同加电时间内，脱水后油中含水率能够降至2%以下的合格外输标准[10]。

4)"加热、分离、沉降、缓冲"组合装置

大庆油田为了适应外围低产、独立偏远小区块的地面建设，进一步降低原油集输处理系统投资，研制并规模应用了"加热、分离、沉降、缓冲"组合装置，设备内部结构如图2-18所示。

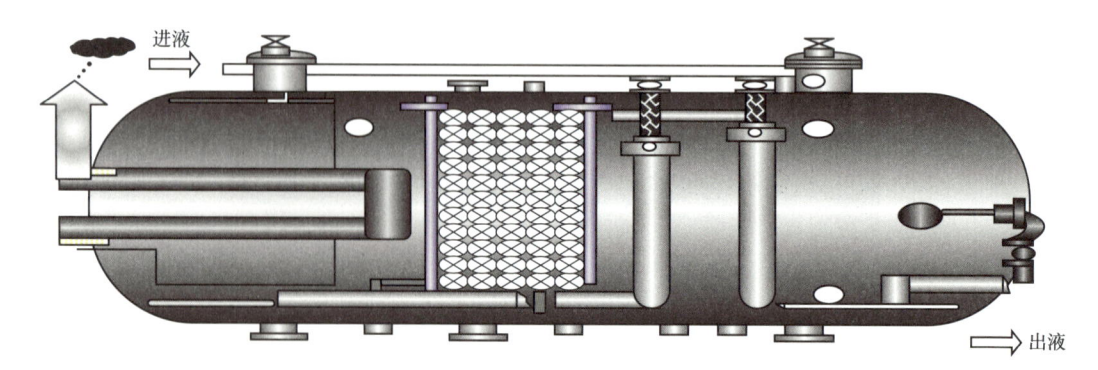

图2-18　"加热、分离、沉降、缓冲"组合装置结构示意图

该装置集原油加热、气液分离、游离水沉降脱除、油水缓冲四项功能于一体，被加热介质在分离沉降加热段内被加热的同时，介质中的气液相沉降分离，气相经由分气包内的捕雾器由气相出口流出，温度升高后液相介质进入游离水脱除段和缓冲段，最后低含水油

由油相出口流出、含油污水由水相出口流出。取代了常规流程中的三相分离器、加热炉、游离水脱除器、缓冲罐等设备，简化了常规转油站集油处理工艺，实现了对现有转油站集油设备和工艺的高度集成，满足了零散小型化、处理规模小油田区块的开发建设需要。同比节省钢材47%，节省占地39%，节省投资20%。该设备已在大庆油田应用200余台，既降低了地面工程建设投资，又减少了生产系统能耗。

5)"加热、分离、沉降、电脱水、缓冲"组合装置

大庆油田针对原油净化脱水没有依托的站场，研制并规模应用了"加热、分离、沉降、电脱水、缓冲"组合装置，设备内部结构如图2-19所示。该装置主要利用重力沉降原理，结合热化学破乳和电化学破乳，对井口产物进行气液分离和油水分离，产出合格净化油。"加热、分离、沉降、电脱水、缓冲"组合装置可替代常规工艺中的三相分离器、游离水脱除器、加热炉、电脱水器和缓冲罐等设备，简化了原油处理工艺，减少了原油集输处理系统主要设备数量，减少了操作环节。油井产物经该装置处理后，净化油含水率0.3%，污水含油量1000mg/L，油田伴生气可直接作为燃料气燃烧，加热段热效率达到85%以上。与常规工艺站场建设模式相比，采用"加热、分离、沉降、电脱水、缓冲"组合装置可使占地面积减少50%以上，建筑面积减少40%，节省投资30%以上，大幅简化了原油脱水工艺，有效提高了大庆外围油田低产、零散区块的开发效益。

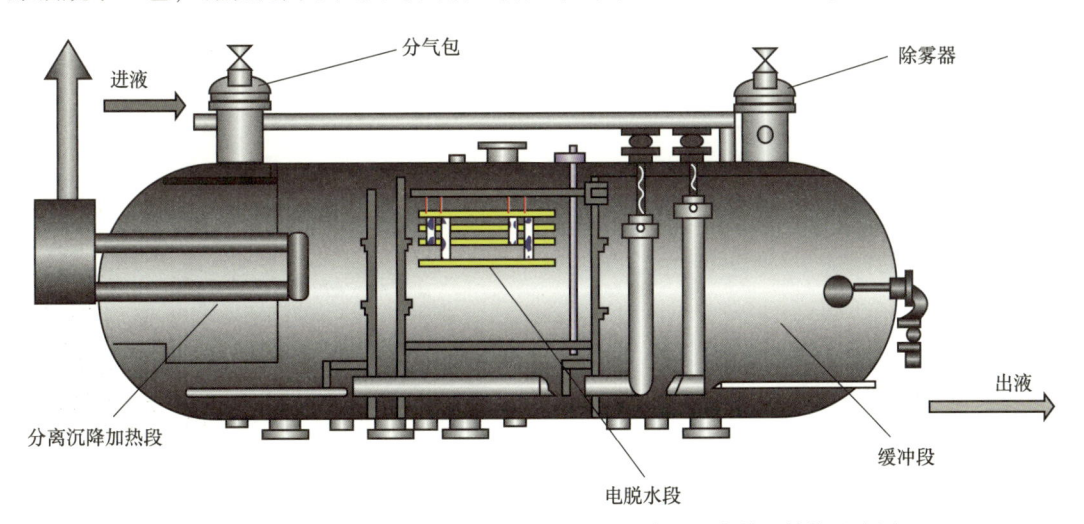

图2-19 "加热、分离、沉降、电脱水、缓冲"组合装置结构示意图

6)一体化集成装置

一体化集成装置充分结合生产实际，将机械、动力、信息采集、数据处理、控制等多种功能集成于一体，动静设备组合成橇，结构紧凑、布置灵活，而且采用工厂化制造、橇装化结构、专业化运维的模式，缩短了建设周期，节省了建设投资，降低了运维成本。一体化集成装置以标准化、数字化设计为依托，不断进行技术优化改进和创新，将先进、适用、可靠的技术集成应用于装置。

长庆油田通过工艺、机械、结构、自控等多专业有机融合，将容器、加热炉、机泵等按一定功能要求集成安装在整体橇座上，形成一体化集成装置，替代中小型站场或大型站场生

产单元(图 2-20)。与常规建设模式相比,缩短建设工期 50%,节省建设投资 20.3 亿元,节省土地占用面积 5072 万亩,降低了生产能耗 114×10^{4}t(标准煤),减少了新增用工 1.68 万人。

(a)结构示意图　　(b)实物

图 2-20　长庆油田中小型站场一体化集成装置

大庆油田针对外围部分区块产液量低、分布散、开发周期短、原油物性差、设计规模小等特点,研发了采出液一体化集成处理装置(图 2-21)。该装置集原油加热、分离、沉降、缓冲、天然气除油、干燥六项功能于一体,进一步简化外围油田接转站集油处理工艺,增设强化分离元件,实现接转站采出液处理设备小型化、集成化、橇装化和无人值守。

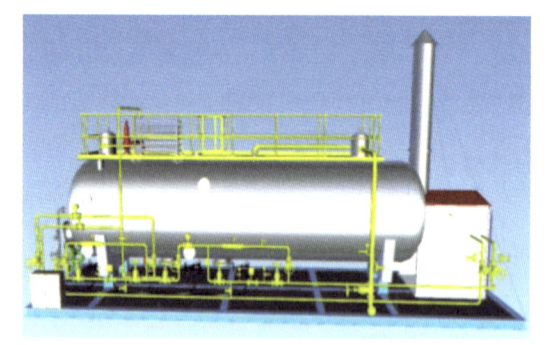

(a)结构示意图　　(b)实物

图 2-21　采出液一体化集成处理装置

7)短流程一体化预分水集成装置

中国石化集成新型管道分水、网格管多相快速分离等技术,研制了短流程一体化预分水集成装置(图 2-22)。该装置实现了气液分离、预分水和采出水处理功能的高度集成,可代替传统的预分水装置和整个采出水处理站,较常规工艺技术节省投资 50%、节约占地面积 70%、节约运行成本 60%。

塔河油田 8 区先后应用了 3 套短流程一体化预分水集成装置,单套处理规模 2000m^3/d。投产以来,装置运行平稳,不加药工况下主体橇块出水平均含油量 21.6mg/L、悬浮固体含量 14.2mg/L,优于"加药条件下出水含油量不大于 50mg/L、悬浮固体含量不大于 50mg/L"的设计指标。

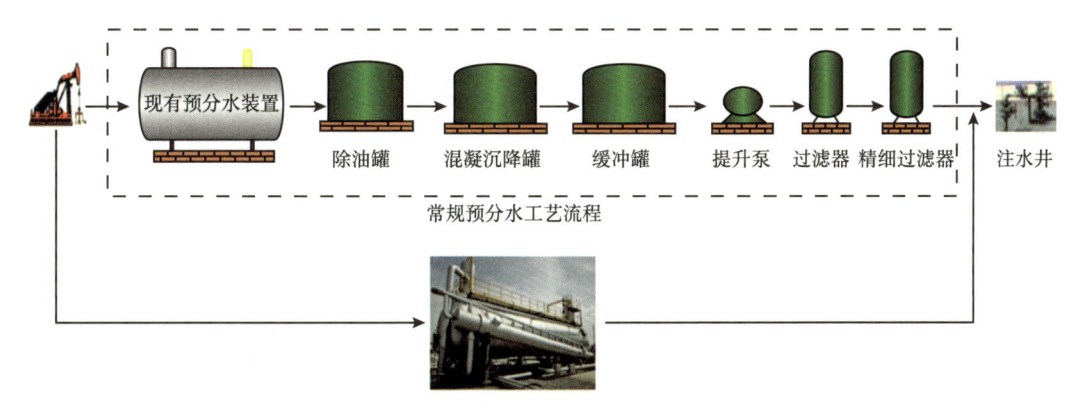

图 2-22 短流程一体化预分水工艺流程示意图

2. 采出水处理系统

1) 双层滤料压力过滤器

双滤料过滤器是由早期的单一石英砂过滤器发展而来。由于石英砂过滤器仅对悬浮物有较好的处理效果，一般适用于清水过滤，而对于含油污水则无良好处理效果。针对石英砂过滤器的缺点，大庆油田设计了能同时对油和悬浮物有良好去除效果的双滤料过滤器。

双滤料过滤器过滤机理是水中的油和悬浮固体颗粒在不同孔隙率、不同颗粒粒径及不同吸附特性的滤层中进行接触吸附、机械筛除和迁移等被拦截（图 2-23）。双滤料过滤器上层采用石英砂等滤料，下层采用磁铁矿等滤料。独特的上轻下重型双滤料滤层结构，配合气水反冲洗工艺，其优点是经过多个周期反冲洗后，仍能保持"轻、细"的滤料在上且"重、粗"的滤料在下的分层，形成滤料粒径自上而下由小到大的粒度阶梯滤层，提高了过滤水的穿透能力，最大限度地发挥了不同密度、不同级配指标下滤层的截污能力。通过自动装置设定反冲洗，使滤料再生彻底，保证其过滤性能。双层滤料过滤器与单一滤料过滤罐相比，具有过滤量大、滤料再生能力强的特点[11-12]。该设备在大庆、延长、辽河、冀东和胜利等油田均有应用。

2) HCF 高梯度聚结气浮处理装置

胜利油田已将 HCF 高梯度聚结气浮水处理技术应用于坨一污水站、埕东联合站，处

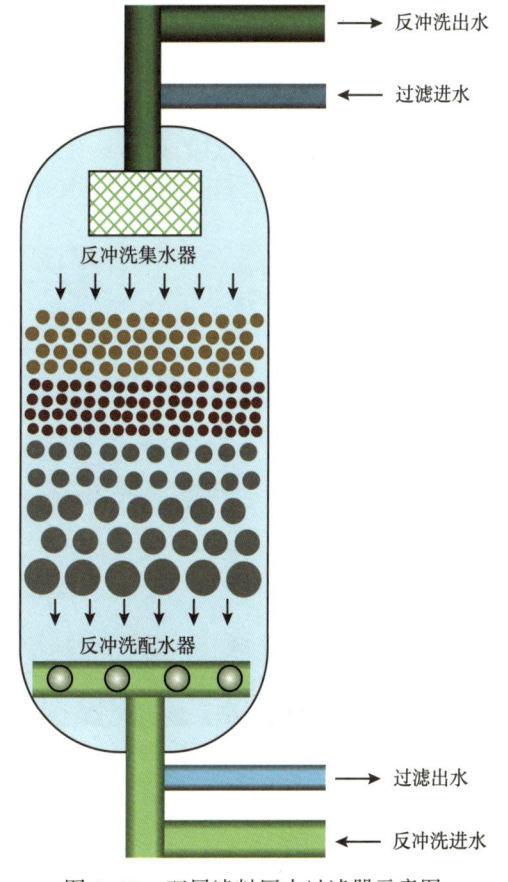

图 2-23 双层滤料压力过滤器示意图

理规模 10000m³/d，在不投加任何化学药剂、进水含油≤500mg/L、聚合物含量 60mg/L 以内、原油高度乳化、1~6μm 油珠占 98% 的条件下，出水含油稳定达到 40mg/L 以下；该装置操作简单、维护方便，运行成本仅为电耗，约 0.1 元/m³；处理过程不产生老化油，污泥产量少，具有显著的环保效益（图 2-24）。

HCF 技术通过采用纯物理不加药的处理方法，每 1m³ 水可以多回收原油 0.2kg、节省药剂费 0.4 元、节省老化油和污泥处置费 0.3 元。按照平均日处理量 10000m³ 计算，每年收油效益、节省药剂费及老化油和污泥处置费等共计 475 万元。

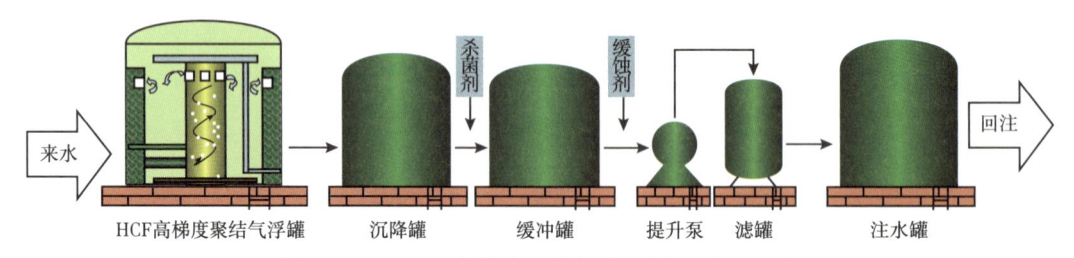

图 2-24　"HCF 高梯度聚结气浮+过滤"处理工艺

3）旋流分离处理装置

长庆油田、新疆油田和吉林油田均采用了旋流分离处理装置，使装有污水的容器或容器内的污水高速旋转，形成离心力场，利用不同液体之间的密度差产生不同的离心力作用，密度大的受到较大离心力作用被甩向外侧，密度小的则停留在内侧，各自通过不同的出口排出，达到分离污染物的目的；其具有体积小（为常规设备的 10%）、质量轻（常规设备的 20%）、橇块设计灵活，运行费用低（气浮工艺的 80%）的特点（图 2-25）。

图 2-25　旋流分离处理装置

4）快离子杀菌装置

冀东油田为解决注入水细菌超标问题，在高尚堡联合站、柳赞联合站和 NP1-1D 新建快离子高级氧化杀菌装置。快离子高级氧化杀菌机理：充分利用油田含油污水中已存在的物质，当含油污水进入设备快离子电催化反应器内在电场力的作用下，快速建立离子电流场，从而产生高能的离子电流，促进水中离子做加速迁移运动，在此迁移过程中发生一系列的电化学反应，产生高浓度的活性基氧化性新物质，如 OH^-、ClO_2、H_2O_2、$HClO$、O_3、ClO^-、Cl_2 等。将这些新生的高浓度活性基氧化性（杀菌）物质与原污水混合，快速杀灭硫酸盐还原菌（SRB）等细菌，并能保持在水中持续杀菌作用。高浓度的活性基氧化性物质生成原理如图 2-26 所示，新增快离子高级氧化杀菌装置可将硫酸盐还原菌的含量由 221 个/mL 降低到 10 个/mL 以下，提高注水水质达标率。

快离子高级催化氧化方法能够稳定杀菌至井口，吨水成本 0.03~0.2 元；其他传统灭菌方法之一是物理方法（如紫外线灭菌法等），之二是化学方法（如二氧化氯灭菌法等）。这些方法都有一定的灭菌效果，但不能保障回注水水质至井口无菌或细菌不超标。同时也存在共性的问题，如运行费用高（吨水成本 0.5~2 元），工艺复杂需建设药剂库存房，人工加药间及其工艺管道泵阀等，加药剂量大（30~200mg/L），化学杀菌方法会腐蚀管道并对水质及周边生态环境产生影响。

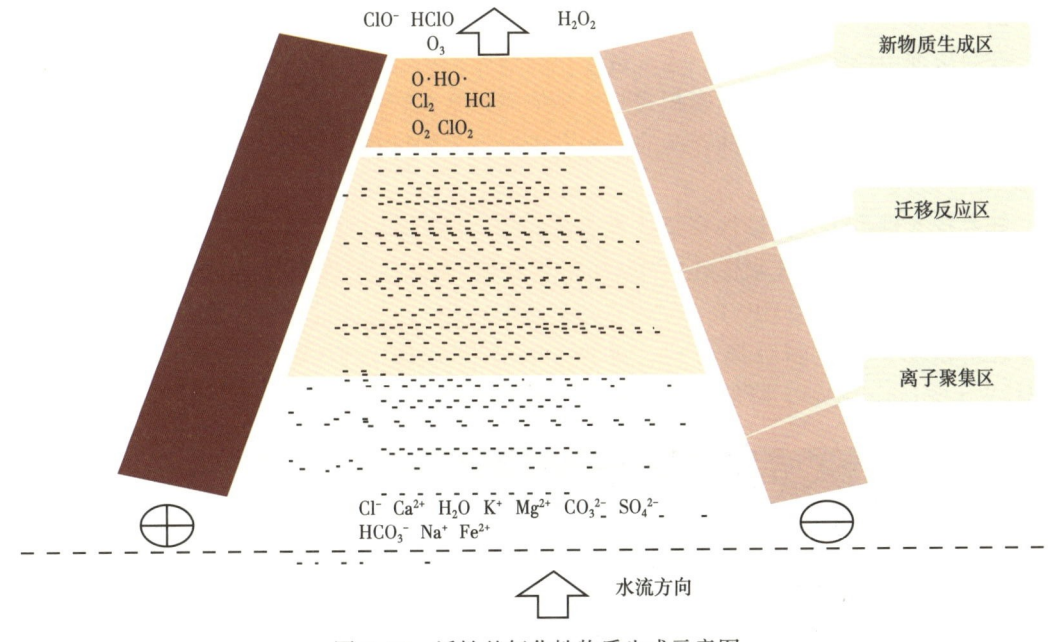

图 2-26 活性基氧化性物质生成示意图

3. 注水系统

1）离心泵

多级离心泵在同等扬程的条件下，一般随着排量增加，效率也将随之提高。同等注水压力的条件下，选用更大排量的多级离心泵，可提高泵效、降低能耗。

油田应用数量最多的多级离心泵的排量为 250~300m³/h，运行压力 16MPa，泵效一般在 79% 以下，而排量为 400m³/h 的多级离心泵泵效可达到 81%（图 2-27），排量为 500m³/h 的多级离心泵可达到 82%。

图 2-27 大庆油田北十三注水站应用的排量为 400m³/h 的多级离心泵现场照片

2) 柱塞泵

在断块油田地层压力较高、注水量较小的地区，离心泵扬程不能满足注水需求时，一般选用柱塞泵注水。柱塞泵属容积式泵，是依靠柱塞在缸体中的往复运动，使密封工作容腔的容积发生变化来实现吸油、压油。相同工况下，同排量柱塞泵与离心泵相比可提高泵效率 10%~25%[13]。

随着技术进步，大排量柱塞泵技术逐步完善，胜利油田辛五注更换大排量柱塞泵后，较多级离心式注水泵，注水标耗由 0.47kW·h/(m³·MPa) 下降到 0.29kW·h/(m³·MPa)，降低了 0.18kW·h/(m³·MPa)，降幅 38.3%（图 2-28）；大庆油田朝一联回注泵站更换大排量柱塞泵后，相较多级离心式注水泵，注水标耗由 0.51kW·h/(m³·MPa) 下降到 0.31kW·h/(m³·MPa)，降低了 0.20kW·h/(m³·MPa)，降幅 39.1%（图 2-29）。

图 2-28 胜利油田辛五注水站排量为 150m³/h 的柱塞式注水泵

图2-29　大庆油田朝一联注水站排量为150m³/h的单边柱塞式注水泵

四、简化工艺技术

1. 集油工艺简化

1）推广应用单管集油工艺

随着高含水老油田单井产液含水率不断上升，经过不断探索、简化，逐渐摸索并推广应用了环状掺水、不加热深埋、电加热、通球等单管集油工艺。

（1）单管环状掺水集油工艺。

单管环状掺水集油流程是用一条环状集油管线将几口油井串联并在端点掺入热水，流程的起点、终点均与集油阀组间的集油汇管和掺水汇管相连，串接油井的管线形成环状，通常每个集油环串3~8口油井（图2-30）。集油阀组间掺水汇管的热水由接转站供给，每个接转站辖多个集油阀组间。接转站供掺水通过阀组间掺水阀组分配至集油环端点井，油井采出液自端点井依次汇入环状集油管道自压至计量间。单管环状掺水集油工艺抽油机井采用便携式软件量油仪计量，计量标定车标定的计量工艺；螺杆泵井、电泵井采用计量车计量。该流程适用于油井密度大、产量低、井流需要加热输送的低产油田[14]。

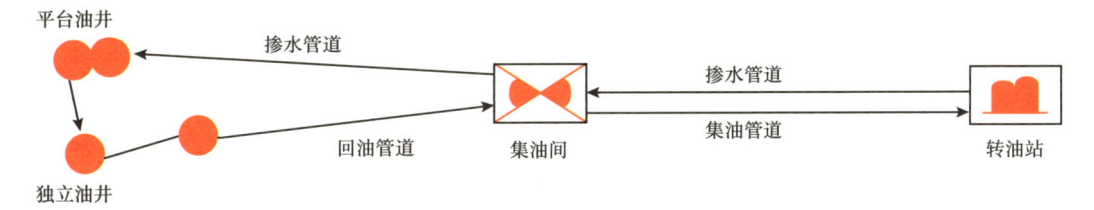

图2-30　单管环状掺水集油流程

单管环状掺水集油流程改善了集油热力条件，大幅简化了集油工艺，节省了基建投资和运行费用，环状掺水流程与相同条件下的双管掺水流程相比，吨油耗气可节省约50%；适用于自然和地理条件差、高凝或高含蜡原油、单井产量低的油田集输。

(2)单管深埋不加热集油工艺。

该工艺利用高产液量端点井串接低产液量井,利用端点井较高井口出油温度代替掺水,同时集油管道不保温、深埋至冻土层以下,将油井采出液输至集油阀组间,集油阀组间至接转站间含水油采用掺水方式,以保证站间管道热力条件(图2-31)。

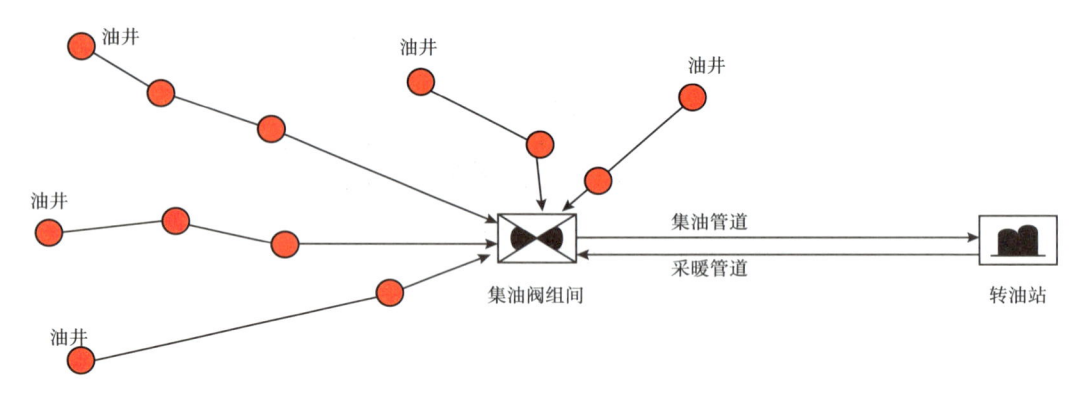

图2-31 单管深埋不加热集油工艺示意图

吉林油田在距已建油区较远、初期产液量较低、不适用油井常温输送的扩边区块中,采用多井环状串联、掺水管线浅埋、集油管线深埋的端点井季节性掺水集油方式,掺水管线浅埋1m,集油管线深埋2m,待将来产液含水率增高可停止季节性掺水,顺利转为油井常温输送集输生产。采用这种集油方式后,可实现每年5—10月的常温集输。

(3)单管电加热集油工艺。

为了适应低产、低油气比、没有外供气源的油田开发,自1993年起,大庆油田部分区块采用单管电加热集油工艺,缩小了管径,降低了集输处理规模,减少了站内设备,简化了站内工艺[15]。管道集肤效应是应用较多的较新型的电伴热集油工艺,分为热管内置式电伴热、热管直穿式电伴热、热管外置式电伴热。

内置式集肤效应电伴热工艺是把伴热管连同内部的单芯电缆全部穿入输液管线中,伴热管从管道内部给介质伴热。该技术穿线难度相对较大(图2-32)。

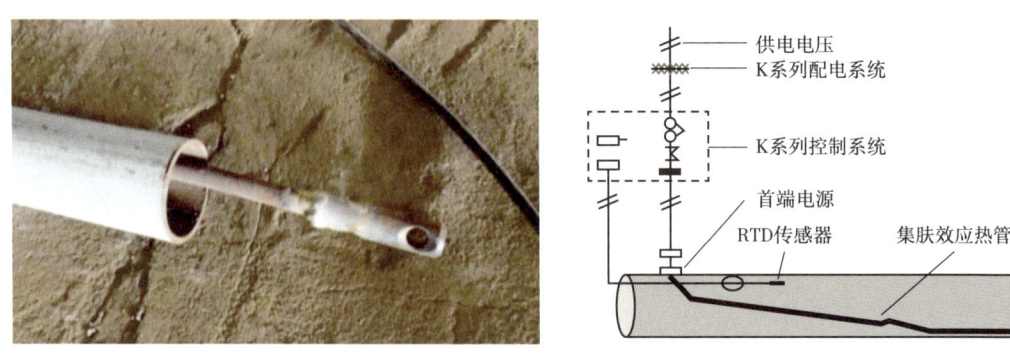

图2-32 内置式集肤效应电伴热工艺示意图

热管直穿式电伴热集油技术是取消伴热管，把单芯电缆直接穿入主输液管道内，末端相连，构成回路（图2-33）。在内集肤效应的作用下，主输液管内壁发热直接加热管内介质，热效率高。但穿心电缆工作环境差，使用寿命还不确定。该技术在大庆方兴油田已有规模应用，实现了高效、低故障率运行，创造了良好的经济效益和社会效益，并在技术原理、安全性、能耗等方面取得了初步的研究成果。该工艺适用于已建钢质管道。

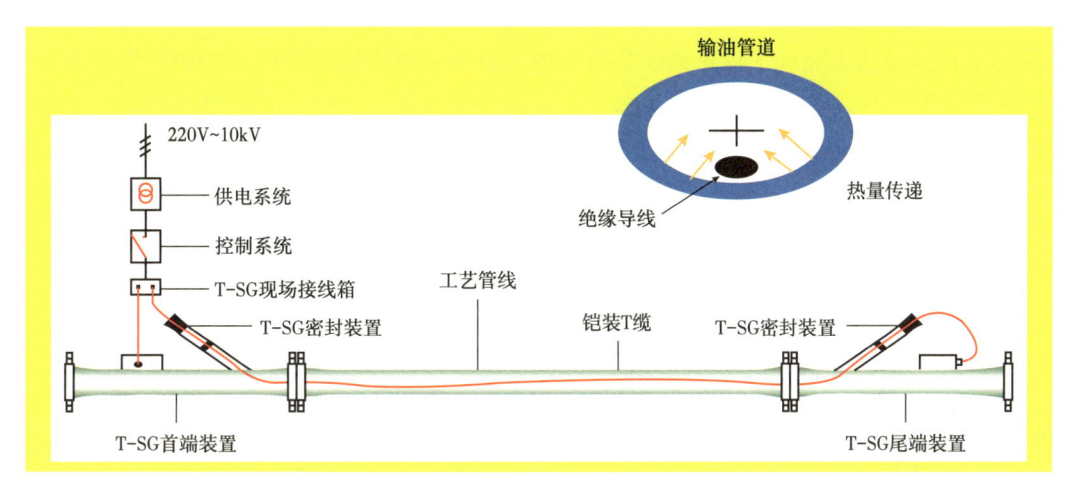

图2-33 电缆直穿式集肤效应电伴热工艺示意图

热管外置式电伴热集油技术主要是根据集肤效应原理，把单芯电缆穿入伴热管内，末端相连，并将伴热管沿主输液管焊接，伴热管的热量传递给主输液管起到沿程伴热作用（图2-34）。该方式是集肤效应电伴热的基本形式，最长伴热距离可达25km，伴热温度高，技术相对成熟，适用于新建管道。该技术主要应用于辽河油田的特稠油输送及部分港口。

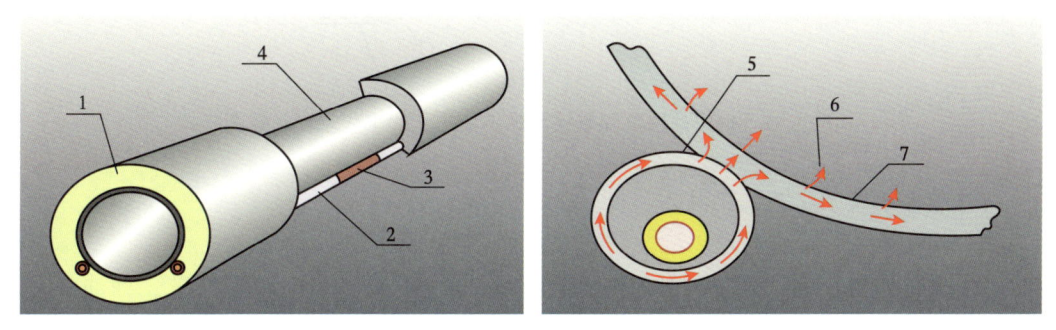

图2-34 外置式集肤效应电伴热工艺示意图
1—绝缘层；2—加热元件；3—导体；4—主干管；5—集肤伴热元件；6—热流量；7—管道内壁

(4)单管通球不加热集油工艺。

该工艺油井采出液采用单管接入计量间，井口出油温度可以满足采出液经计量间自压至接转站进站温度高于凝固点。在油井井口安装投球阀，配点滴加药装置，在计量站设收球筒。

油井单管通球主要是清除集油管线中沉积的蜡及其他杂质。该工艺主要工作原理属物理清洗范畴，清管器在管内行进过程中，管内壁与清管器之间的环形空间产生超高速流体射流，高速流体射流产生的冲刷、冲蚀、空穴效应及清管器与管内壁的摩擦刮削等多重作用剥离管内壁的附着物，从而达到清洗除垢的目的。

长庆油田在直井、小斜井钻井时期采用的典型集油流程即为单井单管通球不加热集油流程。计量方式为多井集中计量，每口油井均有各自独立的一条出油管线至计量间，油井产量计量在计量站上完成，计量站所集气、液混合物通过接转站增压至集中处理站。在集输系统布局时，以"井场—计量站—接转站—集中处理站"三级布站为基本布局，并结合实际，综合考虑集油半径、站址位置、地形条件等因素，灵活布置，尽量减少站场数量，缩短流程（图2-35）。

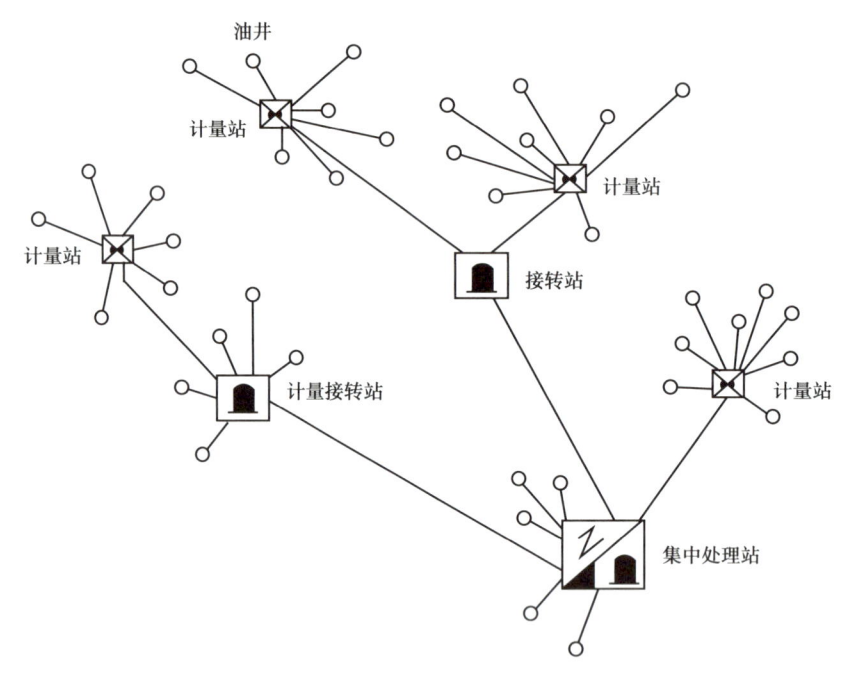

图2-35 长庆油田单井单管通球不加热集油工艺流程示意图

2）双管掺水集油工艺优化技术

(1)"两就近"集油工艺。

对于水驱加密井及二类油层聚合物驱上返井，采用"两就近"集油工艺，即油井就近接入已建计量站或就近与老油井管道挂接。接入已建计量站的井，可实现固定热洗和单井计量（图2-36）。

"两就近"集油工艺使新建加密井充分利用了临近已建油井集油、掺水管道和基础设施的能力，从而使集油流程得以大幅简化，基本做到了原油集输系统不新建计量间，接转站、脱水站不改造，使工程建设投资大幅降低。与双管掺水常规流程相比，简化流程的油井集油管道建设工程量减少了79.2%。这一工艺为降低老油田三次加密调整井的建设投资、提高其开发经济效益开辟了一条新途径。

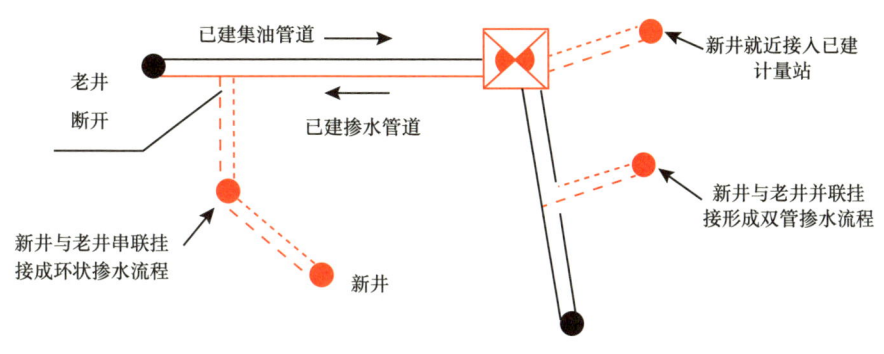

图 2-36 "两就近"掺水集油工艺

(2) 丛式井集油工艺。

以丛式井组为单元，每个井组至计量站采用"三管"集输工艺，共用掺水（热洗）、集油、计量管道。与常规单井双管掺水集油工艺相比，减少了油井至计量站的掺水热洗管道及计量站新（扩）建数量，以4口井丛式井组为例，可减少5条集油掺水管道，大幅降低了投资。

3) 单井软件量油技术

井口软件量油方法主要有抽油机井功图法、电潜泵井压差法、螺杆泵井容积法等。软件量油已在多数油田得到应用，大庆、大港等油田应用量较大。

大庆油田于1995年成功研制并应用了抽油机井"便携式功图量油仪"后，油井简化计量技术得到了快速发展；2000年以后大量推广应用了带有数据远传功能的抽油机井功图法软件量油技术。

2005年以来，大港油田研发并规模应用了电泵井压差法和螺杆泵井容积法软件量油技术。港西油田的油井全部进行单井计量改造，取消了计量间，简化了集油工艺，节省集输系统投资25%~30%，节省单井投资2万~3万元，形成了具有示范意义的"港西模式"，其中抽油机井采用软件量油计量后，产液量计量误差小于10%的油井占到了全部油井的95%以上（图2-37）。

随着老油田优化简化工作和"数字化油田"建设的推进，软件量油技术因其具有测量连续性好、占地面积小和节省人力投入等优点，越来越受到各个油田的重视，成为单井计量的一个发展趋势。在老油田地面系统改造中，采用软件量油可以取消计量间，解决串联油井和环状掺输的单井计量问题。

2. 注水工艺简化

注水系统工艺简化主要是通过在注水井上应用恒流配水技术，利用预压缩弹簧的弹力作用在补偿阀柱塞上，在注水压力发生变化时，柱塞在压力的作用下发生滑动，改变堵塞器的出水口，从而保持水嘴前后压差基本恒定，这样经过水嘴的流量就会实现恒流。多功能恒流配水器的设定流量在一定压力变化范围内的波动能够满足生产的需要，可以实现注水井的流量控制和注水井生产数据的远程采集，集恒流配水、计量、调节等功能为一体。恒流配水技术实现了智能注水、远程控制，取消了传统的配水间，减少了注水支线，可实现无人值守。大港、华北等油田在近16000口注水井推广应用，与单干管多井配水工艺相

(a）采用软件前

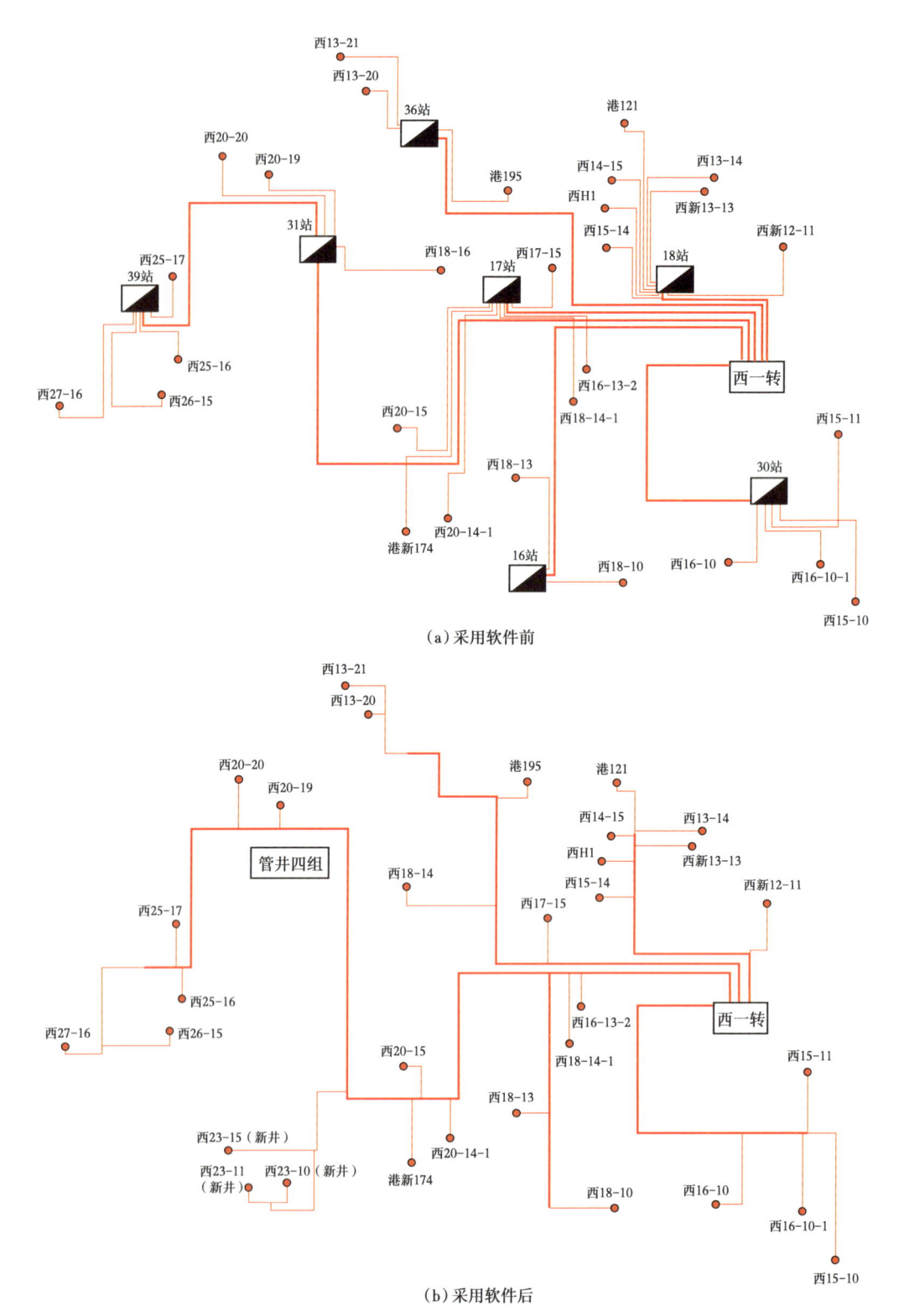

(b）采用软件后

图 2-37　港西油田采用软件量油计量前后集油系统对比图

比，单井地面投资降低 10 万元以上。

单独的恒流配水技术存在着局限性：水量调节需要更换水嘴，现场操作难度大；水嘴的孔径易变径，影响水量，现场无法检测；注水量依靠人工计算，无流量数据；无法实现自动调控。

针对这些不足，大港油田在恒流配水技术的基础上，采用了"恒流配水器＋流量计""恒流配水器＋流量计+信息采集与远传"等一系列技术的改进与完善（图2-38和图2-39）。在此基础上不断研究，开发了注水井远程监控装置，通过主体技术和配套技术研究，实现了注水量的就地闭环控制和远程监控（图2-40）。在5口注水井开展先导性试验并取得成功，根据统计数据，日注水量控制在日配注量±3%以内，均达到了配注要求。

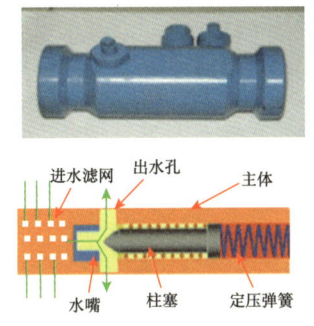

图 2-38 恒流配水器结构及现场示意图

图 2-39 "恒流配水器+流量计+信息采集与远传"

图 2-40 注水井远程监控技术

五、提高采收率开发方式高效地面配套技术

随着世界范围内油田的不断勘探与开发，常规原油产量逐年降低，对开采技术的需求也越来越苛刻[16]。为了进一步提高采收率，高含水老油田不断应用新的开发方式，地面配套工艺趋于复杂，地面工程投资和生产成本控制难度增大，需研发相应的高效地面配套工艺技术。

1. 聚合物驱

聚合物驱是水驱开采之后重要的提高采收率技术措施。聚合物驱油是通过在配制水中加入一定量的高分子量的聚丙烯酰胺，增加注入水的黏度，改善油水流度比，从而提高采收率。

大庆油田自1972年开始开展聚合物驱先导性试验，是国内开展聚合物驱先导性试验最早的油田之一。经过多年的科研攻关和试验探索，创新形成了成熟的聚合物驱地面配套技术，于"八五"末开始了大规模工业化推广应用，建成了国内规模最大的聚合物驱油地面工程系统[17]。目前，大庆油田聚合物驱地面配套技术已在多个油田推广应用，取得了良好的应用效果。

1）聚合物驱配注技术

大庆油田聚合物驱工业化研发应用了"熟储合一"的短配制流程、"一管多站"母液外输工艺、"一泵多井"注入等简化配注工艺，实现了聚合物干粉的大容量分散及快速搅拌溶解、聚合物母液低黏度损失率与长距离多环节输送、注入，优化形成了"集中配制、分散注入"的总体工艺流程，并研发了高效熟化搅拌器、静态混合器等适合聚合物驱配注工艺的核心设备。

聚合物配制过程中，聚合物干粉在清水中完全溶解后所形成的高浓度水溶液，称为聚合物母液。聚合物配制过程包含分散、熟化、转输、储存、增压、过滤等工艺环节。采用熟储合一的"分散→熟化→外输→过滤"短流程工艺，即取消储罐和转输设备，熟化罐直接向外输泵供液。熟储合一短流程简化了配制工艺，减少黏度损失率1.95个百分点，较长流程每座配制站减少2座储罐及6套转输泵，推广应用12座配制站，节省投资2500万元，降低了工程投资和运行费用。

为了降低建设投资，研发了"一泵多井"注入工艺，由一台大排量注入泵给多口注入井提供高压聚合物母液，泵出口安装流量调节器调控液量及压力，将高压聚合物母液对单井进行分配，然后与高压水混合稀释成低浓度的聚合物目的液，再输送至注入井。"一泵多井"注入工艺以大排量柱塞泵替代了原有的单井小排量柱塞泵，通过单井母液流量调节器对母液进行分配，大幅减少了机泵数量及厂房和占地面积。该工艺较"单泵单井"注入工艺节省建设投资8%~15%。

"集中配制、分散注入"工艺（图2-41），即集中建设规模较大的聚合物配制站，在其周围卫星式分散布建多座注入站，由配制站分别给各注入站供液。该工艺适用于大规模工业化应用、一座配制站同时满足多座注入站的供液要求。配制部分集中建设，单台设备处理量大，设备总数少，工程投资低。

针对聚合物母液熟化时间长的问题，研制了适用于不同分子量聚合物的高效熟化搅拌

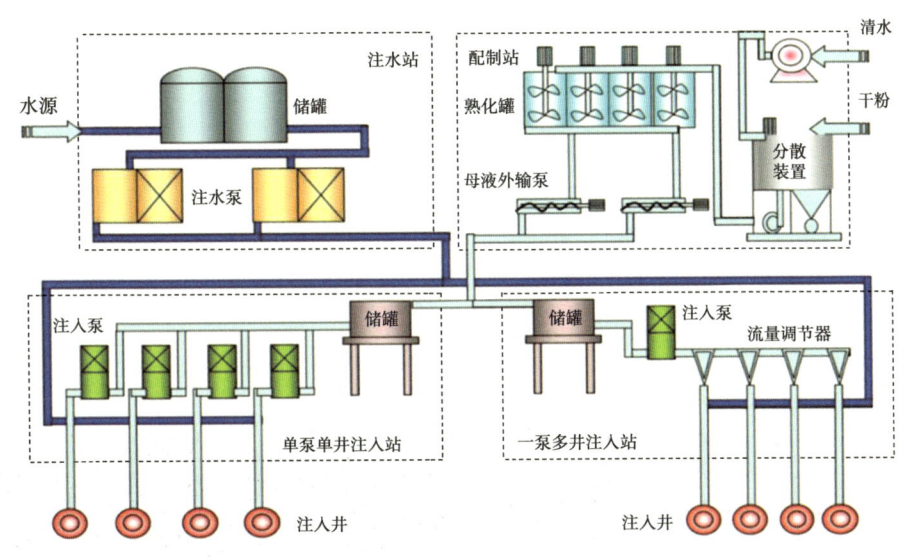

图 2-41 大庆油田聚合物驱"集中配制、分散注入"总体工艺示意图

器。对于中分子量的聚合物母液,应用长薄叶(CBY)浆式搅拌器,熟化时间由120min降为90min,在同等配制规模的情况下,减少了熟化罐的数量。针对高分子量的聚合物母液,在流变性研究和浆式搅拌器流场试验结果的基础上,开发改进型螺旋推进搅拌器。为了更进一步缩短超高分子量聚合物的熟化时间,采用计算流变学数值模拟方法,对不同类型的搅拌器进行了对比模拟,优选出了双螺带螺杆搅拌器,并采用示踪粒子图像测速法(PIV),对双螺带螺杆搅拌器搅拌流场进行验证(图2-42和图2-43)。双螺带螺杆搅拌器与常规的浆式搅拌器相比,熟化时间由240min降至120min,有效提高了生产效率。

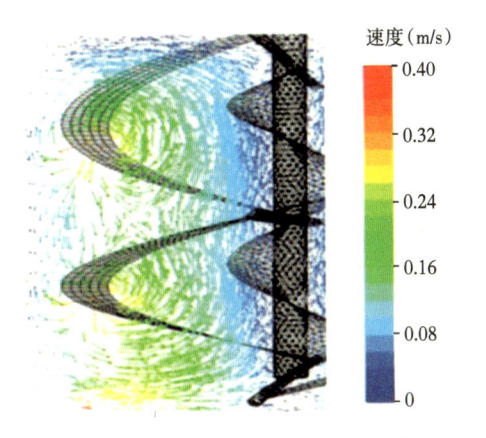

图 2-42 双螺带搅拌器速度矢量场图 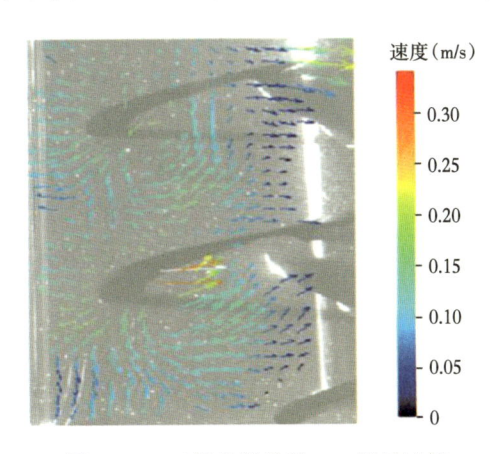　　图 2-43 双螺带搅拌器 PIV 测量流场

针对聚合物分子量高、溶解性差、混合效果差的问题,研发了由 K 型和 X 型两种混合单元组合的 KX 型组合式静态混合器(图2-44和图2-45)。在 K 型混合器段,流体除沿螺旋片做螺线运动外,还有自身的旋转运动,使流体达到较好的径向混合效果。在 X 型混合器段,狭窄的倾斜横条对流体进行分流,非垂直放置的横条使得绕过的流体出现次级

流,这种次级流起着"自身搅拌"的作用,使各股流体进一步混合。组合型静态混合器具有最小的混合不均匀度,且在保证混合效果的前提下,能够降低黏度损失率达3%。

(a) K型结构　　　　　　　　　　　　(b) X型结构

图 2-44　组合式静态混合器混合单元示意图

图 2-45　KX 型组合式静态混合器全流场流线图

2) 聚合物驱采出液集输处理技术

聚合物驱采出液的脱水存在两方面的技术难点:一是随着采出液中聚合物含量的升高,聚合物采出液的沉降特性发生明显的变化,沉降时间成倍增长,脱出后水质量也明显变差;二是在聚合物驱采出液处理实际生产运行中,出现了脱水电流由 20~30A 骤增至 50~70A 的情况,并经常有测水电极局部出现高压,导致出现电器设备烧损的现象。针对这些问题,研发了聚合物驱高效游离水脱除器和适用于聚合物驱采出液处理的竖挂电极脱水器。形成聚合物驱采出液原油两段脱水工艺流程:一段采用聚合物驱游离水脱除器进行游离水脱除,二段采用聚合物驱脱水竖挂电极电脱水器进行电脱水(图 2-46 至图 2-48)。

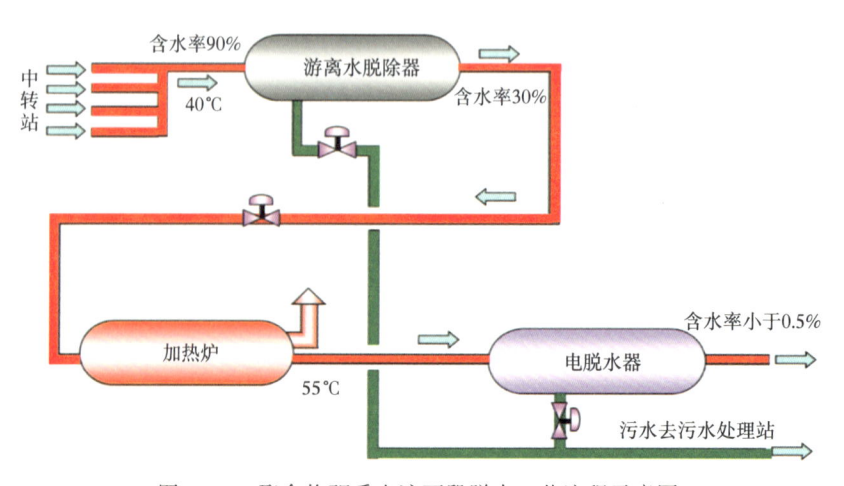

图 2-46　聚合物驱采出液两段脱水工艺流程示意图

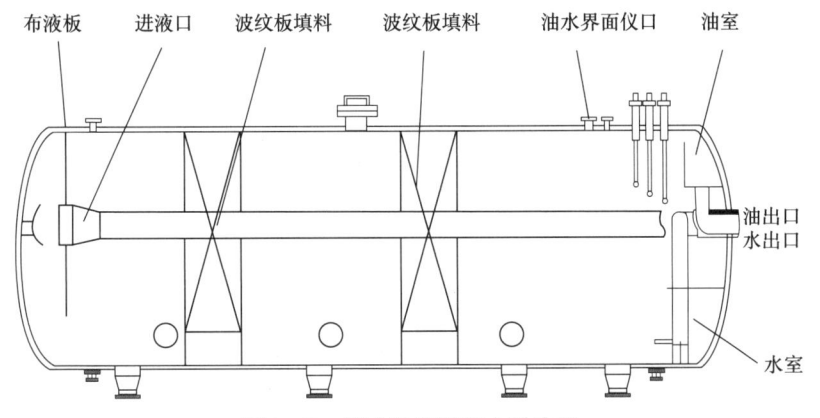

图 2-47 聚合物驱游离水脱除器

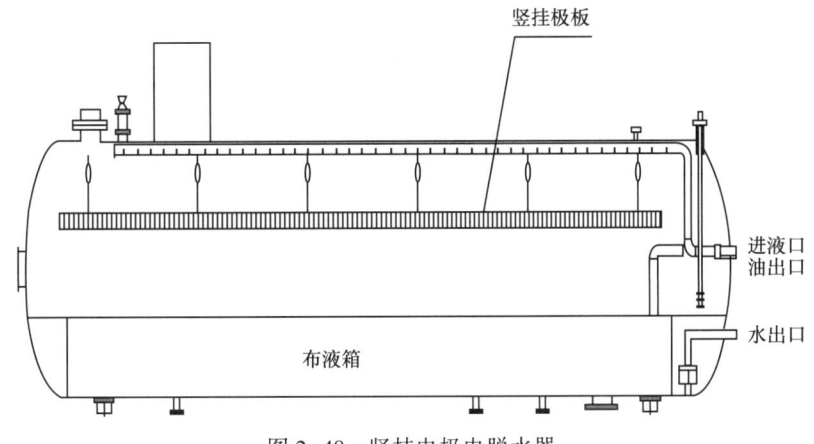

图 2-48 竖挂电极电脱水器

3）聚合物驱采出水处理技术

根据回注指标的不同，聚合物驱采出水处理一般采用表 2-8 所示的处理工艺。

表 2-8 聚合物驱采出水主要处理工艺

回注指标	主要采出水处理工艺
回注普通处理 （水中含油 20mg/L、悬浮固体含量 20mg/L、粒径中值 5μm）	自然沉降+混凝沉降+一级过滤（图 2-49）
	气浮沉降+混凝沉降+一级过滤
回注深度处理 （水中含油 5mg/L、悬浮固体含量 5mg/L、粒径中值 2μm）	气浮沉降+微生物+固液分离+一级过滤
	序批式沉降+三级过滤

采出水含聚合物后，水质特性发生变化，油水乳化程度高，油珠颗粒细小难以聚并，含油污水中悬浮固体颗粒含量多且细小，在水中呈悬浮状态，导致油、水、悬浮固体之间分离更加困难，造成自然沉降罐和混凝沉降罐处理工艺处理效率低。大庆油田研发应用了气浮沉降罐，在常规污水沉降罐内增加气浮释放设施，在罐外增加气浮溶气设备，可以提高已建

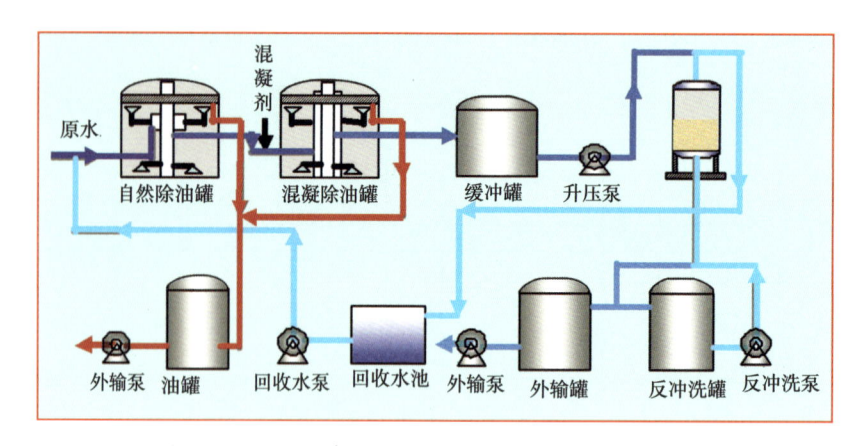

图 2-49 两级沉降+一级压力过滤处理工艺流程示意图

沉降罐的处理效率，减轻过滤段的处理负担，从整体上提高处理后出水水质（图 2-50 和图 2-51）。与常规沉降罐相比，气浮沉降罐可使处理后水中含油量和悬浮固体含量去除率均提高 20% 以上，节省运行成本 10% 以上。

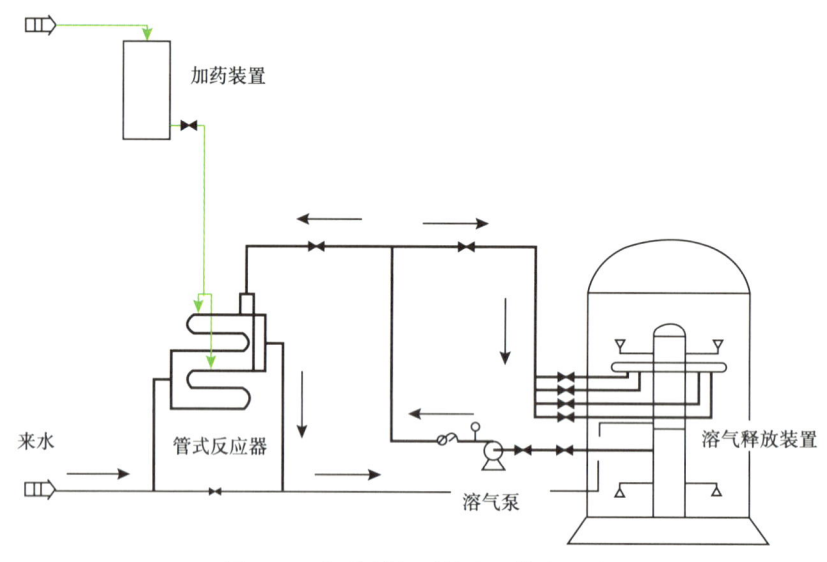

图 2-50 沉降罐气浮技术工艺流程图

2. 三元复合驱

三元复合驱是由表面活性剂、聚合物和碱组成的复合体系驱油方法，是在聚合物驱的基础上发展起来的一项大幅提高采收率的新技术，由美国学者于 20 世纪 70 年代首先提出。与单一聚合物驱相比，由于表面活性剂和碱的存在，三元复合驱在增大波及系数的同时也有效降低了油水界面张力，室内实验可比水驱提高采收率 20 个百分点以上，但由于其理论研究和工程化难度极大，国外长期停留在实验室和井组试验阶段[18]。

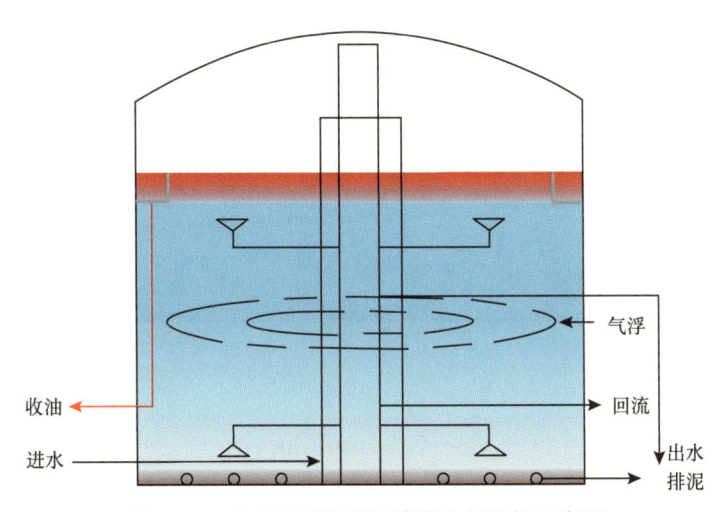

图 2-51 大庆油田气浮沉降罐内部结构示意图

1) 三元复合驱配注技术

大庆油田针对化学剂性质、化学剂之间配伍性及复合体系流变性，开展了大量试验研究，形成了三元复合驱配注技术。随着三元复合驱注入体系的不断丰富和试验规模的不断扩大，地面配注工艺技术也在不断地研究创新和优化简化，为满足不同阶段的开发配注要求，先后研发出"目的液"配注技术、"单泵单井单剂"配注技术、"低压三元、高压二元"配注技术（图2-52）和"低压二元、高压二元"配注技术。在先导性试验阶段，采用

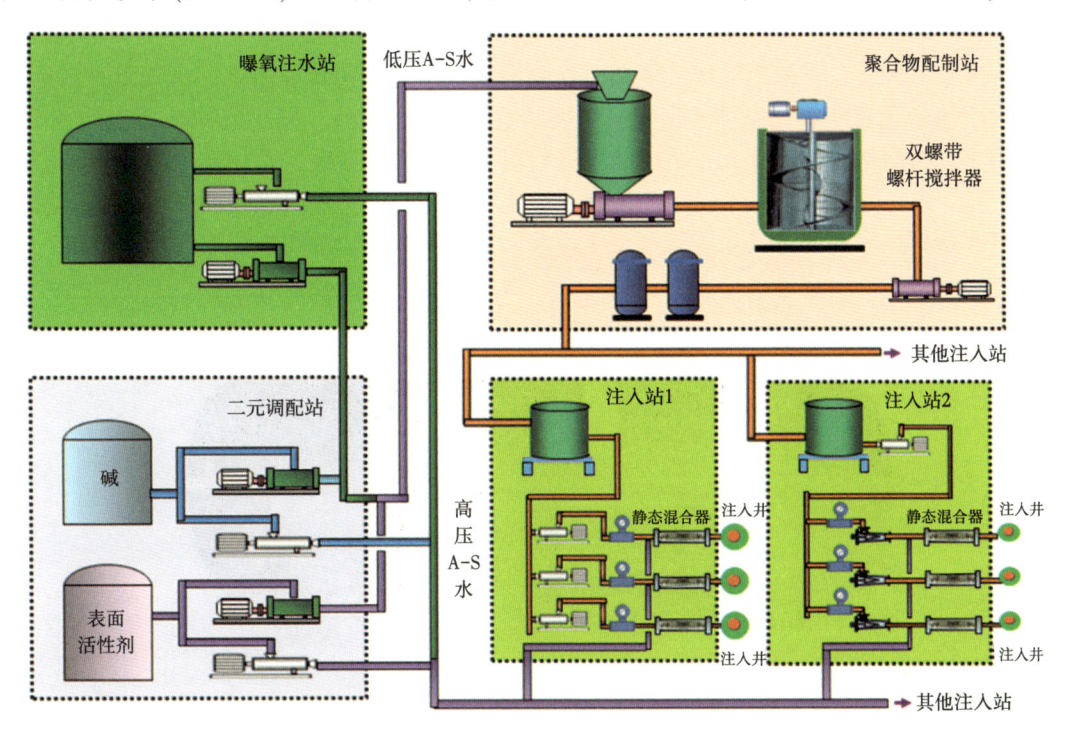

图 2-52 "低压三元、高压二元"配注工艺流程图

"目的液"配注工艺，满足了三元复合驱体系检验合格后注入的开发要求；在工业化试验阶段，采用"单泵单井单剂"配注工艺，满足了单井三种化学剂浓度都可调整的要求；根据开发方案提出的"聚合物浓度可调、碱和表面活性剂浓度不变"的个性化注入要求，在工业化推广阶段研发应用了"低压三元、高压二元"配注工艺；工业生产中，部分区块为了解决弱碱三元复合驱注入端结垢严重的问题，还采用了"低压二元、高压二元"配注工艺，实现了低压端无碱化。

2）三元复合驱采出液集输处理技术

三元复合驱采出液处理采用两段脱水工艺流程，一段游离水脱除，二段电化学脱水（图2-53）。

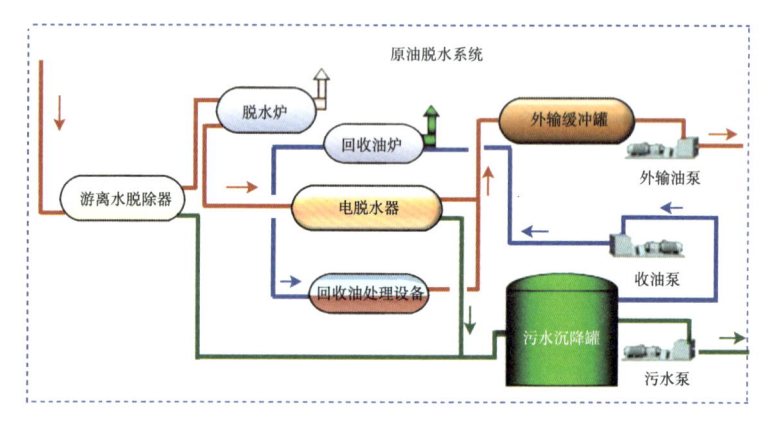

图2-53 三元复合驱采出液处理工艺流程示意图

但由于三元复合驱采出液成分复杂，给原油脱水系统带来诸多困难。一方面，三元复合驱采出液中含有驱替用化学剂（碱、表面活性剂和聚合物），采出乳状液的稳定性强，破乳困难，游离水脱除难度大；采出液中携砂量和悬浮固体量大，常用的波纹板聚结填料堵塞严重，无法原位清理，不适用于三元复合驱游离水脱除。针对上述问题，研发应用了具有可原位再生填料的游离水脱除器及采用翼形板分离构件的游离水脱除器（图2-54）。

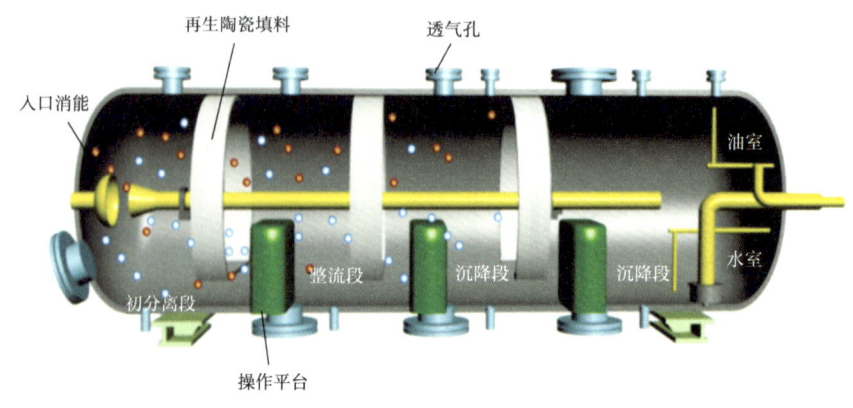

图2-54 三元复合驱游离水脱除器结构示意图

另一方面，三元复合驱采出液黏度大，携带杂质多，平挂电极电脱水器处理三元复合驱采出液时极板容易沉积杂物，电极钢板网孔间泥状沉积物难于清理，影响电脱水器正常运行；竖挂电极电脱水器虽不易附着沉积物，但其预处理电场较弱；单纯的平挂电极电脱水器和竖挂电极电脱水器对三元复合驱采出液适应性差。针对上述问题，研发应用了组合电极电脱水器及配套供电设备（图2-55和图2-56）。组合电极电脱水器的电极分上下两部分，上部采用竖挂电极，下部采用一层平挂柱状电极，竖挂电极之间形成强电场，竖挂电极与平挂电极间形成次强电场，平挂电极与油水界面形成交变预备电场，其电场强度从下至上逐步增强，乳化液的预处理空间较大，处理后原油的含水率由下至上逐步减小，保证了脱水电场的平稳运行。针对采出液导电性强、脱水电流大，原有供电装置无法保证平稳输出有效脱水电压的问题，开发了变频脉冲脱水供电技术。通过改变电场频率，使之与乳状液滴固有频率相接近，液滴产生谐振，利于破乳，提高脱水效率和脱水效果。将变频脉冲脱水供电技术应用于组合电极电脱水器后，电脱水器的运行稳定性增加，脱水电压提高，电场波动频次减少。

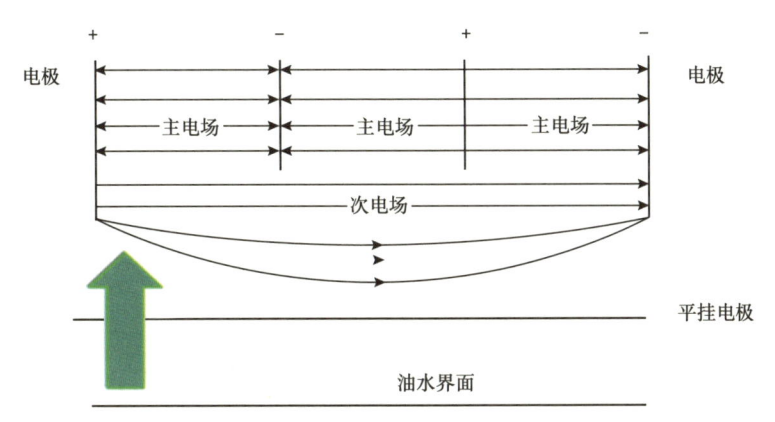

图2-55　组合电极电脱水器结构示意图

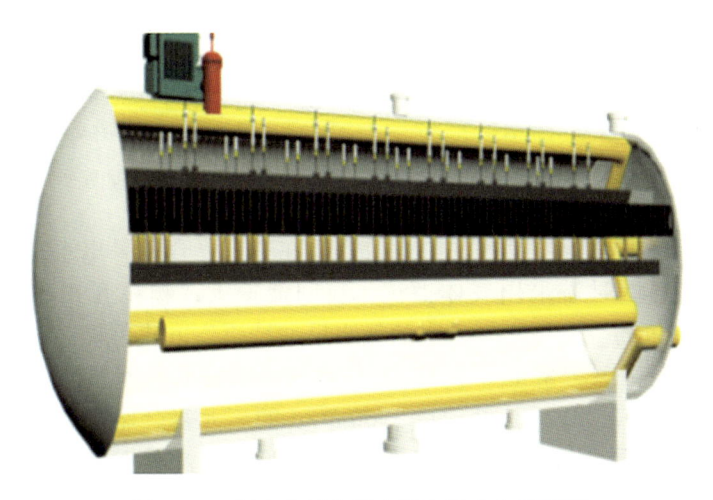

图2-56　组合电极电脱水器电场分布示意图

3)三元复合驱采出水处理技术

采出水处理一直是制约三元复合驱发展的瓶颈问题之一。针对三元复合驱采出水水质成分复杂、油水乳化严重、分离效果差、处理工艺复杂等一系列问题，大庆油田多年来通过科研攻关、优化流程、研发设备，逐步提升了三元复合驱采出水水质。

目前三元复合驱采出水处理站主工艺流程为"一级序批式沉降（可实现一级连续流）→一级石英砂—磁铁矿双层滤料过滤罐→二级海绿石—磁铁矿双层滤料过滤罐"的处理工艺，过滤罐的反冲洗采用气水反冲洗方式（图2-57）。

序批式沉降工艺是一个有序且间歇的过程，即个体间歇、整体连续，包括进水、静沉和排水三个阶段。其中静沉阶段最为重要，这一阶段含油污水处在一个绝对静止的环境中，油珠上浮不受水流干扰；有效沉降时间不受布水系统、集水系统干扰，不会出现短流；耐冲击负荷强，因此分离效率高。另外，采用浮动收油，可缩短污油在罐内的停留时间，不形成老化油层，保障污油实现最大限度地有效回收，提高设备处理效率。与常规"自然沉降+混凝沉降"工艺相比，序批式沉降工艺对污油和悬浮固体的去除率提高20%以上。

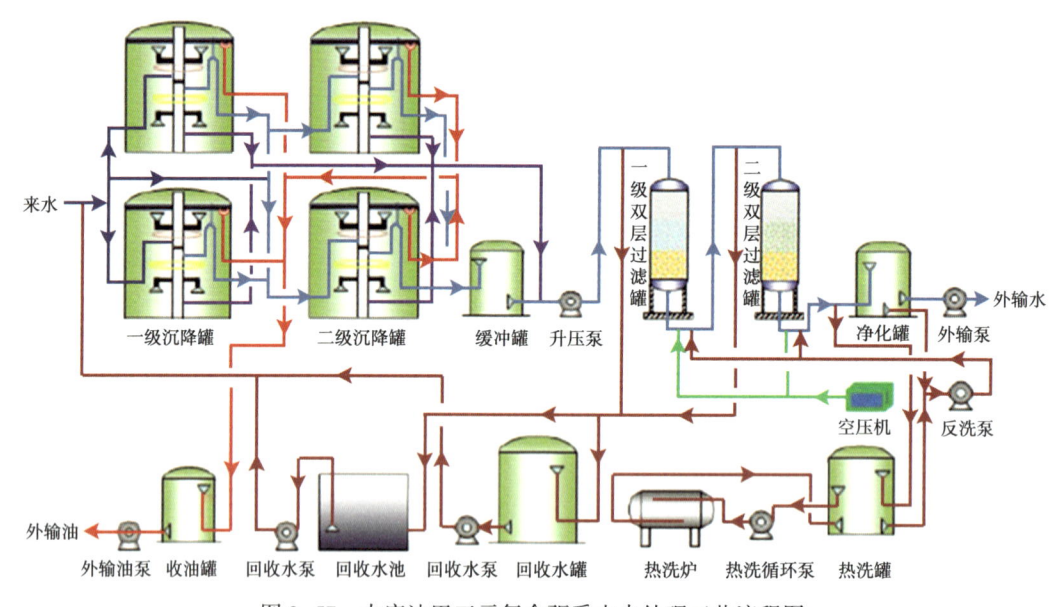

图2-57 大庆油田三元复合驱采出水处理工艺流程图

为了提高颗粒滤料过滤器反冲洗再生效果，在三元复合驱采出水过滤器中应用了气水反冲洗技术。气水反冲洗采用气体擦洗，粒间流速大，颗粒互相冲撞和摩擦作用强烈，所以再生效率较高。应用先气后水的气水反冲洗再生方式可提高油田在用的各种颗粒滤料的再生效果（图2-58和图2-59），较水洗可节省自耗水量40%，再生后滤料表面残余含油量为0.04%。以设计处理量3500m³/d的三元复合驱采出水处理站为例，采用气水反冲洗技术以后，减少反冲洗水处理量1350m³/d，每年可以减少生产成本投入123万元。

图 2-58　投加清洗剂水洗后烘干滤料

图 2-59　气水反冲洗清洗后烘干滤料

3. 二元复合驱

聚合物—表面活性剂二元复合驱是通过表面活性剂提高驱油效率和聚合物提高波及体积协同作用来提高原油采收率的三次采油技术。二元复合驱既有聚合物驱提高波及体积的功能，又有三元复合驱提高驱油效率的作用，是聚合物驱和三元复合驱技术的拓展。二元复合驱与聚合物驱相比，可以进一步提高采收率；与三元复合驱相比，虽提高采收率幅度略低，但无碱的负面影响。

二元复合驱先后在辽河油田、新疆油田、长庆油田和大港油田等区块开展了开发试验，取得了明显的效果，地面工程已经形成了配套的系列关键技术，主要包括配制与注入技术、油气集输与处理技术和采出水处理技术，较好地适应了二元复合驱区块油田开发生产的需求。

1) 二元复合驱配注技术

二元复合驱配制与注入系统主要由四个单元组成：聚合物配制单元、表面活性剂配制单元、二元液复配单元和增压注入单元。

聚合物配制单元多采用大庆油田研发的"分散→熟化→外输→过滤"短配制流程。采用水力分散或风力分散方式将聚合物干粉配制成一定浓度的母液，再由螺杆泵送至熟化罐，经过一定时间的搅拌熟化使聚合物干粉完全溶解，然后进行储存。当注入站需要时，再经外输螺杆泵升压，经粗、精两级过滤器过滤后，外输给注入站。一般配制用水的水质矿化度及二价离子含量不能太高，避免聚合物黏度损失过大。配制水源一般采用清水，部分油田采用深度处理后的采出水。各油田考虑到区域水量平衡，因地制宜选择合理的二元复合液配制水源，既可采用清水，也可采用油田采出水。

表面活性剂配制单元主要是将表面活性剂原液配制为目的浓度的表面活性剂水溶液。二元复合液复配单元是将聚合物母液、表面活性剂原液分别输送至熟化调配罐内熟化，配制成二元复合液。

增压注入单元主要是二元复合液通过注入泵与含目的浓度表面活性剂的高压水溶液混合，按照开发要求的聚合物浓度及注入量调节分配至各注入井完成注入。二元复合驱注入泵一般采用低剪切高压柱塞泵，其原理与柱塞式注水泵相同，只是在结构上做了改造，以适于高黏度聚合物的输送，同时具备低剪切的性能（图 2-60）。其主要防聚合物黏度损失的措施是降低泵速，防止高速造成聚合物剪切降黏；改变进出口阀形状，使其更接近梭形，防止聚合物流道突变造成剪切。

(a) 柱塞式注水泵　　(b) 低剪切高压柱塞泵

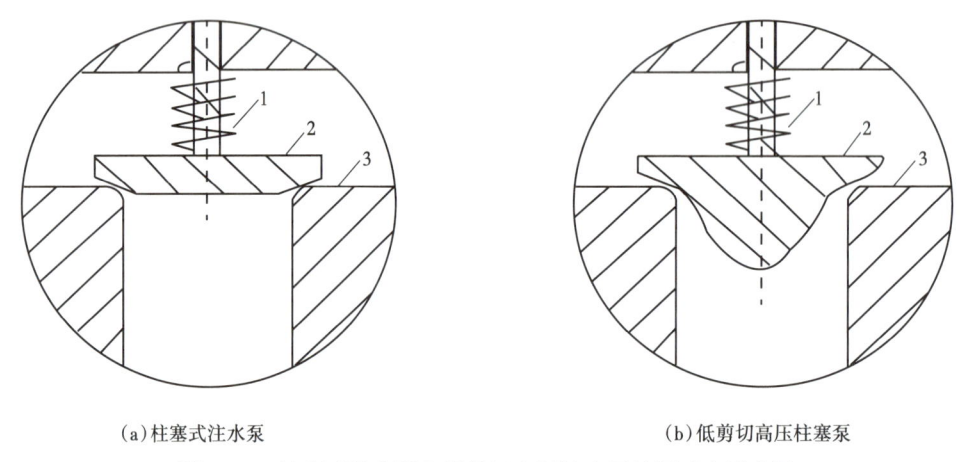

图 2-60　柱塞式注水泵和低剪切高压柱塞泵的阀对比示意图
1—弹簧；2—阀球；3—阀座

长庆油田二元复合驱采用低压混合、高压注入工艺，流程如图 2-61 所示。

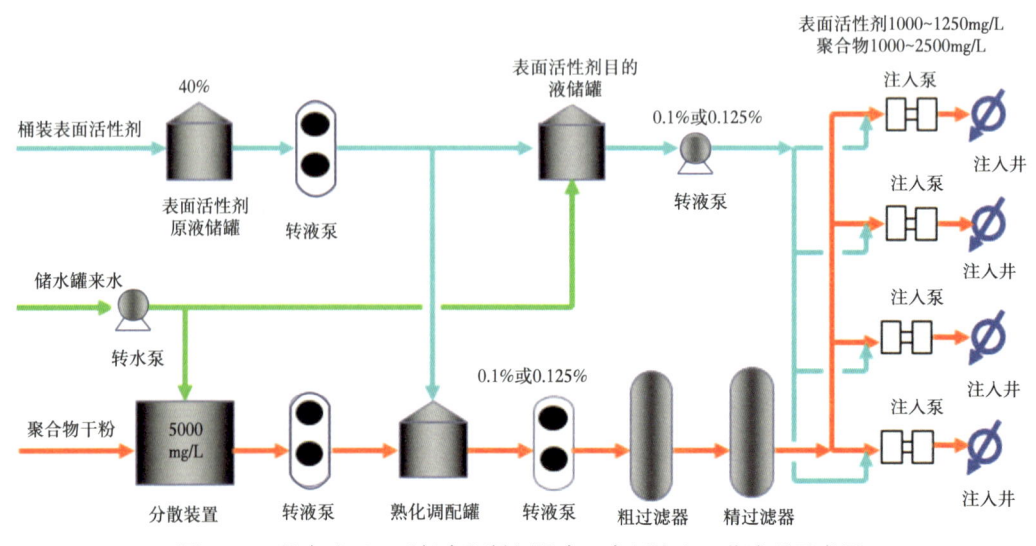

图 2-61　长庆油田二元复合驱低压混合、高压注入工艺流程示意图

2）二元复合驱采出液和采出水处理技术

二元复合驱试验区块在水驱阶段地面工程通常已建成了完善的原油集输处理系统以及采出水处理系统。二元复合驱实施后由于规模相对较小，基本以依托已建水驱系统为主，少部分油田根据二元复合驱的特点对已建系统进行了适应性改造，基本可满足生产需要。

各油田二元复合驱采出液处理以热化学脱水为主，部分油田采用沉降脱水和电化学脱水；采出水处理主要采用沉降、气浮等工艺，取得了较好的实际运行效果，满足了二元复合驱生产的需要。

4. CO_2 驱

CO_2 驱油技术是指以 CO_2 为驱油介质提高采收率的技术。CO_2 作为驱油介质，与水和其他气体介质相比有显著不同：与水相比，地层吸 CO_2 能力更强，注 CO_2 能够有效补充地层能量；与其他气体驱油介质相比，CO_2 在油藏条件下更易达到超临界状态。

CO_2 驱分为混相驱和非混相驱。CO_2 混相驱是注入的 CO_2 与原油多次接触的过程，在多次接触过程中 CO_2 将原油中的轻质组分蒸发到注入的 CO_2 相中，与此同时，CO_2 也会凝析于原油中，两种流体通过多次接触逐步形成混相，与 CO_2 达到混相的原油将具有比之前更低的黏度、更高的流度、更低的界面张力，有利于被采出。当油藏压力不够或油藏原油组分不利于混相时，注入的 CO_2 将无法与油藏原油形成混相，此时驱油机理主要是使原油体积膨胀、降低原油黏度、提抽轻质组分和溶解气驱作用。总的来说，在开采油藏残余油时，CO_2 混相驱效果更突出。

国内自 20 世纪 60 年代开始关注 CO_2 驱油理论和技术。20 世纪 90 年代，国内吉林、大庆和长庆等多个油田相继开展 CO_2 驱油矿场试验，较水驱提高采收率 8 个百分点以上。

CO_2 驱地面工程系统一般包括 CO_2 捕集与输送系统、注入系统、采出液集输处理系统、采出水处理系统及伴生气循环利用系统（图 2-62，以吉林油田为例）。

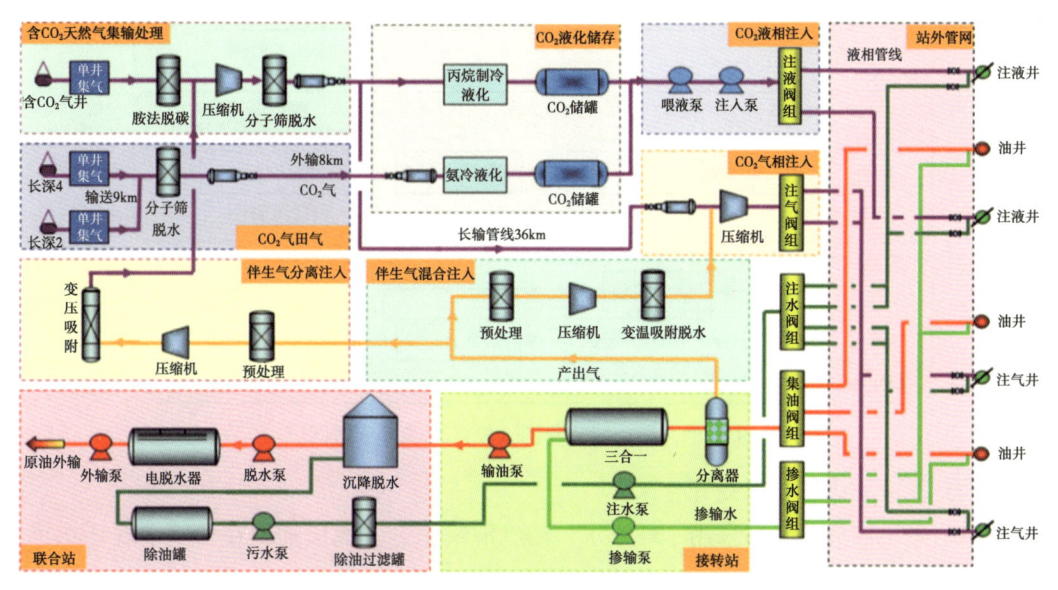

图 2-62 吉林油田黑 46 区块 CO_2 驱油地面工程系统示意流程

1)CO_2 捕集与输送技术

CO_2 驱所用的 CO_2 主要来自高含 CO_2 气井或外购。其中吉林油田和大庆油田 CO_2 驱试验区块的气源主要依托高含 CO_2 天然气井，通过对天然气进行净化，脱除其中的 CO_2，而后将脱除出的 CO_2 酸气进行净化。吉林油田应用的是胺法脱碳，大庆油田 CO_2 液化站采用"氨冷液化、变压吸附、精馏提纯"工艺。

CO_2 分四种相态，固态、液态、气态和超临界态。针对工业化应用，CO_2 在液态、气态和超临界态应用较多。液态 CO_2 有两种输送方式，一是采用液态低温罐车运输，二是采用管输。气态、超临界态 CO_2 一般采用管输。目前由于受到 CO_2 气源制约，大部分 CO_2 驱试验区块采用汽车拉运方式，但从今后大规模工业化推广的角度出发，汽车拉运成本较高，将会影响 CO_2 驱的经济效益，因此推荐采用管道输送，特别是超临界态 CO_2 的输送。

2)CO_2 驱注入技术

CO_2 驱注入系统关键技术有液相注入和超临界注入。液相注入工艺流程是液态 CO_2 从储罐中经喂液泵抽出增压，通过 CO_2 注入泵增压至设计注入压力，并配送至注入井口。根据液态 CO_2 输送方式的不同，又可以分为液相汽车拉运注入和液相管输注入。超临界注入是指把 CO_2 从气态加压至超临界状态（31.06℃，73.82bar❶）后注入地下，超临界状态 CO_2 为介于液态和气态之间的非气非液的流体状态，兼有液态的高密度和气态的良好流动性及低摩擦阻力的特性。采用超临界注入工艺时 CO_2 纯度要在90%以上。为了满足要求，当气井气或产出伴生气的 CO_2 含量高于注入纯度要求时采取超临界直接注入（图2-63），当产出气 CO_2 含量低于注入纯度要求时，将产出气分离提纯后注入，还可以与更高纯度的 CO_2 气混合达到注入纯度要求后注入，即混合注入方式。

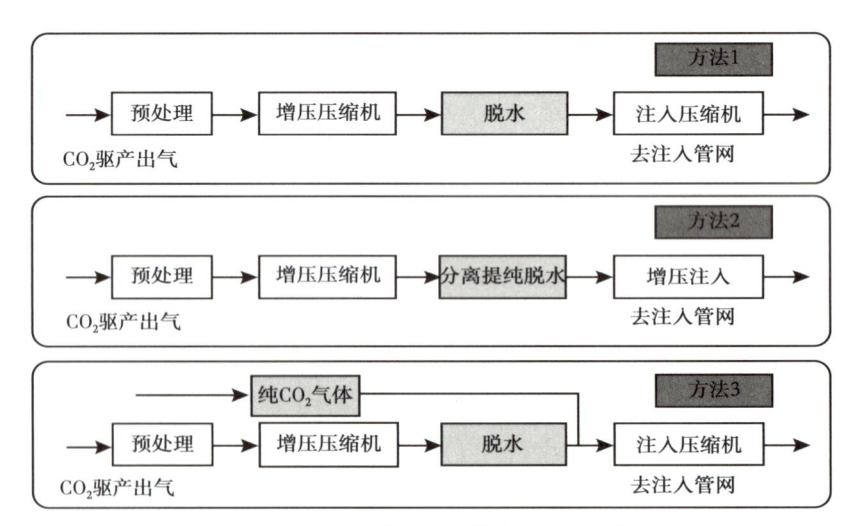

图2-63 CO_2 超临界注入模式及流程示意图

3)CO_2 驱采出液集输与处理技术

CO_2 驱采出液集输大多采用小环掺水、油气混输工艺。大庆油田在采用常规环状掺水

❶ 1bar=0.1MPa。

集油或小环掺水集油工艺时，二氧化碳驱油井间歇上返的大量高含二氧化碳伴生气易导致集油管线冻堵，进而影响整个集油环生产。针对该问题创新了"羊角式"环状掺水集油工艺（图2-64），在常规环状掺水集油工艺的基础上增加了单井进环管线的长度，有效避免了冻堵引起的一堵全堵、生产受阻、不便管理等问题。与常规小环掺水集油相比，少建管道40%以上、节省投资60%左右。

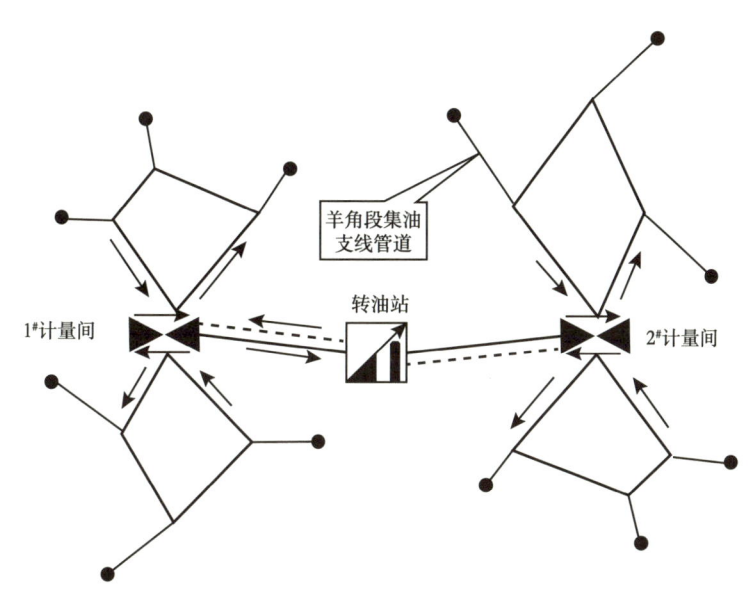

图2-64 "羊角式"环状掺水集油工艺流程示意图

CO_2采出液处理可以采用水驱采出液的处理工艺，但需要根据CO_2采出液的具体情况，对采出液脱水工艺中的一些关键参数做出适当调整，如增加沉降时间、提高脱水温度、增加破乳剂用量等。

4）CO_2驱采出水处理技术

通过对吉林油田和大庆油田CO_2试验区采出水现状及已建采出水处理工艺的适应性分析，可以得出结论，应用于水驱的常规除油、除悬浮物工艺，对处理CO_2驱采出水是完全适用的（图2-65）。因此，针对CO_2驱采出水处理推荐的工艺流程也与常规水驱采出水处理工艺流程相同。目前CO_2驱试验区块的采出水处理均依托已建水驱采出水处理系统。

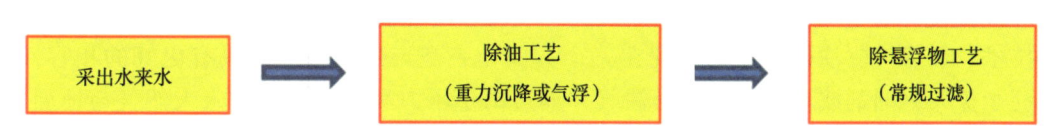

采出水来水 → 除油工艺（重力沉降或气浮）→ 除悬浮物工艺（常规过滤）

图2-65 推荐的CO_2驱采出水处理工艺

5）CO_2回收利用

由于伴生气高含CO_2，采取常规伴生气处理工艺，将造成大量CO_2浪费，还不利于减排，需对伴生气中CO_2进行预处理后回收循环回注。

吉林油田黑46区块油井产物在接转站或分离操作间经气液分离器进行气液分离后，含CO_2采出气经计量后进入旋流分离器和过滤分离器，去除直径5μm以上的所有液滴和固体杂质，完成预处理。预处理后的气体进入采出气压缩机进行增压、变温吸附脱水后，与净化厂来的纯净CO_2气体在静态混合器内进行充分混合，进入注入压缩系统，实现循环回注（图2-66）。

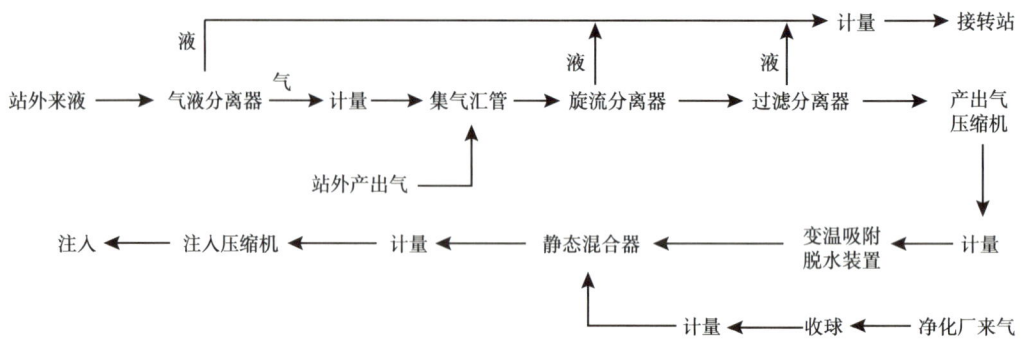

图2-66 吉林油田黑46区块CO_2驱采出气处理及循环注入流程示意图

6)CO_2驱防腐技术

CO_2在输送或注入过程中，一旦溶于水，就会对其接触的钢质管道和容器产生很强的腐蚀作用。因此需要在各个环节做好防腐措施。

当输送干气CO_2时，由于输送条件下（温度0~60℃，压力2.5~28MPa）对金属管材腐蚀较轻，可采用碳钢管材加缓蚀剂防腐方式，并在管道首末端设置腐蚀监测设施；注入井口应加装气水切换装置，井口气水共用阀、管段应选用316L不锈钢材质；超临界注入管网可采用耐低温的16Mn钢，并设腐蚀监测装置和注缓蚀剂设施；采出井口的阀门及集采未经气液分离的管网均应选用防腐材质；集输气液分离后的采出液管网可选用非金属管材或内衬防腐措施的金属管材；处理产出湿气的分离、增压设施及相关阀门管段，均应选用不锈钢或内衬不锈钢的复合材质；脱水后的干气系统，由于腐蚀较轻，因此，其处理设施及相关管段、阀门均可选用碳钢材质，但需投加缓蚀剂和设置腐蚀监测设施。

5. 天然气驱

1)驱油机理及发展历程简述

天然气驱是以天然气作为驱油介质，补充地层能量，提高驱油效率的一种提高采收率技术。天然气驱油机理主要表现在三个方面：一是天然气与原油具有更好的相容性，有利于扩大驱油剂波及体积；二是注气井周边由于压力高温度高，注入天然气与地层原油混合并达到混相，提高地层原油的流度，从而提高驱油效率；三是混相原油在近采油井油层，由于压力降低，天然气不再维持混相，这时气体体积膨胀，实现天然气驱替。另外，在采油井井筒内，一定温度、压力条件下，天然气从原油中析出，达到气举效果，可以提高举升效率，甚至实现油井自喷生产。在生产现场也可以进行注水和注天然气的交替使用，也就是注入一段时间的水后，停注，然后注入天然气，这样，在油层中形成一段水驱、一段天然气驱的形式，使注入的水和天然气形成段塞的状态，达到最佳的驱替效果。

国际上在20世纪30年代开始进行注气提高采收率的研究，于70年代提出了天然气混相驱开采方式，多个国家相继开展了天然气驱项目，并取得了较好的开发效果。

中国于21世纪初先后开展了吐哈鲁克沁油田天然气吞吐试验、辽河兴古7区块天然气重力驱试验和塔里木东河天然气辅助重力驱试验等油田规模化矿场试验，取得了良好的开发效果。针对地层能量不足和注水开发效果差等问题，塔里木油田认识到注天然气驱开发适合东河油藏上部低渗透储层补充能量和下部高含水油藏三次采油的需求，提出了注气重力辅助混相驱开发方式。2014年，在东河油田开展顶部注天然气辅助重力驱重大开发试验，试验区年产量$14×10^4$t，试采期末采出程度达到45.95%，比水驱提高采收率17.7%。在东河油田天然气驱获得良好开发效果的基础上，塔里木油田开展了塔中4油田402井区CⅢ油藏天然气复合驱重大开发试验，于2020年3月开始试注。

2）地面工程建设情况

天然气驱地面系统主要包括天然气注入系统和油气集输处理系统。采出油气的分离技术配套成熟，注入的天然气可以循环利用。

塔里木东河油田注气开发试验地面工程于2016年9月25日建成投产，承担着东河1油田注天然气辅助重力驱开发试验的注气任务。地面工程共建成注气站1座、注采井组4个、注气管道3.7km，设计注气量$40×10^4 m^3/d$。注气站建设4台高压注气压缩机、2台低压气压缩机等，压缩机单台能力$20×10^4 m^3/d$。注气气源来自东一联合站和哈六联合站，气源气通过注气压缩机经三级增压至50MPa后，通过注气计量阀组管输至各注气井。

塔里木塔中4油田402井区CⅢ油藏天然气复合驱重大开发试验，注气站建设单台能力为$40×10^4 m^3/d$的注气压缩机3座，建设轻烃增压泵橇3座（每座橇设3台单台能力为$0.655 m^3/h$的隔膜计量泵）；站外注气、注烃部分建设六井式注气、注烃计量阀组各1套（图2-67）。

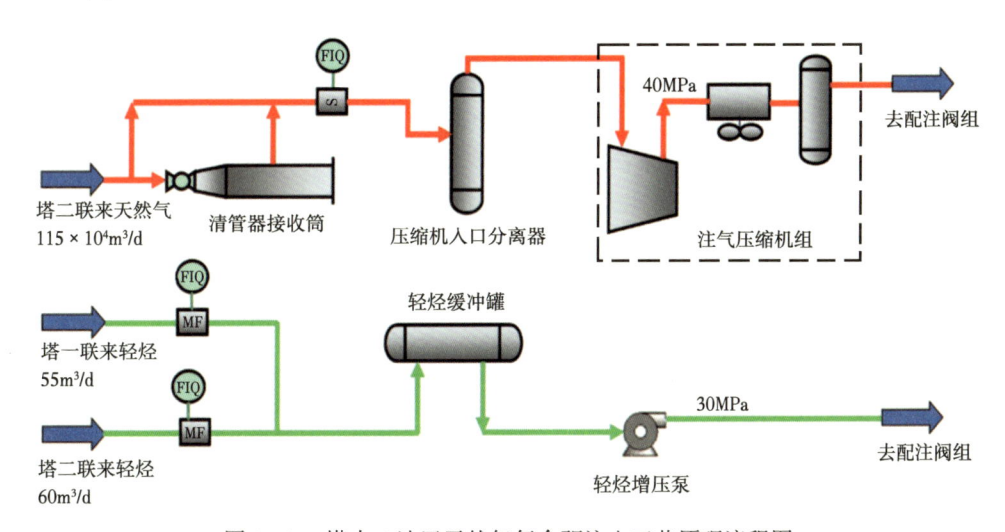

图2-67 塔中4油田天然气复合驱注入工艺原理流程图

天然气驱油气集输与处理系统可依托已建地面集输管道和处理设施，采出液处理一般为常规三相分离预脱水+热化学脱水，分离出的天然气通过常规脱水、脱烃处理后用于循环注气，采出水一般采用常规处理工艺（图2-68以东一联合站为例）。

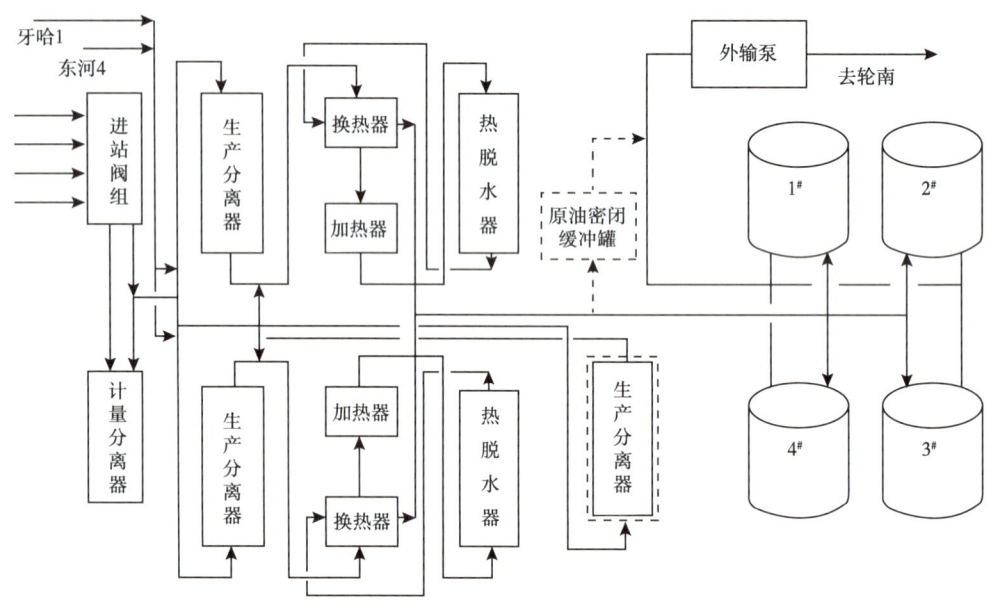

图 2-68　东一联合站工艺流程示意图

6. 蒸汽辅助重力泄油（SAGD）

1）驱油机理及发展历程简述

为改善稠油油田开发效果，在新疆油田和辽河油田推广应用了蒸汽辅助重力泄油（Steam Assisted Gravity Drainage，SAGD）开发方式。SAGD的基本原理是热传导与流体热对流相结合，以蒸汽作为热源，依靠液相的重力作用开采稠油。驱油机理是从注汽井注入高干度蒸汽或过热蒸汽，与冷油区接触，释放汽化潜热加热原油，降低原油黏度。热原油和冷凝水在重力作用下向下流动，从水平生产井中采出。该技术是超稠油开发领域的一项前沿技术，具有驱油效率高、采收率高（可达60%以上）的优点，特别适合于开采黏度非常高的特（超）稠油。经过几十年的探索和试验，中国形成了具有"中国特色"的双水平井和直平—水平井组合SAGD系列技术，在新疆油田和辽河油田分别实现了SAGD工业化应用。

2）地面工程建设情况

SAGD地面工程与常规稠油开发类似，主要由注汽系统、采出液集输与处理系统、采出气处理系统及采出水处理系统组成。但稠油SAGD开发给地面工程带来了新的挑战，常规稠油开发注汽、集输、油水处理和热能利用等工艺技术不能满足生产需要。SAGD开发高干度蒸汽发生、输送和计量成本高、难度大；SAGD产出液高温集输和处理难点多；超稠油采出水具有高温、高硅、高矿化度等特点，直接外排不符合环保标准，锅炉回用处理成本高；超稠油黏度大，采用加热降黏可实现长距离管输，但能耗较大；采用超稠油乳化管输，需二次破乳脱水，运行费用比较高；采用掺稀油降黏输送，但会影响下游炼厂产品质量；SAGD 井口产出液温度达到 140~170℃，这部分热能难以回收利用，造成极大的能源浪费。经过不断的科研攻关，以新疆油田、辽河油田为主体，逐步形成了 SAGD 开发地面工程关键技术序列（图 2-69）。

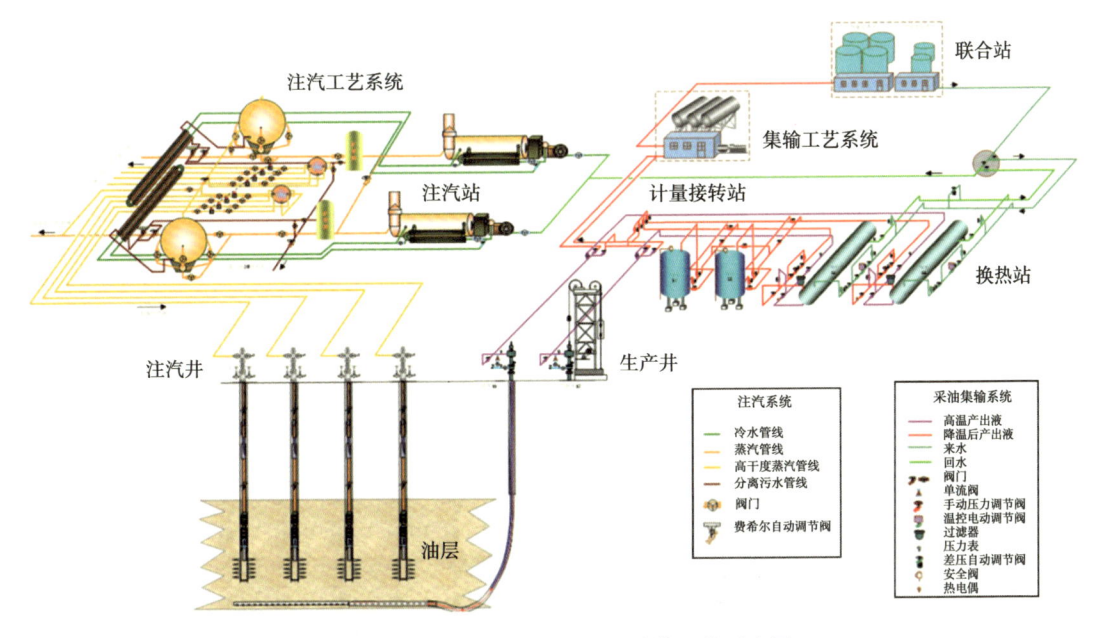

图 2-69 辽河油田 SAGD 地面总体工艺示意图

针对 SAGD 采出液具有胶体和乳液双重稳定特性、脱水难度大的问题，新疆风城油田提出了"破胶失稳+破乳脱水"的两段处理工艺，研发了配套的耐高温有机药剂体系，研制了基于两段聚结原理的高温仰角脱水装置，可以实现高效的油水分离。2012 年 12 月投运了国内首座 SAGD 采出液高温密闭脱水站，对于黏度为 $(2~5) \times 10^4$ mPa·s 的原油，在加药量不大于 300mg/L 的情况下，4h 内将原油含水率从 85% 处理至 0.5%，实现了高效的油水分离。新疆油田的 SAGD 采出液高温密闭脱水技术实现了工业化应用（图 2-70），填补了国内超稠油高温密闭处理领域的空白，打破了国外对该项技术的垄断。

针对 SAGD 采出气组分复杂、温度高、气量波动大、含饱和水等特点，新疆油田采用"热氧化—石灰/石膏法"脱硫工艺（采出气处理系统实景如图 2-71 所示），消除了轻烃、饱和水等因素对脱硫系统的影响，处理成本和常规干法脱硫工艺相比降低 90%以上。

辽河油田在多年试验的基础上，针对 SAGD 油水密度差小（稠油密度最高超过 990kg/m³），采出水成分复杂、黏度大、乳化严重等特点，采用气浮+化学除硅的方法，成功实现了稠油污水深度处理后回用热采锅炉，大幅减少了清水用量，回收了热能，可避免含油污水外排或回灌，为稠油污水找到了一条资源化循环利用的出路（图 2-72）。

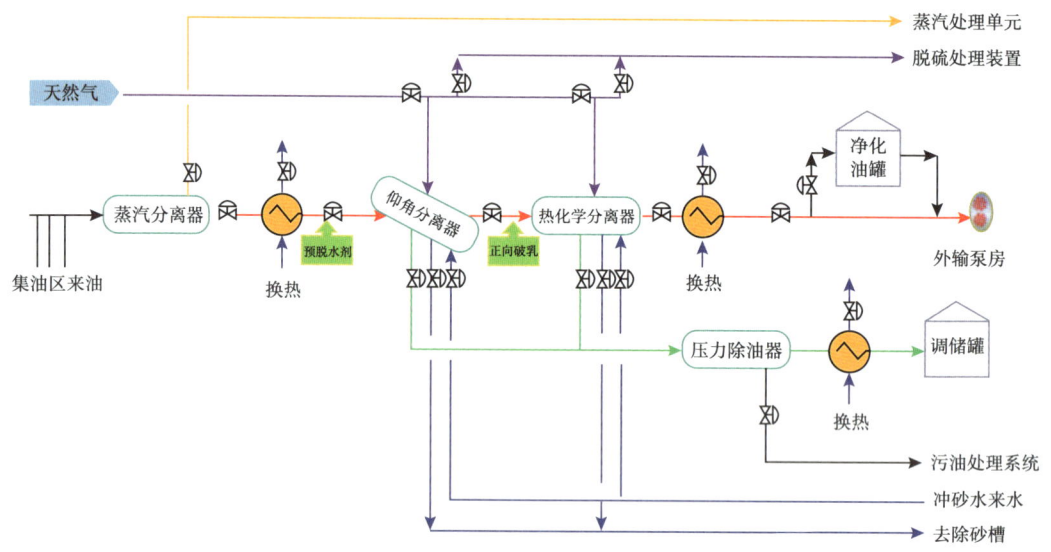

(a)SAGD高温密闭处理工艺流程示意图

(b)采出液高效脱水设备

图 2-70　新疆油田采出液处理系统

图 2-71　新疆风城油田 2 号稠油联合站采出气处理系统

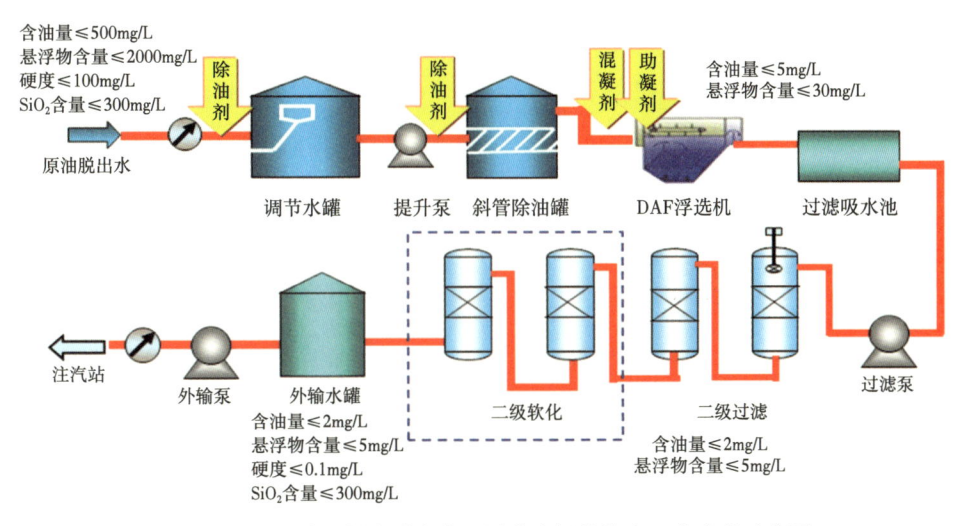

图 2-72　辽河油田稠油采出水回用蒸汽锅炉给水工艺流程示意图

六、弃置资源再利用

随着油田进入开发后期，废弃井及废弃设施、站场等的数量逐渐增加（图 2-73，以玉门油田为例）。对于弃置资源，各油田根据实际情况制订了相关标准及规定，建立了地面设施检测评估方法，并对部分弃置地面设施的合理利用开展了相关工作。

（a）废弃的配水间　　　　　　　　（b）废弃的锅炉房

图 2-73　玉门油田公司地面系统弃置资产照片

1. 管理制度的制定及完善

为实现弃置资源再利用，各油田应从源头着手，制订系统的资产管理规定，对油田资产从规划、设计、施工、运营、维护到报废处置等全过程进行管控。

玉门油田开发始于 1939 年，已经走过了 80 余年的发展历程，建立了较完善的资产管理相关文件——《玉门油田分公司固定资产管理办法》《玉门油田分公司设备管理实施细则》《玉门油田分公司管道与站场完整性管理规定》。按照相关规定要求，对油井、站场、管道等资产进行管理（图 2-74）。

图 2-74 中国石油玉门油田分公司资产管理相关规定

目前，英国、美国等一些发达国家已建立与资产弃置相关的管理制度，包括弃置许可制度、评估制度、监测制度，对弃置活动事前、事中、事后三个阶段均有相关的规定，在此基础上明确了弃置后剩余责任的归属[19]（图 2-75）。

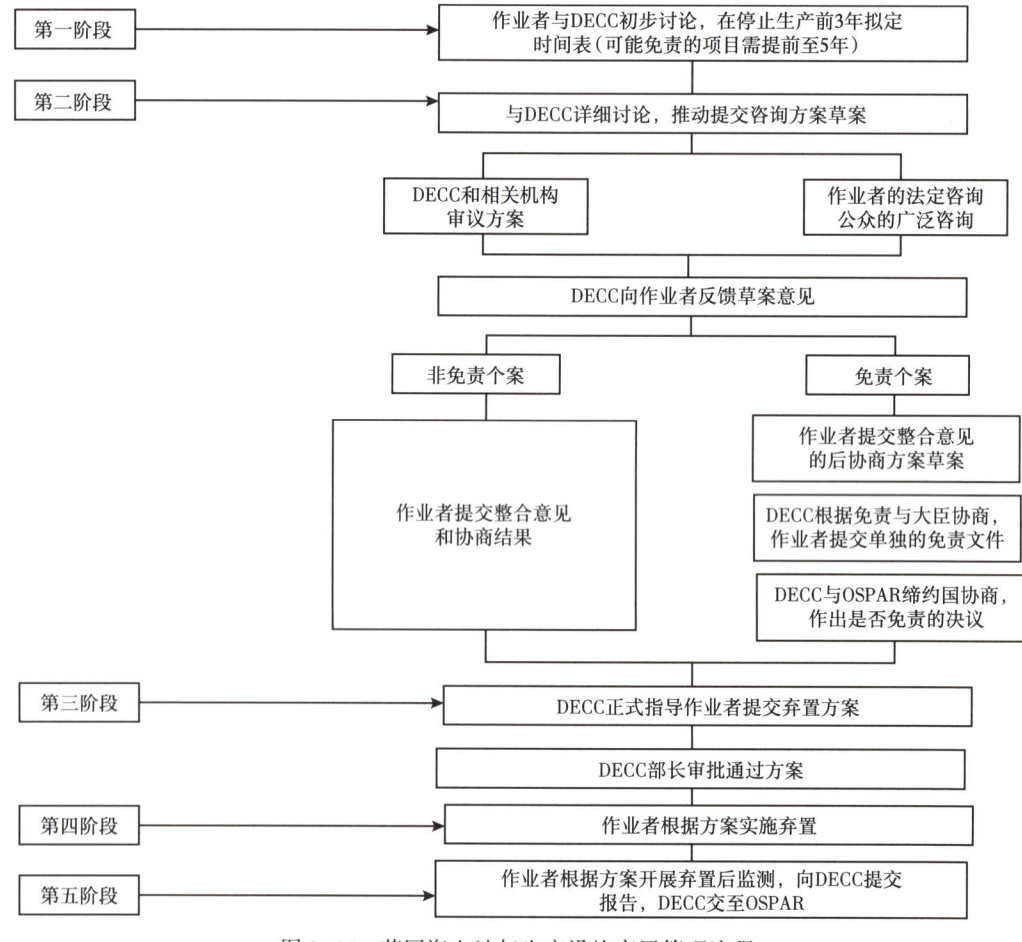

图 2-75 英国海上油气生产设施弃置管理流程
DECC—英国能源和气候变化部

2. 环境恢复及弃置设施再利用

按照中国石油的经济评价标准，结合开发油田实际资产状况，采用经济极限综合评价方法确定高含水井的关停时间。油井关停后，采用中国石油的封井标准，对于废弃油井井下采用打双层水泥塞，恢复地貌，地面井口设置明显标识牌进行封井处置（图 2-76）。

(a) 拆除前　　　　　　(b) 拆除中　　　　　　(c) 拆除后

图 2-76　弃置油井处理前后对比图

将所有地面站场全部拆除，恢复地貌（图 2-77）。位于自然保护区内的站场，应在恢复地貌后达到相关法律法规的要求。拆除后的设备进行安全检测，检测合格满足设计要求和施工验收要求的可以调剂使用。

(a) 拆除前　　　　　　(b) 拆除中　　　　　　(c) 拆除后

图 2-77　油田站场弃置过程

对废旧管材清理后，进行壁厚、焊缝检测，对于满足质量要求的可调剂使用。

3. 弃置地面设施综合利用

1）对有纪念意义的油田设施进行工业遗产保护

工业遗产记录了石油人曾经的奋斗岁月，见证了工业活动对历史和当下的影响，具有重要的历史意义。因此，有必要对有纪念意义的典型油井、站场及设施在弃置后进行工业遗产保护，保证建筑遗产的完整和再现，重新塑造油田工业发展历程回顾，展示建筑历史价值和意义及对石油开发与城市发展的影响。

延一井旧址位于延长县城老西门外。1907 年，在现今陕西省延长县城西门桥小学院内，诞生了中国陆上第一口油井——延一井，彻底结束了中国大陆不产油的历史，填补了中国大陆石油行业空白。延长油矿是中国大陆发现和开发最早的油矿，1905年中国大陆设立第一个官办油厂——延长石油官厂，在此之后为培养出大批石油人才，为中国革命和经济建设作出重要贡献，被誉为"功臣油矿"。为了记录石油开发历史，延一井停产以后成立了"延一井旧址"全国重点文物保护单位（图2-78）。

图2-78 延长油田延一井旧址

玉门油田的老一井位于玉门市区最南端的石油河峡谷东侧。1939年8月11日，按照石油地质专家孙健初所定的井位，在老君庙北15m处钻凿的1号井正式出油，日产量达10t，这口井被称为老一井。1938年建成的玉门油矿，是抗战时期中国唯一能大规模生产原油并进行加工的企业，是当时规模最大、职工人数最多、工艺技术领先的石油矿场。在玉门油矿诞生了中国大陆最早的近代化炼油厂和石油机械厂，开启了中国现代炼油工业的先河，为夺取抗日战争的胜利作出了特殊贡献。玉门油矿也是中国第一个石油基地，培养了中国石油工业最早的一批钻井工程技术人员，也是中国最早采用有杆泵采油技术的油田。1980年，玉门石油管理局为纪念玉门油田发现和开发，重建了老君庙，并在老君庙前原玉门油田第一井的钻凿处安装了抽油机，铭刻了"老一井"的碑文（图2-79）。

图2-79 玉门油田老一井旧址

大庆油田松基三井是松辽盆地第三口基准井，是大庆长垣构造带上的第一口探井，也是大庆油田的发现井。1959年，松基三井喷出工业油流，标志着中国最大油田——大庆油田的诞生。以铁人王进喜为代表的老一辈石油人在极其困难的情况下，历经艰辛拿下这个大油田，由此中国甩掉"贫油国"的帽子，工业发展获得能源支持。2001年，松基三井被国务院文物局列为第五批全国重点文物保护单位，成为中国最年轻的文物；2004年4月，被评为中国石油天然气集团公司企业精神教育基地。如今的松基三井，不仅吸引了国内外人士前来参观，还成为中小学弘扬大庆精神铁人精神、会战传统和爱国主义精神的教育基地，以及企业培训、员工入厂教育的文化阵地（图2-80）。

图2-80 大庆油田松基三井

2）依托油田弃置的场所及设施建设培训基地

为深入挖掘"石油摇篮"的历史文化价值，树立铁人精神的特色文化品牌，充分发挥革命传统教育和红色教育资源优势，依托玉门老市区和玉门油田丰富的工业遗迹、红色资源，对玉门油田石油工人文化宫、影剧院等弃置资产进行维修改造，于2018年成立铁人王进喜干部学院（图2-81）。按照弘扬铁人精神、传承丝路文化的办学宗旨，深入开展习近平新时代中国特色社会主义思想学习宣传与教育，将学院办成打造锤炼党性的政治学院、铁人精神的弘扬学院、丝路文化的传承学院、新发展理念的知行学院。

大庆油田利用各厂资产库调集的容器、设备及管线等弃置物资，经过翻新处理后，用来重新构建模拟生产场景，建设了国家危险化学品应急救援实训演练大庆基地，新建了危险化学品储存及事故处置、危险化学品槽罐车装车运输及事故处置、危险化学品管道泄漏

图2-81 铁人王进喜干部学院

火灾及环境污染事故处置、油气集输站场事故处置、油气田生产作业事故处置五个模块，针对高寒地区危化品生产、经营、储存、运输的特点和难点，模拟事故现场，进行危化品各环节的标准化操作、高危作业、初期事故处置和应急救援等实训和演练，促进危化品事故应急处置与救援能力和水平的全面提升（图2-82）。另外，该基地还承担生产操作服务人员的技能培训及技能鉴定任务。将能够展现静设备内部结构的部位进行剖分，并安装可移动底座和玻璃护罩，改变了以往理论培训的单调性，使学员可以清晰地看到静设备的结构，使培训更具直观性；还可以利旧换热器、轻烃装置等，进行换热器封头拆装打压、阀门整体更换等技能实训。

图2-82　大庆油田天然气分公司培训中心

3）利用弃置井场及设施进行探索类现场试验

20世纪90年代，胜利油田为充分利用油田弃置井，在东营盐卤矿床的不同地点，选取了8口报废油井，对所选报废井从井身结构、井内状况、卤水层位、报废原因、试油期间的水性分析、卤水层孔隙度、砂体面积、地质储量、与周围生产井的连通情况及井口地面状况进行全面分析，进行了提卤试验，掌握了利用电潜泵、提油机开采东营深层卤水的方法，取得了油田废井提卤的初步经验，实现了废井的再生利用[20]。

七、国外油田优化简化的典型做法

1. 简化集输处理工艺

俄罗斯罗马什金油田属于整装开发高渗透砂岩油田，采用油井—计量间—接转站—集中处理站三级布站总体布局模式。由于油品性质较好，原油凝固点低，采用单管集油工艺；在接转站采用高倾角的油气水高效处理设备，分离后的含油污水可直接回注。

美国巴肯油田地面工程主体工艺采用井场小站工艺模式，每座井场都是一个独立的处理站。单井井场设置卧式一级分离器和立式二级分离器各一套，立式水罐一座、油罐三座，水罐和油罐兼有沉降和储存两种功能。在罐区还设有底水泵及原油、污水外输泵橇，天然气计量设有计量橇。在井场的一侧设有高压天然气放空装置低压天然气放空装置各一套。采油的计量采用二级分离器之后原油管道上流量计的读数和油罐装车拉运的数据相互校正。井场生产数据通过无线方式传输。处理后净化原油的质量指标为含水率低于0.1%，采用汽车罐车拉运至铁路装油站，再通过火车罐车拉运至炼油厂。井场小站工艺流程适用于零散、独立开发建设模式（图2-83）。

2. 合理降低非主体工艺建设标准

为了追求更好的经济效益，国外一些油田尽量优化、简化油田生产设施，加强主体工

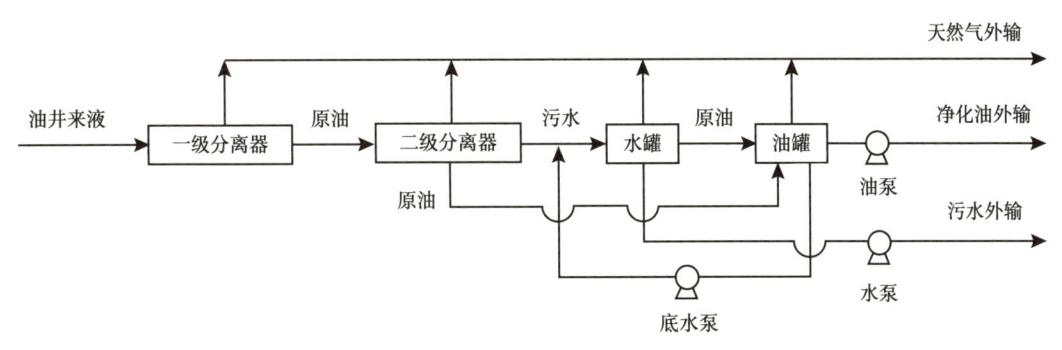

图 2-83 巴肯油田井场小站工艺流程

艺技术的建设标准，弱化非主体工艺的建设标准，简化设计，力求简单、实用，在不影响安全生产和工艺运行的前提下合理降低标准，既方便施工和生产操作，又节省建设投资，提高经济效益，实现以人为本和以效益为中心的高度统一[21]。

俄罗斯罗马什金油田在尽量保证主体工艺技术的建设标准的前提下，降低非主体工艺的建设标准，结合数字化建设因地制宜地简化员工非常驻地点的建筑、装饰、采暖等设计标准（图 2-84）：

（1）接转站的生产设施无论是容器、阀组还是机泵全部露天设置，站内没有建构筑物，平面布局紧凑；

（2）工人巡检值班和维修间设置在站外，与站场分开布置，采用简易彩钢结构，站场采用简易的钢制围栏和大门；

（3）前线工人只负责油（水）井和站场的巡查与维护，设备的维检修全部由专业队伍完成；

（4）建筑标准因地制宜，前线值班室和就餐点内部做了简易装修，内部进行了吊棚并铺设了地砖，墙面进行了粉刷，而位于同一栋房子另一侧的工具间和维修间内部则完全没有装修，墙面未粉刷，水泥地面，未吊棚。

图 2-84 俄罗斯罗马什金油田地面建设情况

3. 采用标准化设计和模块化建设

标准化设计和模块化建设是国际通用做法，也是提高工程建设系统核心竞争力的有效技术手段。20 世纪 60—70 年代，苏联、美国、加拿大、英国等一些工业发达国家，为提高油田建设速度和建设水平，尤其在对自然环境十分恶劣的普鲁德霍湾油田、秋明油田、北海油田的开发建设过程中，致力于发展标准化、系列化和定型化设计，采用了单元组合、模块化组装技术，节省投资30%以上。

目前，国外标准化设计技术已在井口、分离、计量、净化、脱硫、脱水、脱盐、加热、轻质油回收等装置和设施，以及计量站、接转站、脱水站、输气站、配气站、集气站、注水站、原油及天然气处理装置、污水处理装置等各类站场建设中广泛应用。国外标准化模块装置已向大型化发展，油田建设大型模块质量可高达2700t，应用较广的模块质量为100~200t，运输机具能力达4500t，吊装设备能力达1500~2000t。

4. 乙烷高效深度回收工艺技术

乙烷回收工艺从19世纪60年代开始，经历了单级膨胀制冷、气/液相过冷、干气回流等工艺，近年来向集成塔工艺的方向发展（表2-9）。

表2-9 近十年向集成塔工艺发展汇总表

序号	时间	工艺技术	名称
1	20世纪60年代	ISS	单级膨胀制冷工艺
2	20世纪70年代	GSP和LSP	气相过冷工艺和液相过冷工艺
3	20世纪90年代	RSV	干气回流工艺
4	2010年	SCR	压缩气补充精馏工艺
5	2017年	GPB	气处理集成塔工艺

2017年国外研发了GPB工艺，有效降低装置投资，乙烷和丙烷的回收率可高达92%~99%。

GPB气处理集成塔工艺，是将传统的低温分离器、侧线重沸器、主冷箱、次冷箱、脱甲烷塔整合在一个集成塔中，具有高度的集成性（图2-85）。整个制冷单元，主体为集成塔和膨胀机，较大地节省了占地面积、能耗和投资。

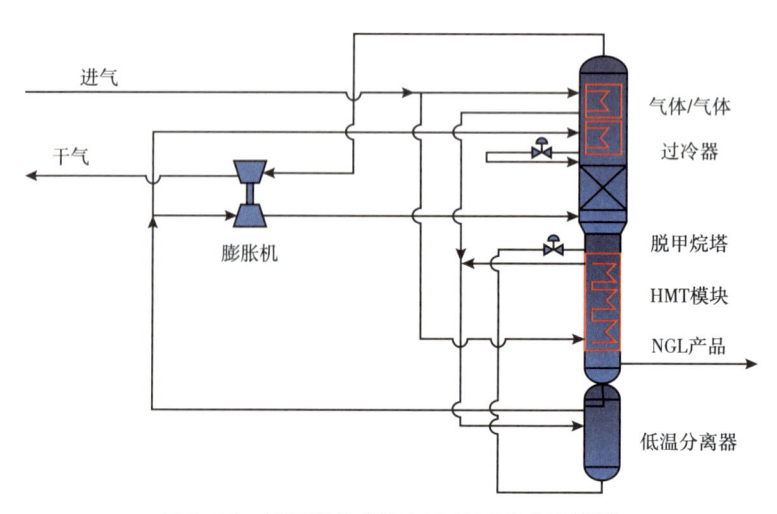

图2-85 气处理集成塔(GPB)工艺典型流程

第三节 优化简化技术发展方向

高含水老油田经过多年开发，产液量和综合含水率逐年上升，多种驱替方式并存、采出液成分复杂，地面系统庞杂，亟需持续创新优化简化技术体系，降低地面工程建设投资，提高地面系统运行效率，保障油田经济有效开发。

一、"三优一简"

针对庞杂的地面系统，需开发大规模、多因素条件下的地面系统优化简化技术，持续创新"优化布局、优化参数、优选设备、简化工艺"技术体系，减少站场和管道数量，优化地面系统各环节技术参数，配套高效处理药剂，研发应用高效处理设备，简化地面工艺，实现地面资产轻量化、集约高效。

(1) 突破驱替方式界限，优化站场布局。

针对水驱与化学驱在地面上同区域分布的特点，通过攻关确定掺混处理技术界限，突破不同驱替方式采出液严格分开处理的模式，实现能力互用，优化站场布局，有效缩减新建站数量及规模。

(2) 引入大区域建设理念，优化地面系统。

随着老油田站场生产设施逐步老化、运行效率降低，存在较大安全隐患。在老油田改造过程中，需要引入大区域、大系统的理念，针对高含水原油集输水力、热力条件改善、产油量下降的实际情况，应用日趋成熟的油井软件量油等技术，采取简化工艺、站场"抽稀合并"等措施，统筹优化系统布局。

(3) 应用大丛式井钻井技术，实现一体化优化。

随着钻采技术的快速发展，一方面，定向井、水平井的钻进速度和效率大幅提升，另一方面，采用大丛式井场有利于钻采工程的规模化、工厂化作业，提速提效，大丛式井场布井方式越来越成为钻采工程主动选择的方式。地面工程方案编制遵循"地下地上一体化"的原则，应用大丛式井场布局方式，显著节约占地面积，简化集油与注入工艺，大幅节省管道、道路及供电系统的工程量。

同时，随着丛式井场辖井数的不断增加，单个井场产注量达到一定规模，结合周边依托情况，研发应用高效油水一体化处理设备，在井场实现单井计量、油气水分离、采出水处理后回注，实施井站一体化布局，避免液量的无效循环。

(4) 应用高效处理设备，简化地面工艺。

研发应用特高含水采出液水力旋流预脱水器；研发应用基于磁场、超声波及高频脉冲电场技术的脱水设备；研发采出液处理和回注一体化集成处理装置，实现采出液处理和回注一站式完成，缩短处理流程。

二、新的提高采收率方式地面配套工艺技术

针对不同的开发方式，配套完善地面工艺技术，满足油田高效绿色开发要求。

1. 化学驱

1)驱油用化学剂配注技术

配注技术逐步向干粉密闭上料自动化、熟化配制连续化、聚合物注入分子量个性化、配注装置一体化集成方向发展。另外，还需要进一步优选注入设备，降低配注系统的黏度损失，实现降低投资和运行成本的目的。

2)采出液处理技术

进一步研究针对采出液性质变化的应对措施和技术手段，研发适应整个开发周期的采出液处理高效化学助剂。研发高效处理设备，优化简化原油处理和采出水处理工艺，提高处理系统的运行平稳性，降低生产运行成本，提高化学驱开发效益。

3)采出水处理技术

开展针对复杂采出水适应性更强的处理工艺技术以及已建处理工艺的提质增效改进技术研究，解决复合驱采出水水质复杂、处理难度大的生产难题，降低采出水处理成本，提高系统的耐冲击能力，实现化学驱复杂采出水全过程水质达标的开发需求。

4)防腐与防垢技术

化学驱地面系统的腐蚀与结垢问题依然较为突出，化学驱结垢不同于常规碳酸盐垢，防垢问题更为棘手，常规防垢手段不能有效地解决其结垢问题；同时，注入和采出介质情况各异，腐蚀问题更为复杂。需进一步深入研究化学驱腐蚀与结垢机理，开发出效果优异、环境友好且具有价格优势的化学驱地面系统流动保障化学剂技术。

5)新型化学驱地面配套技术

随着开发对象向渗透率更低、储层物性更差的油层转变，现有化学驱技术已不能完全满足开发的需要，油藏专业已开展新型化学驱油体系(如功能性聚合物、非均相复合体系、聚合物—表面活性剂—NaCl三元复合体系等)技术攻关，需密切跟踪开发进展，研发满足开发要求的地面配套技术。

2. 热采

1)特超稠油 SAGD 开发集输及处理工艺技术

目前形成的 SAGD 开发地面工艺配套技术针对黏度小于 50000mPa·s（50℃）的油品有较好的适应性，现有工艺针对更高黏度采出液集输、油水分离的适应性有待进一步验证。需开发特超稠油 SAGD 循环预热阶段采出液处理工艺技术，开发生产阶段采出液的密闭集输及处理工艺技术，研发特超稠油 SAGD 采出液的集输处理关键设备。

2)稠油开发热能综合利用技术

以 SAGD 开发方式为主的稠油油田，仅靠锅炉用水换热的方式不能满足热能平衡需要。需结合油田生产实际，开展生产系统热能变化规律分析研究，研究应用适合稠油全生命周期开发的热能梯级利用技术，满足节能、节水的需要，实现稠油油田低碳开发、效益开发、可持续开发。

3. CO_2 驱

1)CO_2 计量技术

CO_2 驱井口采出液受 CO_2 泄压影响，井口出液温度低，易产生冻堵，油气比增加，气量大，计量分离更加困难，采用翻斗计量时易造成冲斗，需研发适合的计量技术。

2）腐蚀和结垢防治技术

CO_2 驱采出流体进入的已建系统设备管道基本采用碳钢材质，集输处理温度也在 40~50℃ 之间，正处于 CO_2 腐蚀速率高区，如何防止或减缓 CO_2 对已建设施的腐蚀，是目前亟待解决的一个重点问题，需开展相关研究。

3）采出水处理工艺优化

CO_2 驱采出水酸性强，游离性 CO_2 含量高，若想处理后达到回注要求的"平均腐蚀速率不大于 0.076mm/a"的指标，必须优化调整工艺流程，先除 CO_2 再对采出水进行处理。

4. 天然气驱

天然气驱一般是水驱后采用的一种提高采收率开发方式，相对水驱阶段采出液性质会发生显著变化，需要完善地面工程配套技术。

(1)随着天然气驱规模扩大，管道气和气田气作为气源占比增多，天然气驱开发需统筹规划气源工程。

(2)采出流体气油比相对注水开发阶段显著上升，可以提高井口回压技术界限，利用注入油层天然气到地面的剩余能量，提高集油系统的适应性。

(3)高气油比采出流体进入处理站内，在已建的原油处理工艺流程前端增设油气分离器，分离出大部分天然气，减少对下游处理设备的冲击，保障系统平稳运行。

(4)高产气井和高压井开井时温度急剧下降，存在地面管线耐温不足的可能性，需选用合适的耐低温管材。

(5)由于气体对原油的抽提作用(本质上属于相态平衡)，部分注气受效井原油胶质和沥青质的含量上升，容易造成井口管线堵塞，需采取有效措施避免管道超压。

三、弃置资源再利用技术

随着开采年限的增加和产能的递减，越来越多的高含水老油田及配套的地面设施会进入到弃置阶段，但目前存在管理制度和体系不完善、弃置成本高、环境恢复技术不配套、再利用技术不成熟等问题，弃置资源的再利用技术应向以下方向发展：

(1)完善并全面实施资产全生命周期管理制度，做到资产从规划、设计、施工、运行、维护、弃置全过程跟踪，实时掌握资产的使用条件、使用寿命等相关信息，以便对资产是否可再利用进行准确评估。在此基础上，建立可再利用弃置资产数据库，方便相关部门及时、准确地查询调用。

(2)在地热能开发中优先选用弃置油水井作为开发利用井；在风能、光能等新能源开发中优先利用弃置站场的土地资源。

(3)在整体评估可行性的基础上，弃置站场可作为技术研发试验基地。

(4)充分发掘标志性或有纪念意义的弃置资源，建设教育或培训基地。

(5)开展生产设施弃置后环境恢复技术研究与应用，实现油田开发与环境保护的有机结合。

第三章　高含水老油田地面工程低碳环保技术

高含水老油田90%以上的温室气体排放来自能源消耗，随着国家"双碳"目标和"双控"指标的推进，节能减排任务艰巨。同时，随着油田开发的深入，废渣和废液的排放量越来越大、成分越来越复杂、种类繁多，无害化处理和资源化利用压力大。本章重点针对能耗居高不下、环保压力大，从传统节能降耗、新能源替代、废渣处理、废液处理四大方面出发，对高含水老油田地面工程低碳环保技术进行了阐述分析，可为绿色油田建设提供技术借鉴。

第一节　面临的问题和矛盾

一、地面生产系统节能挖潜难度大

高含水老油田集输系统具有有利的热力条件和水力条件，低温集输油井数占比已经很高，但由于老油田数字化率较低，集油温度、停炉方案、停泵方案等生产运行参数和管理措施主要根据季节划分，没有做到根据进站温度、井口回压等生产运行参数的界限实时调节掺水量和掺水温度，距离精准集输、智能运行还存在一定差距。尤其是大庆、吉林、新疆等高寒地区油田的集输能耗仍居高不下。

高含水老油田开发多年，注水系统通常多套管网并存，管网普遍复杂，负荷匹配不平衡，压力损失大，为满足少部分的高压需求而提高整个系统压力的现象较多，压力匹配主要靠阀门节流来调节，距离精准配水、精准调压、智能运行还存在一定差距，注水能耗占比仍然较大。

高含水老油田在用耗能设备新度系数低，运行效率不高，配套节能技术措施应用参差不齐。集输系统主要耗能设备加热炉老旧，以大庆油田为例，使用10年以上的占比42.51%，使用15年以上的占比28.78%；多数为负压燃烧加热炉，难以做到精准配风，设计热效率一般为80%~85%。注水系统主要耗能设备机泵腐蚀老化严重、效率下降，以大庆油田为例，使用10年以上的占比48.9%，使用20年以上的占比14.7%。

二、清洁能源综合有效利用技术不成熟

高含水老油田清洁能源主要有工业余热能、地热能、风能和光能等资源，其综合有效利用技术尚不成熟。

1. 风能、光能等可再生资源利用技术

近些年，风力发电和光伏发电技术已经成熟。由于风能、光能发电的随机性和间歇性，会对电网产生冲击，严重时将引发大规模恶性事故，需要在供配电系统中配备一定的

储能能力以平衡负荷，但储能技术尚未完善。光热能也具有随机性和间歇性，其利用需要配套储热技术。

老油田经过多年开发建设，虽然已经建立了完善的供配电系统，但已建电网接纳新能源发电需要进行消纳能力评估，分析新能源发电并网对油田电网安全稳定运行的影响，解决新能源发电并网运行的技术难题，制订安全稳定控制措施，指导新能源发电并网合理布局。

风力发电、光伏发电等项目并网运行，存在上级电网消纳能力不足造成项目无法实施的风险，需要国家电网公司出具接入系统许可，各类审批手续复杂。

2. 地热能利用技术

油田地热能包括水热型和干热型。目前，部分老油田水热型地热能资源分布尚不明确，存在开发前期投入大、投资风险高的问题；地热水开发受地质条件制约灌采难度大，地热水含盐量较高，生产系统易结垢、腐蚀导致运行成本较高，经济收益低，投资回收期长。干热型地热能发电技术尚未有突破，距离有效利用有一定差距。

3. 工业余热利用技术

工业余热利用主要是回注水和冷却水的余热利用，替代供暖用热以及耗气量、耗能量最大的集输系统用热，但由于工艺介质清洁度差导致有效替代难度大。含油污水余热温位低（30~50℃），生产用热要求温度高，利用热泵技术回收余热能效比较低。

三、废液处理未实现资源化

1. 钻井废弃液处理技术

石油天然气勘探开发及地质钻探过程中，产生量最大的废弃物是钻井废弃液，中国钻井废弃液年产生量在 $100×10^4 m^3$ 以上，具有生产点多、覆盖面广、地区分散、新增液量多特点。钻井废弃液是化学处理剂、钻屑、无机盐、油水组成的多相稳定悬浮液，pH 值较高，还含有高分子量的有机化合物、某些重金属离子（如汞、砷、镉、铬、铅等）。这些污染物若直接排入水体或土壤，会对生态环境造成严重的影响，需要进行无害化处理，其处理技术和管理制度尚未配套完善[22-25]。

"破胶脱稳—固液分离"可以作为处理水基钻井废弃液的完整处理工艺，废渣可用于铺垫井场、通井路以及建设用地土地地貌恢复；但对于油基钻井废弃液，处理后产生的废渣还需要进行后续处理。

钻井废弃液多采用集中建站处理方式，存在建设投资高、运输费用高的问题，并且运输过程中存在污染物泄漏的风险。

钻井废弃液储存管理不够系统、不够规范，没有针对不同类型的钻井废弃液进行分类存放、分批处理，增加了无害化处理的工作量和处理难度。

2. 压裂返排液处理技术

压裂返排液返排量大，呈间歇性排放；添加剂种类多，成分复杂，处理困难；处理设施配套不足，可依托站少。

压裂返排液回注处理工艺普适性差，处理成本高。目前压裂返排液回注处理分为"预处理+污水站深度处理""单独处理达标"两种模式。"预处理+污水站深度处理"模式需要利用油田已建水处理设施，节约处理成本，但依托已建污水处理站会受地域限制影响而增加运输成本及泄漏风险，对于分散区块压裂返排液处理适用性差。"单独处理达标"模式不受已建水处理站限制，装置橇装化、可移动，但其处理工艺流程长、成本高。

压裂返排液回收利用的主要方向是回用配液。回用配液以可回收压裂液体系为基础，对体系依赖性强，回用率低。

3. 综合废液处理技术

油田综合废液主要有洗井水、注水干线清洗水、钻控放溢流水、作业废水、残酸液、钻井液压滤液，部分油田还包含压裂返排液及站内废液。废液成分复杂，各类杂质的含量不定，波动较大，具有含油量高、悬浮固体含量高、黏度大、矿化度高、稳定性强等特点，处理难度大。

处理难度相对较小的综合废液可直接或简单预处理进入油水处理系统进行处理回注，处理难度较大的综合废液必须采取深度预处理，才可进入油水处理系统进行处理后回注。综合废液处理随着进液种类的增多，尤其是废压裂液进入后，处理难度加大，处理流程增长，工艺更加复杂，投资及运行费用增高。

4. 含油污水达标排放处理技术

注采比小于1[边（底）水活跃油层]的油田和蒸汽开发的稠油区块，含油污水存在长期外排的情况。受化学驱开发及钻井关井（注水井）等因素影响的油田，存在不定期或短期污水外排的情况。

含油污水达标排放处理难度大，且环保法规越发严格，排放标准和指标随之提高，处理工艺越来越复杂，投资及运行成本不断增高。

中国是严重缺水国家，油田过剩含油污水虽然可以达标排放，满足环保要求，但是未能实现资源化利用。

四、固废处理技术不成熟

1. 含油污泥处理技术

含油污泥是石油勘探、开采、炼制、加工、储存、运输等过程中产生的主要固体废弃物之一。

国家或行业尚未出台统一的含油污泥排放和处置标准，仅黑龙江、陕西和新疆就出现了三种不同的地方标准。各标准中出现了"石油类""石油烃""矿物油""含油量"等不同油类污染物检测对象，不便于进行处理效果比对。

目前大多数油田含油污泥没有进行分类储存，使不同来源的污泥在储存过程中混合，增加了预处理的分离难度及处理成本。

随着环保要求的提高，目前已建含油污泥处理工艺已经不能满足新的标准要求。含油污泥处置后利用途径单一，资源化程度不足。

2. 含油废弃包裹物处置技术

含油废弃包裹物的来源广泛，包裹材料种类多，处理难度大。

采用热解工艺处理含油废弃包裹物时，不同来源的物料对炉体结焦产生不同影响，产生的烟气有造成二次污染的风险。

3. 钻井废弃液处理后产生的废渣处置技术

国内钻井井场普遍采用将钻井废弃物固化处理后掩埋的方法，固化后的固化物总量增加约30%；固化剂与废弃物很难搅拌均匀，固化工艺和现场条件决定着固化质量难以控制；当前的固化填埋存在渗滤液的污染风险[26-27]。

土地耕作处理技术占地面积大，所选用的土地只能在比较偏僻的荒漠地带；该方法净化过程缓慢，不适用于冬季较长的地区，并且会出现难降解烃类（主要是高分子蜡及沥青质）的积累；对钻井液的含盐量有一定的要求，含盐量太高容易导致土壤的盐碱化，对植物的生长极其不利。

微生物处理技术对工艺要求严格，对温度、湿度等环境条件要求极高，占地面积大，周期长，难以去除一些不可生化有机物和无机有毒离子，对环烷烃、杂环类处理效果差。

热解析法设备一次投入较大，能耗较高，需与其他方式配合才能除重金属；焚烧法对重金属等污染物无法去除，能耗高，烟气污染较大。

第二节 低碳环保技术进展

一、地面生产系统节能技术

1. 工艺节能技术

1）国外发展现状

近年来，壳牌、阿吉普（AGIP）等多家石油公司实施流程模拟、控制改进与过程优化项目，对油田生产过程进行建模（建立油藏、机采、油气集输、注水生产、热采、污水处理和电力系统等模型），然后通过开放模拟环境将模型集成，虚拟油田生产系统，以设计最佳工况，提高生产效率、降低能耗。

壳牌石油公司的NOGAT油田通过应用Aspen生产解决方案，采用动态生产模型优化技术，对天然气热值进行预测并实施调节补偿，从而避免热值损失，优化生产运行，减少生产故障。阿吉普（AGIP）石油公司建立了工厂信息集成管理系统，信息采集从底层到上层，从供应链源头到产品客户，以生产优化模型为核心系统，连接实时数据库和关系数据库，对生产过程进行监视、控制、诊断、模拟和优化。

在数学模型建立前，对生产能量系统进行功能划分，并构建各子系统。国外学者Grossmann等将生产能量系统划分为过程系统、热回收系统和公用工程系统三个子系统，过程系统工艺物流的加热和冷却热平衡由热回收系统完成；过程系统的电力、热能及蒸汽由公用工程系统提供；热回收系统除工艺物流本身进行热交换外，还需要公用工程系统支持。

在数学建模过程中，国外学者通过大量的油品数据归纳形成了各种经验关系式和地面生产优化模型，且不断修正。如Birol Dindoruk等根据来自爱尔兰的100多个PVT数据报告得到计算原油黏度新的经验关系式。由于经验公式的形成与油品物性有很大关系，大多数来自国外的经验公式不包含中国油品特性，因此国内直接用国外成熟的模型和关系式存在模拟精度较低的问题。

在模型优化运行过程技术方面，Linnhoff B. 提出以热力学为基础从宏观的角度分析过程系统中热流量沿温度的分布。该方法最先应用于热力系统的优化，随后扩大应用于水处理等其他生产单元。它在不同程度上反映了系统不同部分的能量特征及相互间的关系，主要包含两方面：一是对现有设备的用能状况进行诊断以发现其用能的缺陷和薄弱环节；二是对设计方案系统用能状况进行诊断，分析其"瓶颈"并加以优化改进。该技术着重于热力系统集成优化，但未能给出严格的定量数学模型，而且仅着重于能耗最小值的优化，没有考虑能耗费用和投资费用之间的平衡关系，以至于不能得到确切的全局费用函数最优方案，这些都是该方法的缺陷。

此外，麻省理工学院的 Keenan J. H. 教授进行了基于热力学第二定律的成本计算研究，并在研究热电联产装置的电和热价格时首先提出了㶲经济成本的概念。随后，美国加州大学的 Tribus M. 和 Evans R. B. 在研究海水淡化装置中，将工程经济学与㶲分析计算结合起来，并称其为"热经济学"（thermoeconomics）[28-29]，使其得到广泛认同和应用。热经济学应用于能量系统故障诊断的方法，主要包括㶲经济学和扰动理论。Arena 和 Verda 等研究了产品㶲的不同组成和生产结构对热经济学诊断的影响，发现当系统划分越详细时得到的诊断结果也越精确，㶲的研究在国外得到了广泛关注。㶲对过程的热力学分析、工艺过程节能和新工艺开发设计都起到了十分重要的作用。目前国内外在冶金、石化、动力、制冷等技术领域都广泛应用以㶲分析为指导的用能实践方法。

2）国内发展现状

（1）低温集输技术。

集输系统能耗在整个油田生产中占60%左右，其中热耗占85%左右。随着油田进入特高含水开发阶段，采出液的热物性和流动特性与开采初期相比发生了很大的变化，应充分利用老油田后期有利的热力和水力条件，对于含水率大于反相点的油井，结合产量、原油物性等实际情况，确定其低温集输技术界限，分别采取不加热集油、季节性不加热集油及低温集油方式，减少热能消耗。

影响集输工艺的因素众多，除了原油凝点和含水率外，还包括油井的产量、气油比、井口出油温度、原油黏度和密度、原油胶质和沥青质含量、油田大小、区块分布状况、地形地貌及气候等。

《油田油气集输设计规范》（GB 50350—2015）规定"含水油进脱水站温度可根据试验情况确定，宜高于原油凝固点 3~5℃"，各油田集输参数的确定均以此为主要依据。大庆、胜利、长庆、吉林、新疆、大港、辽河、冀东、青海、华北、玉门、吐哈、塔里木等油田都做了大量的低温集输技术研究和现场试验工作，通过实施加大集油管线埋深至冻土层以下、掺常温水、井口添加流动改进剂和减阻剂、高频电磁降黏、管内壁涂减阻材料等措施，拓展了高寒地区低温集输应用范围，实现了规模化应用。截至 2019 年底，中国石油不加热集油井数达到 122547 口，占总油井数的 57%，取得了良好的节能效果。

（2）高含水、含蜡原油集输临界黏壁温度及凝点下集输技术。

对于能够保持连续流动的管道，随着管道内流体温度逐渐降低，凝油在管壁大量凝结，造成管道堵塞，这是造成不加热集油管道凝管的根本原因。机理分析认为高含水、含蜡原油在实施不加热集输后，当油井产液沿程输送温度下降到某一温度点时，水包油（O/W）型油水拟乳状液中的油滴破裂和聚并平衡被打破，分散在水连续相中的油滴粒径变大甚至形成水中漂浮的油块，增大了油滴与管道内壁之间的碰撞能量，可以克服管壁上原有的水膜而黏附到管壁上，增大了管壁的油润湿性，凝油黏壁量随之急剧增大，油井产液在此温度输送时，凝油会黏附到管线内壁上，而不被液流冲刷掉，最终导致管线内壁流通截面积减小，形成凝管，该温度定义为临界黏壁温度。

生产试验证明，在临界黏壁温度以上集油，井口回压基本不变或上升幅度较小，对安全生产基本没有造成影响；温度进一步下降到临界黏壁温度以下后，油井回压发生较大波动的概率大幅度增加，存在安全生产风险。因此，原油临界黏壁温度可以取代原油凝点作为确定高含水原油集输的边界条件的主要因素。考虑到油井实际生产的复杂性，集油管道实际运行温度与临界黏壁温度之间宜有一定的安全距离。

早在1994年，大庆油田设计院开展了"转轮流动模拟器"测定集油温度下限的试验研究工作，试验结果表明，用转轮流动模拟器可以精确、方便地测定现场流速和压力工况下加剂和不加剂的油井采出液的油黏壁温度，以预测集油温度界限。近年来，中国石油规划总院、中国石油吉林油田公司、中国石油华北油田公司、中国石油大学（北京）等进一步开展高含水阶段生产条件对原油物性的影响，凝点以下集输流动规律和黏壁机理研究，建立了有限影响因素条件下（考虑流动剪切力和油品基本物性）基于黏附力和剪切力平衡的凝油黏壁机理模型，开发了简单、便于应用的常压和带压高含水原油黏壁规律实验室模拟设备和临界黏壁温度测算方法，并形成了系列配套技术，在吉林、华北、大庆、青海等油田开展了广泛的模型验证和示范应用，取得了显著的成效。

（3）采出液预脱水处理技术。

油田开发进入高含水开发期，原油含水率逐年上升，联合站进液量增大，设备处理负荷增加，常规的采出液热化学沉降脱水由于需要对含水油加热，运行能耗高，需要进行工艺优化。

通常通过三相分离器或游离水脱除器预分离大部分游离态水，分离后的低含水原油经加热后再采用电化学脱水或热化学脱水技术，既提高了处理效果，又降低了生产能耗（图3-1）。

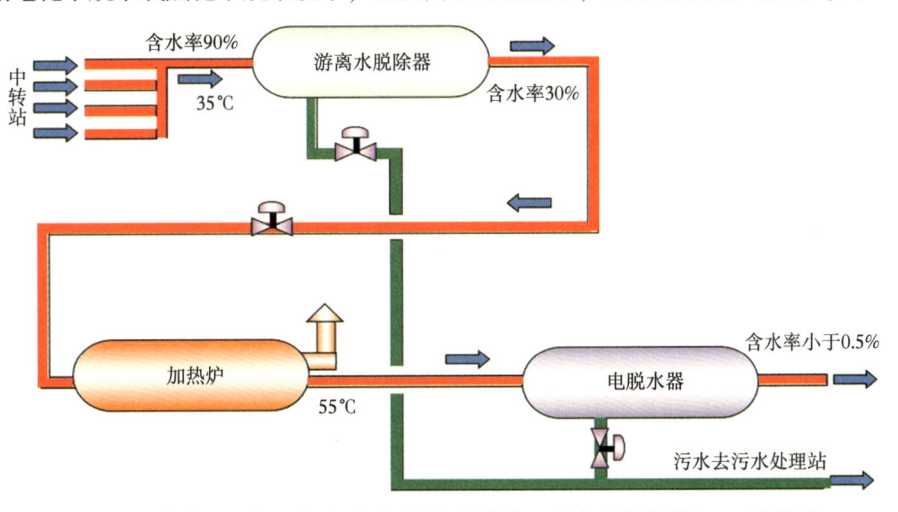

图3-1 大庆油田新两段电脱水（游离水脱除—复合电化学脱水）工艺流程

早在20世纪80年代，大庆油田根据高含水期原油提前转相和游离水占总含水率95%以上的理论研究成果和生产实际，试验成功了常温下预脱除游离水的工艺技术。高含水原油进入游离水脱除器，脱除含水原油中的游离水分，含水率小于30%的原油经加热升温至45~55℃，直接进入交直流复合电化学脱水器内，经交直流电场处理，脱水后原油含水和脱出水含油指标均达到要求，从而代替了三段脱水中的一段热化学沉降和二段电化学脱水，简化了工艺流程。

辽河油田某联合站改造前脱水方案为一段热化学沉降+二段热化学沉降，改造后脱水方案为一段预脱水+二段热化学沉降+三段热化学沉降。改造后可节约燃料气量$103.88\times10^4 m^3/a$，增加耗电量$44.8\times10^4 kW\cdot h/a$，节约破乳剂药剂费用51.5万元/a，共计节约生产运行费用158.8万元/a。

(4)生产场所供热模式及参数精细优化技术。

油田站场生产场所内通常设有机泵、管道及附件等，输送介质为原油、含水油、含油污水及伴生气，介质操作温度一般为5~80℃，除伴生气外，原油、含水油、含油污水及伴热用水的温度均高于室内环境温度，在生产过程中此类热介质会通过管道及管阀件外壁向室内散热；同时，厂房内运行的机泵也会向室内散热。通过对站场内主要生产场所理论采暖热负荷及工艺设施散热负荷的计算，在设计中对工艺散热满足采暖用热的生产场所，取消了采暖设施的设计。对于规模较小、工艺设施较少的生产场所，工艺散热不能满足全部采暖用热时，设置了少量采暖设施。经过跟踪测试，实测的生产场所采暖温度满足生产要求。

大庆油田形成了兼顾生产设施散热量条件下的采暖设计技术，并在转油(放水)站、脱水站等站场得到了广泛应用，节能效果显著。自2017年起，新建的大中型原油站场生产场所取消部分或全部采暖设施，节约燃料气$74.68\times10^4 m^3/a$，实现了节能减耗、降本增效的目标。同时对已建站场生产厂房内工艺散热进行了分析计算，根据核算结果对已建采暖设施进行了优化调整，关停大部分采暖设施，大庆油田400多座已建原油站场，节约天然气$1400\times10^4 m^3/a$。

随着油田自动化水平的提高，站场实行"集中监控、定期巡检"及"无人值守"的管理方式，大部分生产操作可在控制室完成，工作人员在生产厂房内的工作时间大幅减少，生产场所的采暖设计还可进一步优化。

(5)注水系统优化技术。

国内的注水工艺根据压力、水质的要求，形成了多种形式的注水流程，包括单管多井配水、单管单井配水、双管(注水、洗井)多井配水等。目前注水系统节能措施主要包括分压注水、单井局部增压注水、系统仿真优化等。

大庆油田在萨北油田注水系统进行了仿真优化研究，开发了仿真优化软件，具备图形建模、仿真计算、运行参数优化、开泵方案优化及管网分析功能，指导注水管网优化调整，降低系统能耗。

(6)油田生产系统用能优化技术。

中国石化在胜利、江苏、中原等油田研究应用了油田生产系统用能优化技术。通过不断地深入研究，构建了地面集输和注水系统管理平台，开发了能耗评价、分析优化、运行跟踪等业务管理模块，制订了项目推广方案、技术解决方案、配套管理方案，取得了良好的节能效果。通过应用油田生产系统用能优化技术,胜利油田东辛采油厂、江苏油田、中原油田的年集输与注水能耗分别降低 5.52%、5.70% 和 4.04%。

2. 设备节能技术

1) 国外发展现状

机泵是油田的电力消耗大户,主要用于油田地面系统的注水、掺水、外输等生产环节,常用离心泵、往复泵和螺杆泵。随着需水量的剧增,从 20 世纪 20 年代起,低速的、流量受到很大限制的活塞泵逐渐被高速的离心泵等回转泵所代替,但是往复泵在高压小流量领域仍占有主要地位,尤其是隔膜泵、柱塞泵等独具优点,应用日益增多。

加热炉是油田的燃料消耗大户,主要用于油田地面系统的掺水、热洗、伴热、外输、脱水、原稳、储运及采暖等生产环节,主要有火筒式加热炉、相变式加热炉、水套式加热炉和管式加热炉。从国外应用的情况看,加热炉本体型式大体已趋成熟,德国、英国、荷兰等国开发推广冷凝炉,通过回收烟气中的水蒸气凝结潜热,降低排烟温度,提高热效率;同时,可降低排放烟气中的 CO、NO_x 等有害气体的含量,具有节能与环保双重优势。在加热炉配套燃烧器方面,目前国际上有分级燃烧、低氮燃烧、蒸汽雾化、超混合燃烧和中心稳燃等先进技术,可以实现高效燃烧和低污染物排放,燃油加热炉排烟 CO 含量不大于 50mg/m³,氮氧化物含量不大于 200mg/m³;燃气加热炉排烟 CO 含量不大于 30mg/m³,氮氧化物含量不大于 800mg/m³;燃烧效率则高达 99.99% 以上。

2) 国内发展现状

(1) 低效电动机高效再制造技术。

油田低效电动机数量多、占比大,如按国家相关要求全部更新,投资将非常高,开展低效电动机高效再制造工作,是实现资源节约和循环经济的重要途径。

低效电动机高效再制造(图 3-2),是将低效电动机通过重新设计、更换零部件等方法,再制造成高效率电动机或适用于特定负载和工况的系统节能电动机(如变频电动机、永磁电动机等)[30]。

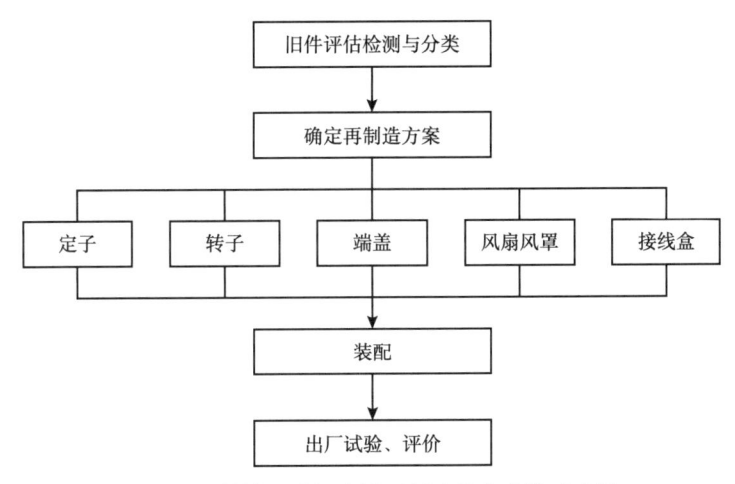

图 3-2 低效电动机高效再制造技术路线示意图

电动机的高效再制造是一种系统改造工艺，不但产生节能效益、经济效益，还可最大化实现资源循环利用，与传统的翻新、维修有明显的区别[31]（表3-1）。

表3-1 电动机高效再制造与传统维修的区别

对比项目	传统维修	高效再制造
目的不同	以恢复使用功能为主，修理后的电动机效率指标有所降低	再制造为高效电动机，其效率值达到《电动机能效限定值及能效等级》（GB 18613—2020）能效等级3级或2级
工艺方法不同	工艺相对粗放、落后，不合理的拆解方法还对环境造成污染	采用无损、环保、无污染的拆解方式，最大限度地利用和回收原电动机的零部件
使用寿命不同	只更换故障零部件，使用寿命短	更换新的绕组、绝缘、轴承，使用寿命和新制造电动机相当

长庆油田第一采油厂某注水泵为柱塞泵，泵型号为50SB2-49/20，驱动电机为Y355L2-6普通三相异步电动机，其型号已被纳入淘汰目录。该电动机装机功率315kW，额定电压380V，电动机转速985r/min，电动机配备变频调速装置运行，运行效率94.47%，运行功率因数0.9196，温升为106℃。原普通三相异步电动机能效水平较低，自身损耗大，电动机运行发热量大，温升高。将其再制造为YX3-355L2-6高效电动机，装机功率、额定电压、转速均保持不变，按原电动机运行工况运行时，监测其运行效率达95.53%，运行功率因数提高至0.9268，温升仅为65℃，降低了电动机无功损耗，温升大幅降低，使用寿命延长。据监测，单位注水量电耗由原来的6.64kW·h/m³降低到6.483kW·h/m³，注水系统效率提高2.4%，年节约用电量29830kW·h。

（2）注水泵变频调速技术。

为适应注水量的变化，传统的方法是人工启停注水泵或者手动调节进水阀门、回流阀门来满足工况要求。在这种操作状况下，由于阀芯长期处于半开状态受高压水的连续冲击，极易造成阀芯磨损、变形导致关闭不严；注水泵频繁启停缩短了机泵的使用寿命；注水泵长时间小排量运行，泵体温度升高损坏填料密封，易诱发高压水伤人事故。另外，电动机长期处于高耗能状态运行，能源浪费严重。采用变频器对油田注水泵电动机变速调节，实现注水量连续调节，是一项非常有效的节能措施。

注水泵站所使用的变频调速系统是根据实际用水压力大小来设置变频调速控制，其原理为检测注水泵出口压力及汇管压力，当实际的注水压力大于所需注水压力时，将注水泵机组的电源频率降低，闭环控制注水泵转速，从而调节水量、降低泵管压差，避免电动机在工频状态下运行，通过出口节流和回流控制注水泵造成能量损失。这样就可以适当降低管道内的输出压力，节省不必要的能量损失。

辽河油田沈阳采油厂联合站正常启运1台800kW的高压注水泵，注水排量为100m³/h，管网平均干线压力为14MPa，泵压为16MPa。实施变频调速之前，注水泵高压电动机工频运行，日耗电量为19487kW·h，注水单耗为8.55kW·h/m³。2013年，在该注水泵电动机安装高压变频调速器，使其根据负载变频运行。变频器投运后，泵压降低至15.1MPa，日耗电量为14594kW·h，注水单耗为6.08kW·h/m³，节电率达28.89%。年节约运行耗电量163.1×10⁴kW·h，年节约运行耗电费用107.6万元，静态投资回收期为1.1年。

玉门油田注水系统均采用变频调速技术。以 2015 年改造的某注水站为例，改造总投资 119.1 万元，通过改造前后对比测试计算，机组效率提高 19.1%，注水单耗下降 1.96kW·h/m³，机组有功节电率为 32.88%，机组无功节电率为 39.60%，年节电量 55×10⁴kW·h，静态投资回收期为 3.61 年。

（3）注水泵带载启动矢量控制技术。

目前油田柱塞式注水泵电动机配套软启动器和普通变频装置，由于电动机功率大、注水压力高，这两种装置启动力矩小，不能实现带压力启泵，需要打开回流阀泄掉管线压力后启动，导致启动过程产生回流，人员操作时存在一定的安全风险；受地层吸水状况、注水泵效、动态调配等影响，注水泵运行过程也会产生回流。矢量控制是通过测量和控制异步电动机定子电流矢量，通过坐标变换，将三相耦合交流系统转变为互相垂直两相直流被控量，分别控制电动机磁场和转矩，达到类似直流电动机的特性（调速范围宽、启动转矩大、过载能力强），从而达到提高异步电动机启动过程转矩的目的。

截至 2019 年底，长庆油田已对 26 个注水站实施带载启动技术改造，完全消除注水泵启动过程的回流，实现注水泵直接带压起泵，降低了注水泵能耗，减少了现场操作风险和劳动强度；年节约维护成本 104 万元；年节约电量 950×10⁴kW·h，年节约电费 589 万元，节能效果明显。

（4）相变式加热炉。

相变式加热炉是近年来推广应用的一种新型加热炉，其结构与水套炉类似，只是其内部热媒分为气相和液相两部分，被加热介质受热面位于气相空间（图 3-3）。按蒸汽运行的压力不同，可分为真空相变加热炉和正压相变加热炉。其基本原理是：先由烟管和火管内的烟气通过烟火管金属壁面对热媒进行加热，热媒受热后蒸发成气态，气态热媒再以对流的形式把热量传递给被加热介质，充分利用了热媒的气化潜热，单位换热量耗材得到降低。在相变式加热炉中，介质可以走管程，也可以走壳程，与介质接触的换热面两侧温度差小，介质侧换热面较火筒式加热炉不易结垢。

截至 2020 年底，相变式加热炉已在中国石油所属各油田应用两千余台，由于通常配备正压全自动燃烧器，设计热效率可达到 90% 以上，具有一定节能减排效果。

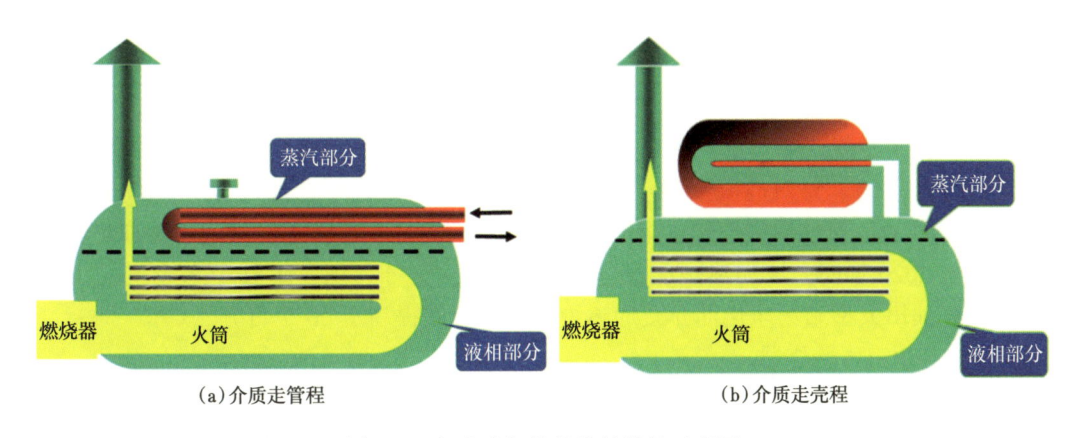

图 3-3 相变式加热炉常见结构示意图

(5)壳程长效相变加热炉。

高含水老油田开发到后期,尤其是采用化学驱开发方式后,采出液中高含驱油化学剂和泥沙,极易淤积在加热炉换热面,导致出现换热效果差、运行热效率低、炉管烧损(一年四次以上)等问题。为此,大庆油田研制了壳程长效相变加热炉(图3-4),在换热面设置在线自动机械清淤装置,保持换热面洁净、高效换热。加热炉采用相变换热方式,采取分体式结构,加热炉本体产生蒸汽;换热体类似一管壳式换热器,热媒走管程,被加热介质走壳程。在换热体内,创新应用了刮板毛刷材质、销轮销齿传动、限位传感器双控制等核心技术,实现了动静设备有机融合,实现在线清淤除垢,保证加热炉长期高效平稳运行。截至2020年底,该加热炉型已应用50多台,适用于接转站泵前含油污水加热工艺,部分加热炉已经连续运行5个冬季无烧损,运行热效率88%以上。

图3-4 壳程长效相变加热炉

(6)火管外壁在线旋转机械清淤装置。

老油田存在着大量火筒式加热炉及加热缓冲、分离沉降加热缓冲、加热分离沉降电脱水缓冲等多功能原油处理装置,随着采出液泥沙含量增加,火管外壁极易淤积、烧损。大庆油田创新应用火管外壁在线旋转机械清淤装置,安装于火管高温区外侧,沿着火管外壁周向360°旋转,避免被加热介质中的杂质淤积于火管外壁,保持加热炉高效运行,同时防止火管烧损等安全事故发生,降低加热炉维护修理成本。该装置适用于老设备改造,已经应用30余套(截至2020年底),改造后运行热效率可达到87%以上。

(7)冷凝式油田加热炉。

冀东油田针对大型站场净化油介质纯净,加热炉无淤积、工况稳定等特点,利用烟气冷凝技术研发了冷凝式油田加热炉,在排烟系统中配套应用两级烟气冷凝余热回收装置(图3-5和图3-6)。针对冷凝加热炉高温管板易开裂问题,创新性设计了"背水环"结构,采用双面V形管孔焊接形式,提升了管板抗热疲劳性,保障了冷凝式油田加热炉安全运行。截至2020年底,该加热炉已经应用30多台,充分利用了烟气中水蒸气的汽化潜热,与传统油田大型站场净化油介质加热炉相比,能效提高了10个百分点。

(8)全自动正压燃烧器。

油井在生产原油的同时产出大量伴生气,油田加热炉往往以天然气为燃料,由于天然气的易控性,配套全自动燃烧器可实现被加热介质温度的在线自动控制。燃烧器增加火焰监测器,由控制系统自动按程序进行点火前吹扫、点火、熄火后吹扫,并对运行全过程进

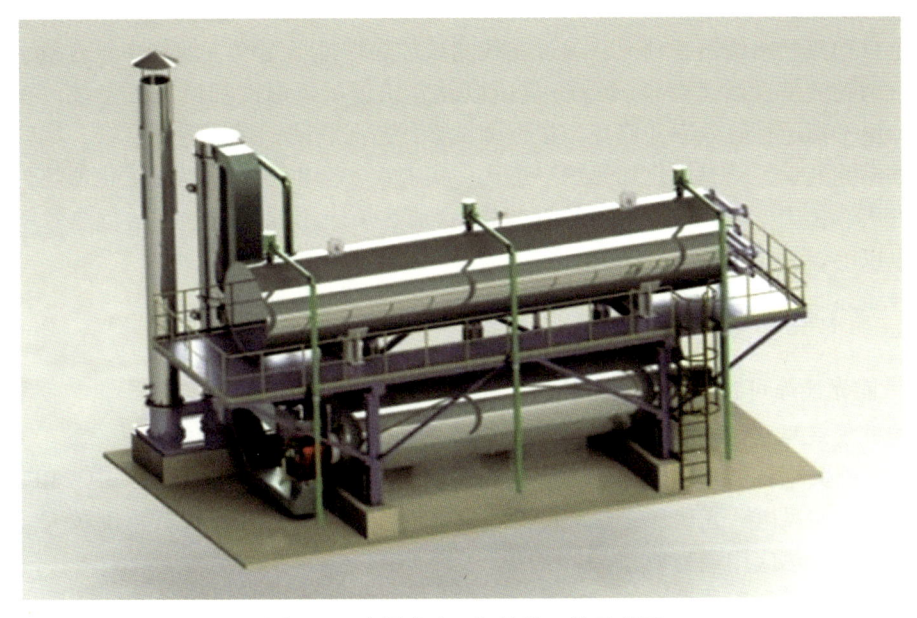

图 3-5　冷凝式油田加热炉三维示意图

图 3-6　冷凝式油田加热炉

行火焰监测，在意外熄火时能自动迅速切断燃气供给，实现了全自动控制，大幅提升加热炉安全性。燃烧器采用鼓风机配风，配风量不受气压影响，稳定可调，可实现正压燃烧，鼓风机送风可实现燃料气和助燃空气旋切混合进入加热炉火管，分布均匀，混合充分，燃烧更加完全，提升燃烧效率。2004 年，大庆油田针对油田生产工况研制了全自动正压燃烧器，截至 2020 年底，已推广应用 1000 台以上。

（9）炉效优化控制技术。

在全自动控制燃烧器基础上，通过在线测试加热炉排烟温度、烟气中氧含量、环境温度、燃料消耗流量、烟囱根部（炉膛）负压以及介质进出口温度和流量等参数，在线估算正平衡和反平衡运行热效率并修正，根据测试参数情况联动燃烧器运行系统，实时调节燃料量和助燃空气量，动态优化加热炉空燃比，实现在安全生产的前提下优化加热炉运行热效率。大庆、长庆、塔里木等油田的近2000台加热炉应用此项技术，运行热效率提高两个百分点以上。

二、清洁能源综合利用技术

1. 风能光能等可再生资源利用技术

1）国外发展现状

国外一些大型石油公司已经把可再生能源作为一项业务领域发展，其中，BP、壳牌、道达尔等公司在风电、光伏、光热等能源业务方面涉及领域众多，投资力度较大。在油田开发方面，以光热应用最为典型。

在太阳能光热利用技术方面，20世纪50年代，苏联建设了世界上第一座塔式太阳能光热电站；70年代后，西班牙、美国、德国等国家陆续开展了太阳能光热电站的建设。截至2020年，国外在运的20余座光热电站总装机容量达3900MW。近年来，GlassPoint等公司研发的太阳能稠油热采技术已从概念阶段快速发展到商业化项目，取得了一系列进展，代表了稠油热采技术的新方向。

2009年，BrightSource公司为雪佛龙石油公司在美国加利福尼亚州设计制造了一座塔式太阳能光热电站，总投资约2500万美元，塔高约100m，占地面积约$40×10^4m^2$，采用约7000个镜面（图3-7）。该站于2011年投产，输出功率达到29GW，可以提供温度达到540℃、压力达到14MPa的蒸汽，主要用于当地重油资源的蒸汽驱热采。

图3-7 美国雪佛龙29MW太阳能稠油注汽项目

2013年3月，GlassPoint公司和阿曼石油开发公司合作开展了中东首个太阳能重油热采项目。核心技术采用GlassPoint公司的封闭槽式集热技术，玻璃温室尺寸为96m×180m×6m，占地面积为17280m²，内部由12列槽式反射镜组成，单列反射镜尺寸为7.5m×178m。温室内阳光被反射到水循环管线上，生成符合热采要求、干度为80%的蒸汽。蒸汽发生系统每小时最高可产蒸汽11t，功率高达7MW，每天可产生蒸汽50t，蒸汽压力10MPa，温度312℃。2015年，GlassPoint公司与阿曼石油开发公司合作共同打造了Mirrah太阳能EOR项目（图3-8）。

图3-8 Mirrah太阳能EOR项目现场图

2）国内发展现状

近年来，国内各大油田深入贯彻落实国家绿色低碳战略部署，积极践行绿色企业行动计划，利用风能、光能等可再生能源。

（1）胜利油田。

目前，国内常用的原油井口加热方式主要有三种，分别为天然气加热、电加热及太阳能自控加热。天然气加热，即采油井场安装天然气加热炉，通过燃烧天然气将化学能转换为热能。电加热，即井口安装电加热器，将电能转换为热能为原油加热。太阳能自控加热，即通过超导真空集热器将太阳能转换为热能，太阳光透过真空玻璃管，照射在真空管内的吸热翅片上，吸热翅片上的吸收膜将太阳辐射能转化为热能通过导热铜带传至内置热管，通过高效换热器为原油提供热能。

表3-2为某井不同加热设备定量的对比分析。

表3-2 胜利油田某单井不同加热设备定量对比分析

加热设备名称	更新加热炉+低碳燃烧	太阳能+电辅热	空气源热泵	电磁加热
优点	—	绿色低碳，长寿命	占地小	效率高
缺点	—	占地面积43m²	寿命短，冬季结霜，滤网堵塞	能耗太大
工程投资（万元）	6	22	14	6

续表

对比项目	加热设备名称	更新加热炉+低碳燃烧			太阳能+电辅热	空气源热泵	电磁加热
	能耗系数	0.60			2.00	1.90	0.95
	能耗日消耗量(m³)	36.7			108.0	114.0	227.0
	能耗单价(元)	2.8（2019年外购商品气）	1.8（超内部指标考核）	1.3（内部指标考核价）	0.49	0.61	0.61
	年能耗消耗费用(万元)	2.47	1.59	1.15	1.27	1.66	3.33
	检测费(万元)	0.96			0	0	0
	年维护费(万元)	0.18			0.44	0.56	0.18
	年运行费(万元)	3.61	2.73	2.29	1.71	2.22	3.51
	使用寿命(a)	8			15	8	10
	年均总成本(万元)	4.36	3.48	3.04	3.18	3.97	4.11
	15年总成本(万元)	71.34	58.13	51.53	47.64	73.6	64.59
	年CO_2排放量(t)	37.2			0	0	0
	保证8%项目收益折算(元/GJ)	217.6	174	152.2	158.2	177.9	195.5

截至2019年胜利油田集油系统已建燃气加热炉6476台，其中，井口加热炉4117台，计量站加热炉1153台，加热储存装置1206台。近年来，胜利油田规模应用太阳能自控加热替代单井加热炉技术（图3-9和图3-10）。通过测算，井场闲置面积25～100m² 可满足20～55kW负荷加热设备光热替代的占地需求，井场闲置面积100～200m² 面积可满足55～100kW负荷加热设备光热替代的占地需求。橇装式单井原油光热循环加热装置通过金属超导高效真空集热器收集太阳能辐射能并转换为热能。系统以液体（速热、防冻、防沸、高效传热复合介质）作为传热介质，其工作原理为油井产出液经单井管线进入管壳式超导换热装置持续换热。在太阳光照度较弱的情况下，工作站内自控装置自动启动辅助加热装

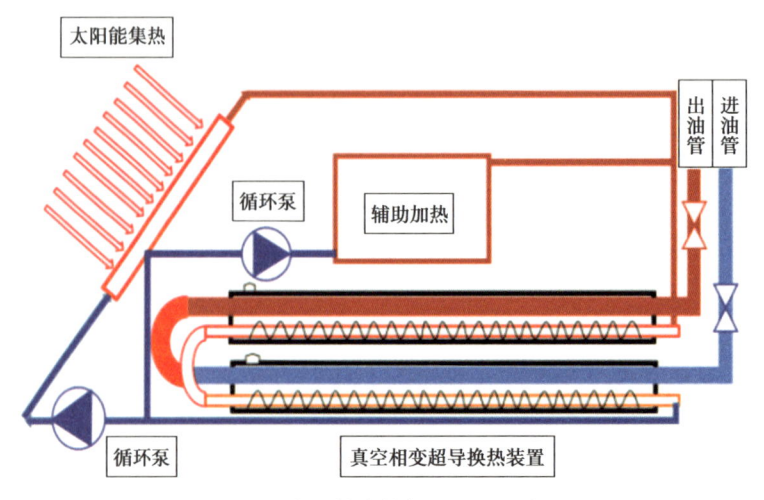

图3-9 太阳能自控加热原理示意图

置,满足原油加热温度需求。辅助加热装置采用温差自动控制,使管壳式超导换热装置的出口液温始终保持在恒定的温度。管壳式超导换热装置的进口、出口温度、压力等参数上传至生产指挥平台。2019年以来,橇装式单井原油光热循环加热技术先后在孤岛、现河等厂区开展应用,累计应用36套,年减少CO_2排放量4110.78t。

图3-10 太阳能自控加热装置

(2)辽河油田。

辽河油田精细评价清洁能源潜力,实施风、电、光伏绿色替代与地热余热效益开发组合互补,促进绿色低碳转型。

2018年,在坨子里输油站开展风电试验,建设1台100kW、轮毂高度42m的风电机组,所发电力接入坨子里输油站配电系统后就地消纳,年发电量$30×10^4$kW·h,实现替代100t(标准煤)/a(图3-11)。

图3-11 坨子里输油站风电试验项目

2019年，辽河油田与中核集团合作，在沈阳采油厂开展分布式光伏发电试验，装机容量945kW，2020年1月并网运行，年发电量$180×10^4$kW·h，实现替代601t(标准煤)/a(图3-12)。同时，2021年，采用合同能源模式在欢三联合站建设了分布式光伏发电项目，装机规模290kW，年发电量$29×10^4$kW·h，可替代100t(标准煤)/a。

图3-12 沈阳采油厂光伏发电试验项目

2019年，辽河油田红村矿区多能源互补项目新钻地热井1074口，利用地源热泵技术提取地热能，与空气源热泵、光伏发电、水箱储热、燃气锅炉补热等组成多能互补清洁能源供热系统，通过自动化控制系统实现自动调节运行，为工业和民用供暖，供暖面积$43×10^4m^2$，可替代8000t(标准煤)/a，年减排二氧化碳$1.3×10^4$t（图3-13）。

图3-13 红村矿区多能源互补项目

2021年3月开工建设了"欢三联清洁能源替代工程"，由六个光伏发电区、一个光热区、一个地热利用区组成。2021年6月投产运行，可实现替代$1.21×10^4$t(标准煤)/a、碳减排量$1.88×10^4$t/a。

（3）吉林油田。

为实现油田节能减排和绿色发展、减少节能投资压力，吉林油田积极探索合同能源管理这一节能新模式，根据国家和中国石油的相关规章制度，编制了《吉林油田公司合同能源管理规定》《合同能源管理能耗基准及项目节能量测定方法》，作为合同能源管理项目开展的指导文件。2015年10月，组织召开了合同能源管理推进会，60余家节能服务公司参加。通过对接，"十三五"期间开展了"扶余油田高压电容补偿""英台加热炉远红外加热""新木加热炉节能器""英台注水泵高压变频改造"等9项合同能源管理项目。累计实现节电 $4188\times10^4 kW\cdot h$、节气 $570\times10^4 m^3$，截至2020年底已经累计实现节能 $2.15\times10^4 t$（标准煤），为节能指标的完成提供了有效支撑。

2019年，吉林油田利用闲置土地，通过引进外部投资，油田自行进行项目维护的方式，开展了红岗15MWp分布式光伏电站建设项目（图3-14）。项目通过公开招标方式确定合作厂家，双方合同期为20年，合同期满后电站无偿移交吉林油田。双方采取油田方出地、合作方投资的合作方式，所产电量全部由油田自用，电价仅为 0.26 元$/(kW\cdot h)$，每度比电网价格优惠0.39元。项目占地 $43\times10^4 m^2$，年均发电量约 $2400\times10^4 kW\cdot h$，使用寿命25年。该站既是吉林省内首家在企业自有电网上并网运行的光伏电站，也是中国石油首座大型分布式光伏电站。截至2020年6月底，累计发电 $4410\times10^4 kW\cdot h$，为吉林油田节省购入电费1720万元，预计25年总效益约2.65亿元。分布式光伏电站项目在降低油田用电成本、盘活闲置土地资源、优化地区能源结构、保护生态环境等方面均起到了积极良好的示范作用，为后期推广提供了借鉴经验。

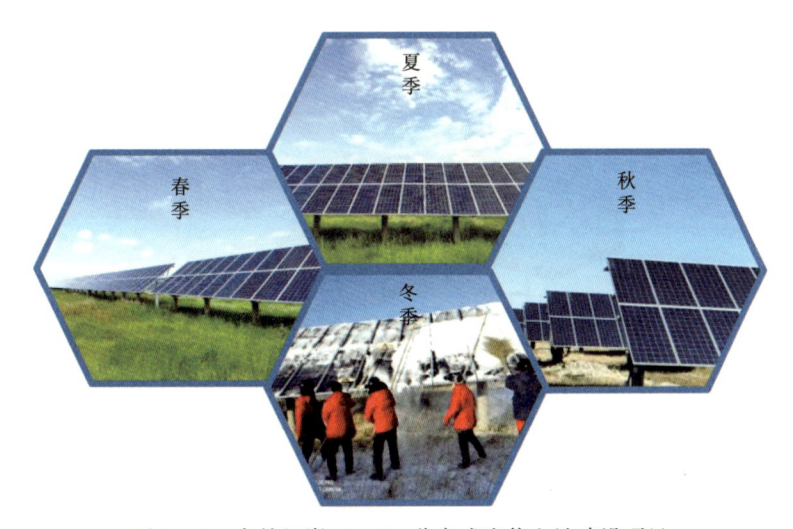

图3-14 吉林红岗15MWp分布式光伏电站建设项目

2. 地热能利用技术

1）国外发展现状

地热发电技术主要有干蒸汽发电、闪蒸发电和有机朗肯循环发电等，其中干蒸汽发电和闪蒸发电技术主导欧洲市场，占比分别为40%和42%。例如，意大利以干蒸汽发电技术占据主导；冰岛地热资源为高温湿蒸汽，主要采用闪蒸发电技术。但最近10年，利用中低温地热能的有机朗肯循环（ORC）发电技术发展较快。由于土耳其拥有丰富的中低温地热资源，ORC发电技术成为主流。截至2014年底，全球地热发电厂装机容量达12GW，其中欧洲地热发电装机容量约为2060MW，占全球总量的17%左右。

地热直接利用技术已经成熟，主要用于区域供暖、洗浴和游泳加热、温室加热、水产养殖池加热、工业用热、农业用热等领域。欧洲地热直接利用主要是用于集中供暖，据欧洲地热能委员会（EGEC）统计显示，截至2014年底，欧洲地热供暖产热量达到4260GW，占全球的40%。在Xanthi的New Erasmus-Manganos油田，地热被用来给140英亩的番茄和黄瓜温室供热，与其他传统燃料相比，地热节约成本60%以上。

地源热泵技术在欧洲广泛应用，截至2015年底，全球地源热泵总装机容量约为50GW，其中欧洲装机容量达到19GW，占比38%。瑞典、德国、法国、瑞士和挪威成为欧洲地源热泵领域的"领头羊"，此5个国家地源热泵装机容量之和占欧洲的69%，主要用于供暖和制冷。当前，地源热泵技术发展方向主要是通过改进控制系统、使用高效环保液体工质、提高辅助设备（如泵和风扇）工作效率，来提高系统效率，减少运行成本。地源热泵的COP值（能源转换率）通常为3~4。

2）国内发展现状

（1）冀东油田。

冀东油田采用采灌方式开采地热水（80℃左右）用于建筑供暖（图3-15）。曹妃甸新城地热供暖项目于2018年投产，总投资2.79亿元，地热水开采层位是新近系馆陶组，埋深2200~2400m，孔隙度30%~35%，临近高尚堡油田主力产油区，以450m井距钻井40口（18采22注），利用热泵技术提取地热能，满足曹妃甸新城一期230×10⁴m²建筑供暖，单供暖季利润总额为2418万元。

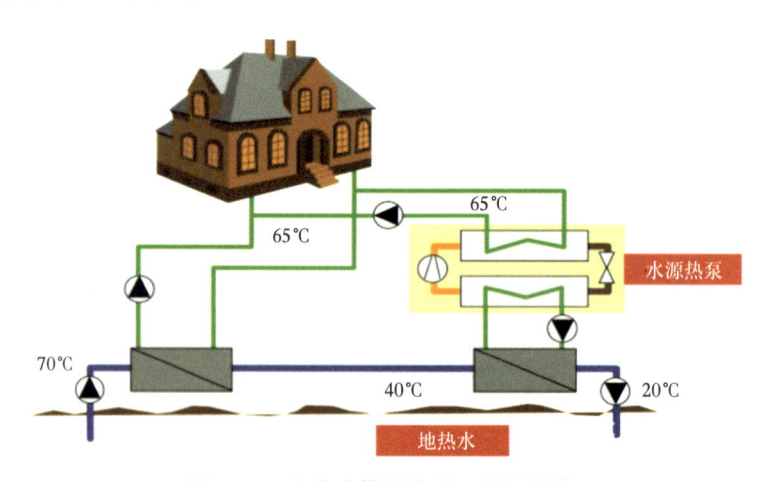

图3-15 地热水供暖典型工艺流程图

（2）胜利油田。

胜利油田济阳坳陷及邻区热储为中低温地热资源，热储层主要分布在馆陶组和东营组。探明储量7388×10⁸GJ，折252.4×10⁸t（标准煤），分布面积达3483km²，占东营市总面积的70%。资源品位高，单井出水量80~130m³/h，温度50~95℃，可有效利用地热资源总量为308.97×10⁸GJ。

2013年以来，采用BOO、BOT、EMC等模式融资10亿元，共建设31个深井地热、浅层地热、余热利用项目。

深井地热供暖具有安全、高效、环保、可再生的特点，共实施5个深井地热供暖项目，供暖面积76.2×10⁴m²，年节约10000t（标准煤），碳减排2.5×10⁴t。

浅层地源热泵具有冷热联供、能耗低、无污染的优势，近年来共投产浅层地源热泵冷热联供项目8个——冷热联供面积13.4×10⁴m²，年节约5370t（标准煤），减排量13862t（图3-16）。

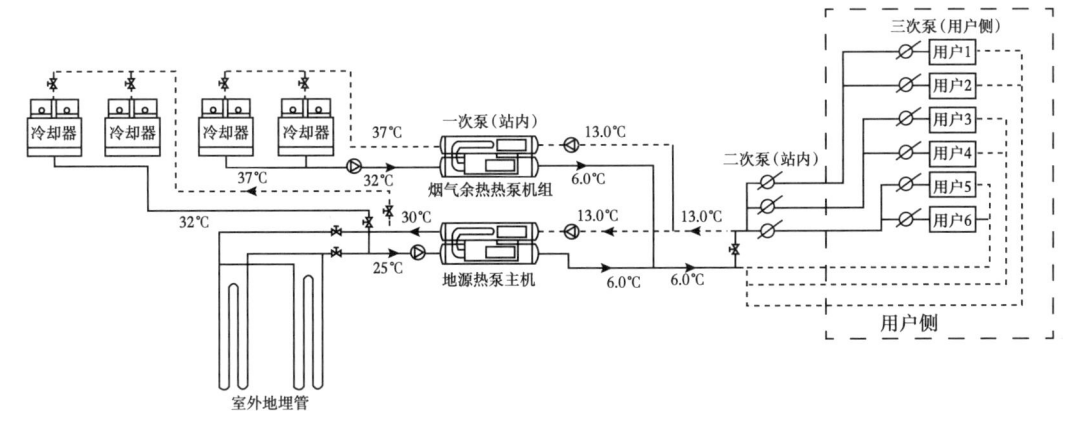

图3-16 浅层地热供暖制冷典型工艺流程图

（3）华北油田。

华北油田所处区域地热资源储量丰富品质佳，明化镇组、馆陶组及基岩合计地热资源总量为$1.3×10^8$GJ，折合$446×10^8$t(标准煤)。从20世纪80年代起，开展京津冀油区地热资源研究评价，在地热发电、油田维温伴热、地热供暖等方面取得了丰富的认识和实践经验(图3-17)。

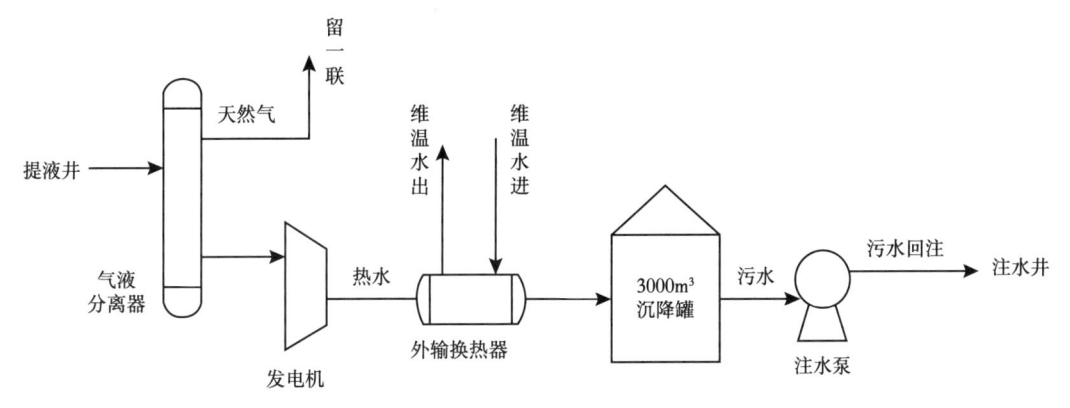

图3-17 华北油田地热发电工艺流程图

在地热发电方面，华北油田依托国家"863"计划，利用留北潜山地热资源先后建成1台410kW和1台500kW发电机，开国内中低温地热发电之先河（图3-18）。

在油田维温伴热方面，华北油田在留北潜山按照"油、电、热"联产要求，发电后尾水（85~90℃）经换热后为留北4个站点维温，在本潜山回注。4座接转站年节约燃油1759t

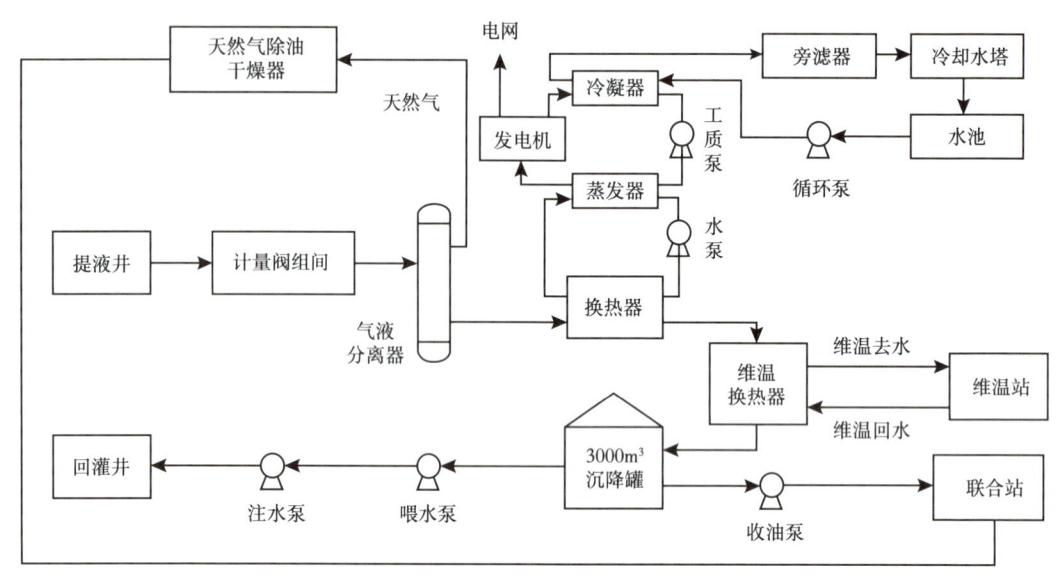

图 3-18 华北留北潜山地热开发综合利用工艺流程图

以上，节约 2512t（标准煤），减少 CO_2 排放 6206t、NO_x 排放 18.6t。

在地热供暖产业方面，2017 年 2 月，根据产业发展需要成立了临时机构，负责地热资源的开发利用、技术研究、生产组织管理等。2019 年 1 月起，根据地热产业发展实际，充分利用不同体制机制的优势先后在雄安新区和任丘注册成立了三家地热公司，积极推进地热产业快速发展。截至 2020 年底，已投运地热供暖项目 4 项，供暖面积 $130×10^4 m^2$，供热站 5 座，地热井 15 口。

3. 工业余热利用技术

油田可利用的工业余热主要有采出液（包括含油污水）、设备冷却水、工业设备余热。按照余热温度可分为中高温余热和低温余热（低于 60℃），中高温余热主要有燃气发动机和注汽锅炉的排气排烟等；低温余热主要有开采过程油田采出液、油田含油污水、设备冷却水等。中高温余热可直接应用于生产过程的加热；低温余热多采用热泵技术回收。工业余热回收主要用于蒸汽发电，原油的生产、运输过程加热原油，油田工业、民用建筑供暖制冷。

1）胜利油田

2020 年，已建油气集输站库 109 座，回注含油污水水量 $8.6×10^5 m^3/d$，水温 43~60℃，按 10℃ 温差计算，年可利用余热资源 $1305×10^4 GJ$，折合 $44×10^4 t$（标准煤）。

现河采油厂某联合站污水余热利用项目为油田首个稠油区块高温污水梯级利用项目，采用 BOO 模式建设，该项目于 2016 年 10 月投产。站内含油污水量 8000~9000m^3/d，温度 55℃，采用电动压缩式超高温热泵机组+板式换热器技术，通过污水换热、高温换热、超高温换热三级换热实现能源利用最大化。该项目建设 2 台 900kW 超高温电动压缩式热泵机组、4 台 800kW 高温热泵机组、12 台板式换热器，替代 5 台加热炉和 2 台蒸汽锅炉，将稀油、低含水油加热到 78~80℃，并为站内采暖系统供热。该项目年节省工业商品天然气 458×10⁴m³（气价为 3.26 元/m³），年节省运行成本 554 万元。

2）新疆油田

高温采出液余热直接利用：采用流道式换热器将高温来液与软化清水换热，加热后的软化清水作为采暖介质，用泵加压循环至各站采暖的方式取代蒸汽取暖（图 3-19）。

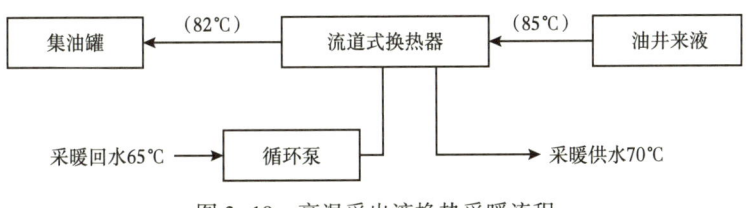

图 3-19　高温采出液换热采暖流程

加热炉烟气余热利用技术：多台加热炉排烟汇集后进入气—油换热器，换热器烟气侧冷凝设计，烟气与被加热原油进行换热，油温提升，烟气从换热器后端新建烟囱排出。每台加热炉烟道尾部各加装气动三通阀一套，便于流程切换及烟气外排。整个系统设置冷凝水处理装置[32]。

天然气压缩机烟气余热利用技术：为了简化工艺，压缩机组采用"一拖多"方式回收余热。根据不同工艺用热需求，梯级利用余热。以某天然气处理站为例，由于导热油需从 170℃加热至 220℃，温度较高，回收的余热优先用于导热油加热；由于前端加热导热油后烟气温度在 180℃左右，冬季将剩余余热用于采暖循环水预热，其他季节将余热用于伴生气预热。烟气外排温度最终降至 80℃以下，余热充分利用[33]（图 3-20）。

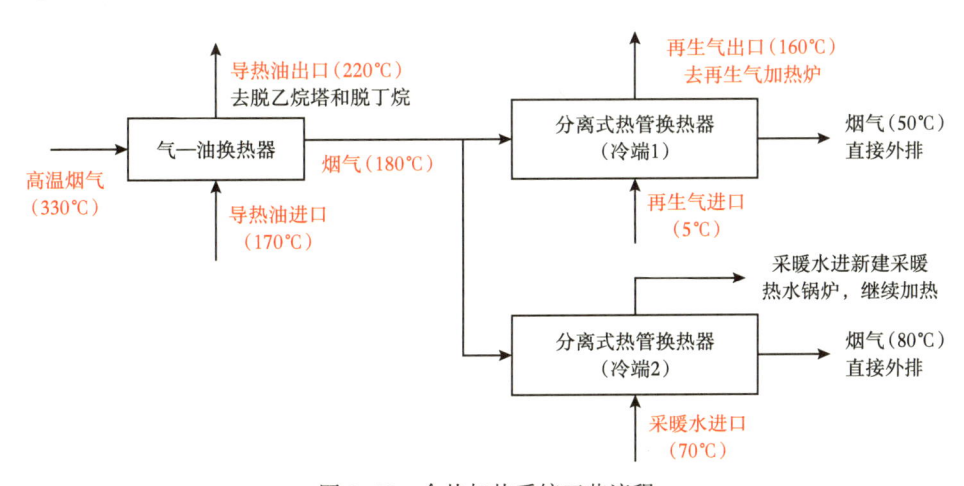

图 3-20　余热加热系统工艺流程

新疆油田有丰富的余热资源，除了各类燃气设备（注汽锅炉、加热炉及燃气压缩机）所排放的大量高温烟气外，还有集输过程中的采出液（尤其是稠油开采）。2012 年起，重油、风城等稠油区块利用余热开展采出液采暖改造 527 座；加热炉烟气余热利用改造 11 台，平均单台年节约天然气 15×10⁴m³；燃气压缩机烟气余热利用改造 16 台，平均单台年节约天然气 28×10⁴m³。

3）辽河油田

辽河油田以稠油开采为主，主要采用蒸汽吞吐、蒸汽驱、SAGD 开发方式，注汽锅炉排烟温度在 200~300℃，烟气中携带大量余热。为了有效回收烟气余热，在锅炉对流段上安装热管换热器，预热助燃空气，将烟气平均温度从 270℃ 降到 170℃，助燃空气由 15℃ 升高到 160℃，锅炉平均每台年节约燃料油 213t、减少二氧化碳排放量 $325.9\times10^4m^3$、节约燃料费用 54.5 万元[34]。

4）大庆油田

大庆油田生产系统中的含油污水、注水泵电动机冷却水等介质含有大量工业余热，近些年利用热泵技术提取工业余热，解决了部分油田设施供暖，如注水站、办公楼等的供暖及工艺管道伴热等，取得了很好的效果。截至 2020 年底，建设了 31 座热泵站，主要是供建筑采暖用热，总供暖面积为 $27.36\times10^4m^2$，安装 76 台电动压缩式热泵机组，装机总供热能力 70.91MW，单座热泵站最大供热规模 11.06MW，单台机组功率从 120~2765kW。已建成热泵供热项目基本上运行良好，节能效果明显，中温热泵的 COP（能效比）为 3.5~4.5，高温及超高温热泵的 COP 为 3.0~4.0。

5）长庆油田

安塞油田侯 7 发电站建有两台 500GF-T1 天然气发电机组，单台机组发电功率 400kW，发电效率为 36%，约 38% 的热量通过高温烟气排放。为充分利用高温烟气余热，于 2011 年 9 月安装了 1 套余热利用系统，给原油加温和站场供暖，机组总热效率达到 70%，年节省天然气约 $56\times10^4m^3$ [35]。

三、废液处理工艺及综合利用技术

1. 钻井废弃液处理技术

1）国外技术现状

国外钻井废弃液处理技术主要采用钻井废弃液固液分离技术（图 3-21）。

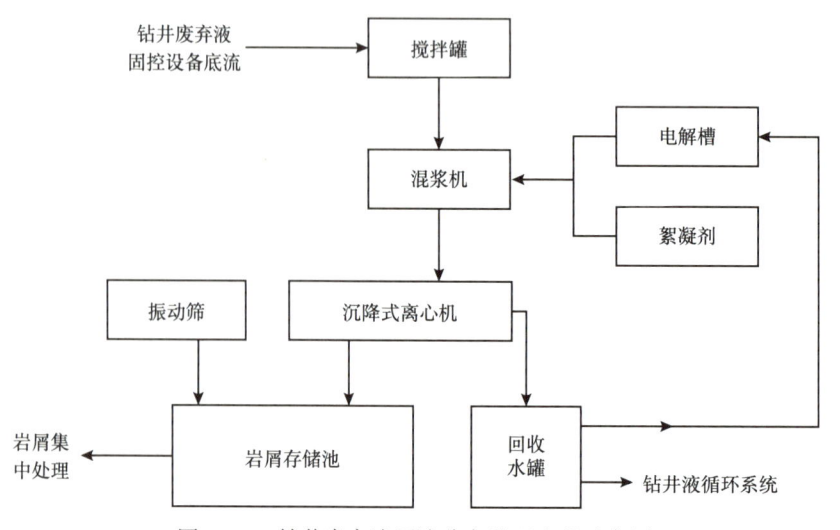

图 3-21　钻井废弃液固液分离处理流程示意图

固液分离技术在国外的应用已十分广泛,该技术利用化学絮凝、沉降和机械分离等组合技术,分离钻井液中的固、液两相,液相可以重复使用。由于钻井废弃液是一种复杂的悬浮液,主要由膨润土、无机盐、化学处理剂、加重材料和钻屑等组成,简单自然沉降和机械分离很难破坏钻井液中的胶体体系,需要加入絮凝剂提高机械分离效果。絮凝剂的作用机理是通过破坏固体颗粒表面结构,中和表面的电荷,减少颗粒之间的静电引力,促使固相颗粒聚结变大,从而达到固液分离的目的。采用固液分离技术可以使钻井液维护的稀释倍率从1.6降至0.3,大幅节约钻井液成本,特别适合于偏远枯水地区的钻井作业。最近日本在常规固液分离技术的基础上引入真空蒸发分离装置、卧式旋流压缩装置等,进一步提高了随钻处理钻井废弃液的效果[36]。固液分离属于过程处理,经过固液分离后的钻井废弃物仍需终端处理[37]。

厄瓜多尔Tarapoa地区钻井废弃液采用"快速絮凝+离心脱水"工艺处理。Tarapoa地区的平均井深在5000m左右,上部地层新、成岩性差,地层造浆严重,钻井液性能极易恶化,施工过程中需要对钻井液快速置换并进行脱水处理,脱出水重新配制钻井液,以维护钻井液性能,因此如何实现钻井液快速在线固液分离处理成为钻井液废浆处理的关键技术。常用的板框压滤机由于占地面积大,处理不连续,处理速度慢和化学处理工艺复杂等原因,无法适应Tarapoa地区废液快速分离脱水的要求;为此,研发出了满足该地区钻井废弃液固液分离的处理设备,实现快速分离处理。该设备的核心是利用化学混凝絮凝的原理,使废浆中的胶体颗粒趋于聚结形成小"絮体",然后在絮凝剂的持续作用下进一步聚结成直径为5mm以上的大"絮团",最后利用离心设备将固体颗粒从钻井液废浆中分离出去(图3-22)。根据Tarapoa地区钻井液体系的特点,优选了两种混凝剂(GW-CA1和GW-CA2)和两种絮凝剂(GW-FLA1和GW-FLA2)。混凝剂GW-CA1和GW-CA2均是无机金属聚合物,具有高电荷、易水解和高分子量的特点,可将钻井液中的固相颗粒快速形成小"絮体","絮体"在絮凝剂作用下成长为大"絮团",在离心设备强大离心力作用下迅速与水进行分离。为最大限度地提高水资源的使用效率,现场采用GW-CA1和GW-FLA1对硝酸钙聚合物体系进行了处理,分离出的水直接回用配浆,实现了水和硝酸钙的充分回用,降低了处理剂成本。

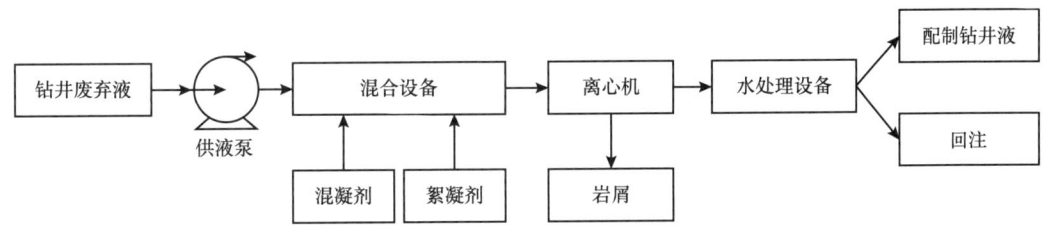

图3-22 厄瓜多尔Tarapoa地区钻井废弃液固液分离流程

在线固液分离工艺技术具有以下特点:(1)处理速度快,处理量大,成套设备最大处理能力达400m³/d;(2)与罐内批次破胶模式相比,在线混合固液分离工艺技术使整个处理工艺实现了连续性作业;(3)无须不断地进行小型实验,处理剂加量可在线完成调整,处理剂用量得到优化;(4)操作简单,工人劳动强度低;(5)在不需要进行废浆固液分离的情况下，该套设备中的离心机亦可正常地对钻井液进行固相控制，实现了一套设备承担两种功能。该技术和国内常用的钻井液废弃液处理工艺技术相比，设备投资大幅减少，操作人员减少，操作复杂程度降低。

钻井过程产生的污水必须满足厄瓜多尔 RAOH（油气作业环境法规，厄瓜多尔 1215 号法规，2001 年）污水排放标准才可排放（表 3–3），为降低污水成本和环境污染风险，无法现场配制钻井液的污水要求处理达到回注水标准后回注地层。

表 3–3　厄瓜多尔回注水标准

参数	范围
pH 值	6.0~7.5
含油量（mg/L）	<50
悬浮物（mg/L）	<70
沉淀物（%）	0
漂浮物	无
硫酸盐还原菌（Col/mL）	0
可溶性 H_2S（mg/L）	<2

2）国内钻井废弃液处理技术

固液分离就是向钻井废弃液中加入适当的破胶剂、助凝剂，破坏体系的稳定性，改变黏土颗粒的表面性质、调整其 Zeta 电位、降低颗粒间排斥力，使固相颗粒聚结絮凝，再机械辅助分离。分离离出的固液相可做适当处理，使其达到排放标准。固液分离法常常是处理钻井废弃液最基本的步骤之一，为有害物质的深度处理提供了前提条件。比如可以把固液分离和固化处理结合起来，先对钻井液进行破胶、絮凝，排出水相，再加入固化剂固化。但经固—液分离处理后产生的废水往往化学需氧量、色度、矿化度、含油量都较高，不能达到排放标准，须进一步进行处理[38-42]。

固液分离处理技术有以下特点：适应性强，满足随钻、钻中、钻后、集中钻井废弃液处理的需要，效率高；可以连续处理；滤液处理达标可利用；固液分离彻底，减容量大，固相压饼后，钻井液总体积减少 3/4；采用集中处理的模式可规模化、工业化生产，整体运行费用低，可取消井场钻井液池，避免井场钻井液污染。该技术可以作为处理水基钻井废弃液的完整处理工艺，处理后滤饼可用于铺垫井场、通井路及进行建设用地土地地貌恢复，但对于油基钻井废弃液，固液分离法处理后需要进行后续处理。

(1) 吉林油田。

吉林油田钻井废弃液采用"破胶脱稳—板框压滤"处理工艺，流程为"钻井液罐车拉运—加药脱稳搅拌池—振动筛分大颗粒岩屑—压板框压滤固液分离"。吉林乾安钻井废弃液处理站于 2015 年 8 月建成投产，全年运行，由接收平台、处理车间、滤饼暂存区及药剂库组成，处理量 1000m³/d，工程总投资 1000 万元。运行费用为 227 元/m³，其中药剂费用约占 ⅓，冬季运行总成本另加 70 元/m³，运输费用为 0.54 元/(t·km)。

现场拉运来的废弃液首先进入卸液池,然后提升至脱稳搅拌池,通过加药装置先后加入氧化剂、破胶剂、沥水剂、絮凝剂,经充分搅拌反应,使钻井液脱稳、絮凝、聚结,再提升至筛分装置。筛分出的岩屑(4mm以上)转至岩屑暂存区,筛分后的钻井液经缓存池缓冲后转入缓冲增压搅拌装置,增压提升后进入固液分离装置进行固液强制分离,分离后的滤饼转至滤饼暂存区综合利用(填埋井场、填坑),分离的滤液经管线或罐车拉运至联合站回注处置(图3-23和图3-24)。

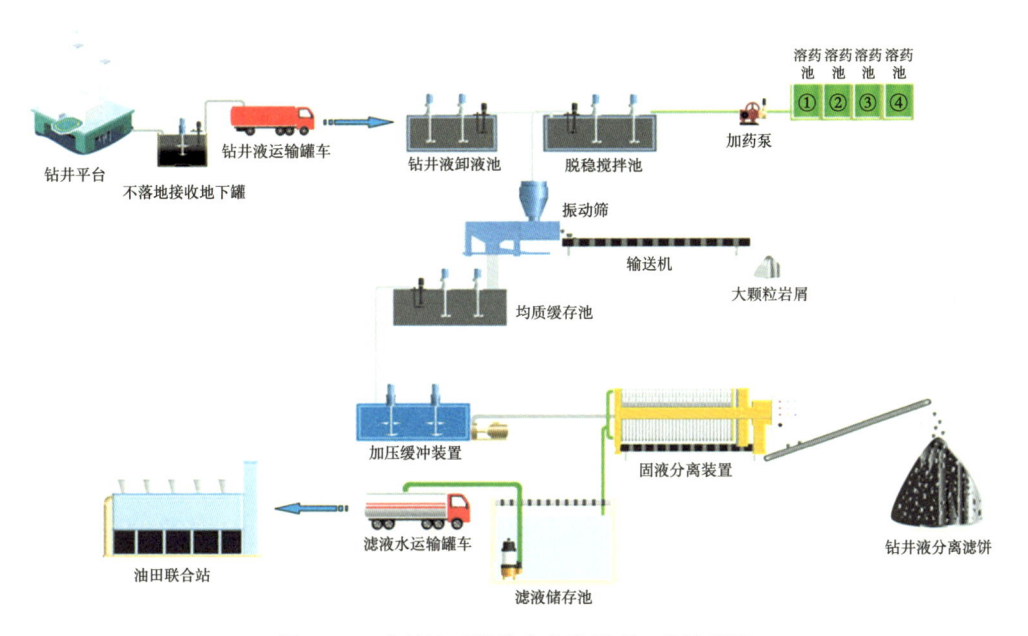

图3-23 吉林油田钻井废弃液处理工艺流程图

图3-24 吉林油田钻井废弃液处理现场照片

钻井废弃液经处理后，滤饼含水率不大于65%。处理后液相、固相达到相应指标要求。滤饼浸出液主要环保指标见表3-4，压滤液达到污水综合排放标准三级标准，经配水后进联合站回注，指标见表3-5。

表3-4 滤饼浸出液主要环保指标

滤饼含水率 （%）	滤饼浸出液环保指标						
	pH值	石油类含量 （mg/L）	COD含量 （mg/L）	Cr^{6+}含量 （mg/L）	总铬含量 （mg/L）	铅含量 （mg/L）	砷含量 （mg/L）
≤70	6~9	10	100	0.5	1.5	1.0	0.5
参考依据	《污水综合排放标准》（GB 8978—1996） 《危险废物鉴别标准—浸出毒性鉴别》（GB 5085.3—2007）						

表3-5 压滤液主要环保控制指标

序号	名称	外排
1	pH值	6~9
2	石油类含量（mg/L）	10
3	SS含量（mg/L）	300
标准依据	采油厂联合站污水入口标准	

（2）大庆油田。

大庆钻探集团某队随钻处理钻井废弃液采用"破胶熟化—滚动压滤"工艺，进行不落地处理，处理量为216m³/d。

钻井废弃液用罐车拉运至站内的储泥罐中，提升至预处理罐，加入水和药剂进行预处理，预处理后再次加药，泵输到熟化装置进行搅拌熟化，然后输送到脱水滚动压滤机进行处理，压滤后的滤饼放置到滤饼堆放场，压滤后液体进入集水池分离，分离后的清水收集到清水池，可用来给加药装置和反冲洗泵供水，系统内部多余的清水外排（图3-25）。脱

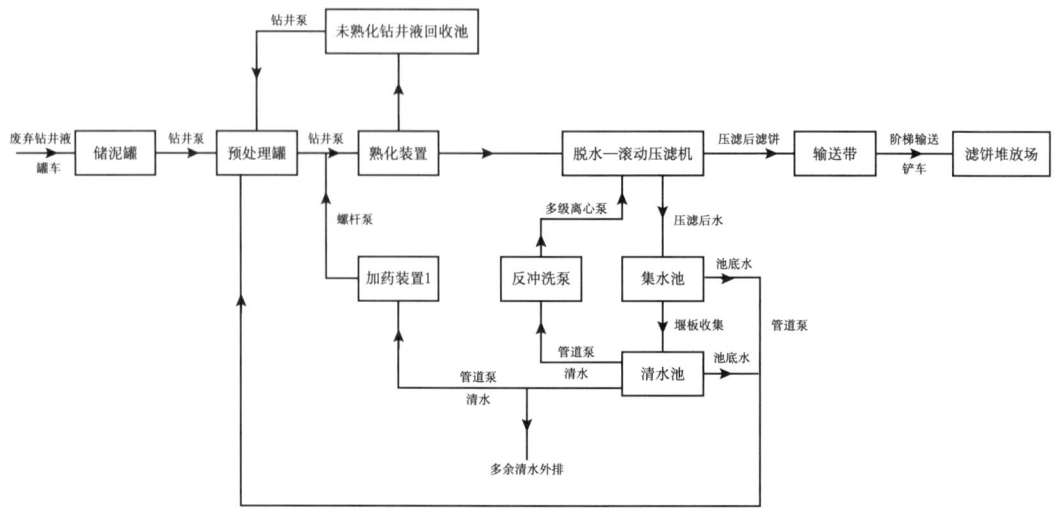

图3-25 大庆钻探集团钻井废弃液处理工艺流程图

水滚动压滤机定期清洗，以保证压滤机的连续使用。废弃钻井液经过设备处理后，分离出滤饼和清水，滤饼的含水率38.1%，清水的悬浮固体含量1.8%。

2. 压裂返排液处理技术现状

1）国外技术现状

美国压裂返排液主要来源于页岩气生产，其成分复杂。美国压裂公司在压裂网站公布的数据显示压裂液中使用的各种化学添加剂共有81种，其中55种是有机物，27种可生物降解，17种具有较高的COD难以处理[43]。压裂返排液处理的方法按优先顺序依次为压裂液回用、无效回灌和达标排放。目前国外压裂返排液以处理后回用为主。压裂返排液的处理可分为三级。一级处理主要去除悬浮颗粒（TSS）、压裂液残余成分、原油等；二级处理主要去除钙、镁、钡和锶等二价金属离子；三级深度处理主要降低水中盐浓度，特别是氯离子含量。第一、二级处理过程主要利用水力涡旋法、电絮凝法、化学絮凝法、树脂吸附法和软化法等技术进行处理；在进行第三级深度处理时，当返排液总盐度低于4×10^4mg/L时一般采用超滤、纳米过滤和RO反渗透膜等技术，当总盐度高于4×10^4mg/L时一般采用热处理技术[44-45]。

（1）以回用为目的压裂返排液处理技术。

①移动电絮凝技术。

哈里伯顿公司采用CleanWave移动水处理技术，可实现压裂返排液回用[46]。该技术采用"电絮凝→气浮选→过滤"工艺，处理后的返排液可配制压裂液回用。该套设备由3台车载橇组成，最大处理规模为180m³/h，第一个为电絮凝橇（内有20个电絮凝单元），第二个为气浮沉降橇，第三个为过滤橇。

在电絮凝单元中，电絮凝装置释放带正电的离子，和胶状颗粒上面带负电的离子相结合，产生絮体；与此同时，阴极产生的气泡附着在絮体上面使其上浮，被表面分离器除去，较重的絮凝物下沉。

美国路易斯安那州的海那斯维尔（Haynesville）页岩区块淡水资源匮乏，采用清水配制压裂液，因清水运输成本高，采用CleanWave技术进行了压裂返排液处理工业化应用，处理后的废水用于回用配液。CleanWave技术对悬浮颗粒、油、亚铁离子均具有良好的去除效果（表3-6）。

表3-6 CleanWave技术处理前后水质对比表

项目	处理前	处理后
TSS含量（mg/L）	212	3.37
含油量（mg/L）	1372	0.91
Fe^{2+}含量（mg/L）	22.6	0.61
pH值	5.52	6.79

②预处理+MVR蒸汽压缩技术。

预处理+MVR蒸汽压缩技术可用于处理高含盐的压裂返排液，预处理主要通过物理化学方法去除水中的悬浮物、化学添加剂、总石油烃类物质和提供钙稳定的水，机械蒸汽压缩（MVR）用于脱盐[47-48]。对于共沸体系，MVR技术很难达到理想效果。MVR系统产出的蒸馏水可以回用配液，浓缩液则通过处置井注入地下或者结晶制工业盐。

机械蒸汽压缩是再次利用蒸汽能量，从而减少对外界能源需求的一项节能技术，即一种高效的蒸馏技术。通常，机械蒸汽压缩系统包含蒸发器、蒸汽压缩机和热交换器。

美国得克萨斯州Maggie Spain处理厂采用"预处理+MVR"处理模式，建有三个MVR模块。这些模块的所有能量需求都由天然气提供。各模块内部设有一台天然气炉，用于启动时MVR模块的升温；还有一台天然气内燃机，用来驱动压缩机。辅助照明、控制和数据采集等现场电力由天然气发电机供应。三台MVR处理装备共占地250ft×250ft（5600m²）左右，每个MVR模块每天最多可以处理445m³的浓盐水[49]（图3-26）。

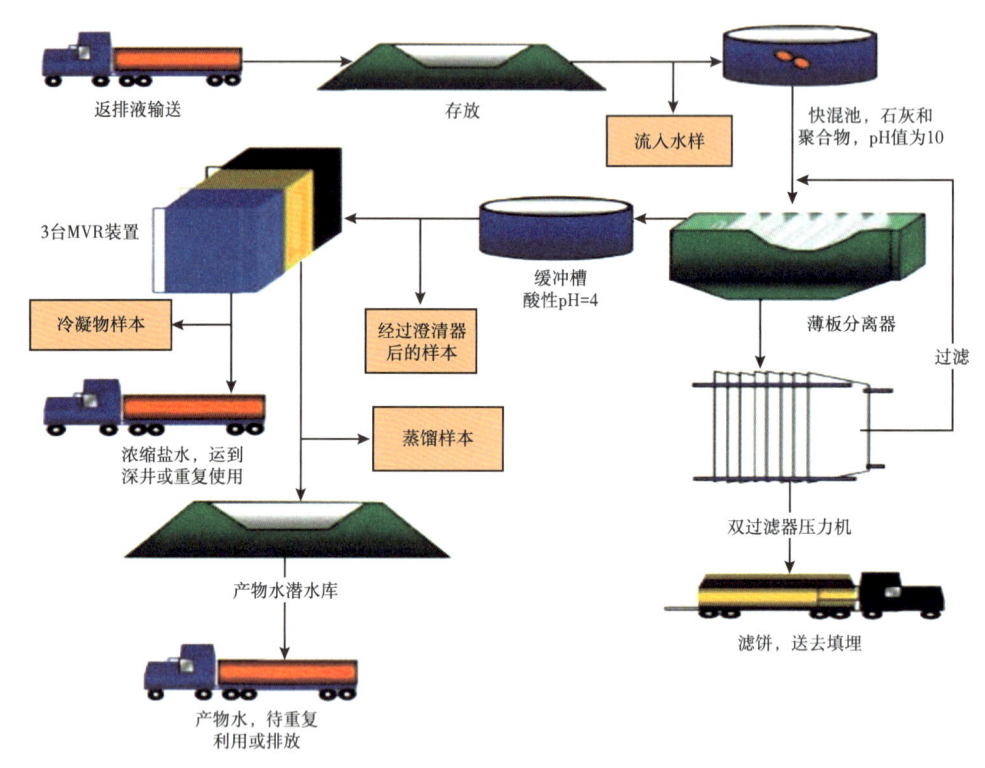

图3-26 Maggie Spain处理厂MVR工艺原理图

MVR模块生成72.5%的馏分和27.5%的原液。所有馏分进入一个蓄水池里储存，根据需要被卡车运送到页岩井组现场，在水力压裂时使用。原液在储罐里收集和储存，然后输送到深井处置设施。深井处置设施距离MVR设施不到1mile❶，具备处置油气作业相关流体的一类井（ClassⅡ）注入许可。

从Maggie Spain处理厂现场的开发商获取的商业信息显示，通过预处理浓盐水来脱除悬浮固体、铁和总石油烃的成本不到6.3美元/m³，而应用MVR技术、从中等浓度的产出水（约50000mg/L总溶解固体）回收软化水的成本为18.9~31.4美元/m³。

---

❶ 1mile=1609.344m。

预处理前后水质对比结果见表 3-7。

表 3-7 Maggie Spain 处理厂预处理前后水质对比表

项目	进水			经过澄清器后的水		
	平均值	中值	标准偏差	平均值	中值	标准偏差
电导率（mS/cm）	55835	55650	24890	57989	61050	24243
总溶解固体含量（mg/L）	49550	44900	10959	49133	46900	9921
总悬浮固体含量（mg/L）	1272	357	343	140	132	45
pH 值	—	6.9	6.7~7.7	—	3.7	3.1~4.6
碱度（mg/L）	405	385	126	12	4	14
总有机碳含量（mg/L）	42	12	118	10	9	5
总石油烃含量（mg/L）	388	19	1363	5	4	2
BTEX 含量（mg/L）	3.3	2.9	1.4	2.3	2.1	0.8
氨含量（mg/L）	84	84	26	81	84	24
硫酸盐含量（mg/L）	309	316	153	221	205	123
磷离子含量（mg/L）	3	3	2	2	2	1
钡离子含量（mg/L）	15	7	19	13	6	17
硼离子含量（mg/L）	17	18	4	16	16	3
钙离子含量（mg/L）	2916	2570	975	2876	2705	922
铁离子含量（mg/L）	28	27	10	3	2	3
锂离子含量（mg/L）	12	11	3	3	2	3
镁离子含量（mg/L）	316	291	131	319	296	114
钾离子含量（mg/L）	484	296	524	504	349	494
钠离子含量（mg/L）	10741	10700	3622	12400	12100	2821
锶离子含量（mg/L）	505	467	182	528	483	161

MVR 处理前后水质对比结果见表 3-8。

表 3-8 MVR 处理前后水质对比表

项目	MVR 馏分①			MVR 原液		
	平均值	中值	标准偏差	平均值	中值	标准偏差
电导率（mS/cm）	267	161	280	162818	158500	83327
总溶解固体含量（mg/L）	171	103	179	168465	162000	29239
总悬浮固体含量（mg/L）	9	4	12	617	519	319
pH 值	—	10.7	10.5~10.9	—	6.7	6.3~6.8
碱度（mg/L）	263	248	85	162	143	73

续表

项目	MVR 馏分[①]			MVR 原液		
	平均值	中值	标准偏差	平均值	中值	标准偏差
总有机碳含量（mg/L）	22	16	17	12	12	4
总石油烃含量（mg/L）	4.6	4.0	2.3	4.3	4.0	1.1
BTEX 含量（mg/L）	0.2	0.1	0.2	0.0	0.0	0.0
氨含量（mg/L）	68	64	26	113	114	50
硫酸盐含量（mg/L）	6	5	2	887	793	631
磷离子含量（mg/L）	0.1	0.1	0.2	7	6	8
钡离子含量（mg/L）	0.1	0.1	0.0	27	5	48
硼离子含量（mg/L）	0.4	0.4	0.1	63	62	13
钙离子含量（mg/L）	3.2	0.8	6.8	9699	8960	2485
铁离子含量（mg/L）	0.1	0.1	0.0	4	2	4
锂离子含量（mg/L）	0.1	0.1	0.0	42	38	11
镁离子含量（mg/L）	0.4	0.1	0.8	1132	1055	355
钾离子含量（mg/L）	0.5	0.1	1.4	2028	1675	1576
钠离子含量（mg/L）	14.3	3.6	31.6	41302	39000	8046
锶离子含量（mg/L）	0.5	0.1	1.0	1739	1735	430

①馏分总溶解固体含量根据比电导率计算。

③预处理+正渗透技术。

预处理+正渗透技术是海水淡化的一种处理方法。预处理主要用于去除水中的悬浮物及大分子物质等污染物，防止造成膜污染。正渗透技术主要用于截留水体中尺寸小于 1nm 的小分子物质，适用于盐碱水脱盐。

正渗透技术是借助渗透膜两侧水体的渗透压差自发驱动水分子由原水（低盐度、低渗透压）向汲取液（高盐度、高渗透压）扩散，然后去除汲取液中的盐分而获得纯水。正渗透的本质在于不同浓度的溶液之间存在化学势差，这就要求汲取液的盐度高于原水，而且汲取液的盐分应易于去除。正渗透技术应用渗透压差取代外压，可通过低压操作实现高盐度水的脱盐，对废水盐度的限制较少，可减少分离膜的不可逆污染，有利于延长渗透膜的使用寿命、提高水处理效率、降低给水预处理和膜处理的成本和能耗[48,50-51]。

McGinnis 等采用聚酰胺薄膜复合膜，以 NH_3/CO_2 组合正渗透脱盐技术处理马塞勒斯页岩气生产废水。该废水的 TDS 值为（73000±4200）mg/L，$CaCO_3$ 硬度为（17000±3000）mg/L。经过预处理和正渗透过滤后，纯水回收率为 64%±2.2%，纯水的 TDS 值为（300±115）mg/L。正渗透处理页岩气废水的能耗低。McGinnis 等提出的处理系统所需要消耗的热能为（275±12）kW·h/m³，低于同等条件下单级机械蒸汽压缩法能耗的 42%，且正渗透消耗的能量以低品位的热能为主。

(2)以回灌为目的压裂返排液处置技术。

回灌（无效回注）处置技术对回注地层要求较高，以避免与上下水层窜流，污染水源。

在美国对回灌井有严格的封闭措施,每口回灌井对含水层都要有多重保护措施;同时回灌井布局要合理以减少运输成本及泄漏风险[52]。

巴内特(Barnett)页岩气藏90%以上的井是水平井,每口井压裂用水$(300\sim400)\times10^4$gal❶。压裂过程中,向地层泵入压裂液及支撑剂,压裂返排液中包含4%~25%的盐及其他化学剂。现阶段 Barnett 页岩气生产总废水量的5%被回收,其余的95%由于含有高浓度的氯化物和其他溶解固体物,饱和度过高,难以实现经济回收,采用盐水井处置[53](表3-9)。

表3-9 巴内特页岩气藏典型压裂返排液组分表

参数	A区	B区	总体范围
pH 值	5.5	6.5	5~8
$CaCO_3$ 含量(mg/L)	52	93	—
TDS 含量(mg/L)	112000	105000	20000~150000
总悬浮固体含量(mg/L)	17	197	0~250
总有机碳含量(mg/L)	34	39	—
生化需氧量(mg/L)	149	2.8	−3~100
污油含量(mg/L)	31	<5	—

盐水处置井将返排液和采出水注入到艾伦伯格岩层,该层深于巴内特页岩层。艾伦伯格岩层是疏松多孔的岩层,含有天然生成的盐水,可以很轻易地吸收采出水。艾伦伯格岩层和地表之间由不透水岩层的构成,采出水不可能渗入到上面的岩层中。

为了确保回灌处理工艺安全可靠,出台了很多管理规定。同时为了防止饮用水层受到污染,Chesapeake 采用了合适的完井、注入和监控方案,每个处置井对于含水层都有七重保护设施,共同保证巴内特页岩盐水的安全处置:表层套管,由厚1/4in❷的钢管作为保护套;表层套管水泥,为一层不可渗透的水泥;生产套管,位于钻井口内直达井底的管道,用水泥进行永久封固;生产套管水泥,为另一层不可渗透的水泥;钢管,为钢制注水管柱;塑料涂层,为钢管内部的涂塑管;封隔器,位于生产套管内用来隔绝管道上下部分的橡胶圈(图3-27)。

2)国内压裂返排液处理技术现状

国内油田压裂返排液的处置方式基本上包含回用、回注、外排三种方式。返排液处置方式不同,处理工艺也不相同。其中"回用"是将处理后的水用于下一次压裂液配制,可充分利用返排液中的有用成分,这是最理想的处置方式,但目前没有配制压裂液的水质标准,只有《压裂液通用技术条件》(SY/T 6376—2008)可参考。"回注"是将返排液处理到油气田注水标准,达标后的水直接注到储层,用于采油或采气。"外排"是将返排液处理到各项指标达到国家或地方要求的排放标准,可直接排放到自然环境中。

(1)以回用配液为目标的处理技术。

压裂返排液回用处理技术以可回收压裂液体系为基础。其基本处理思路是:水质分

---

❶ 1gal(美) = 3.785dm³,1gal(英) = 4.546dm³。

❷ 1in = 25.4mm。

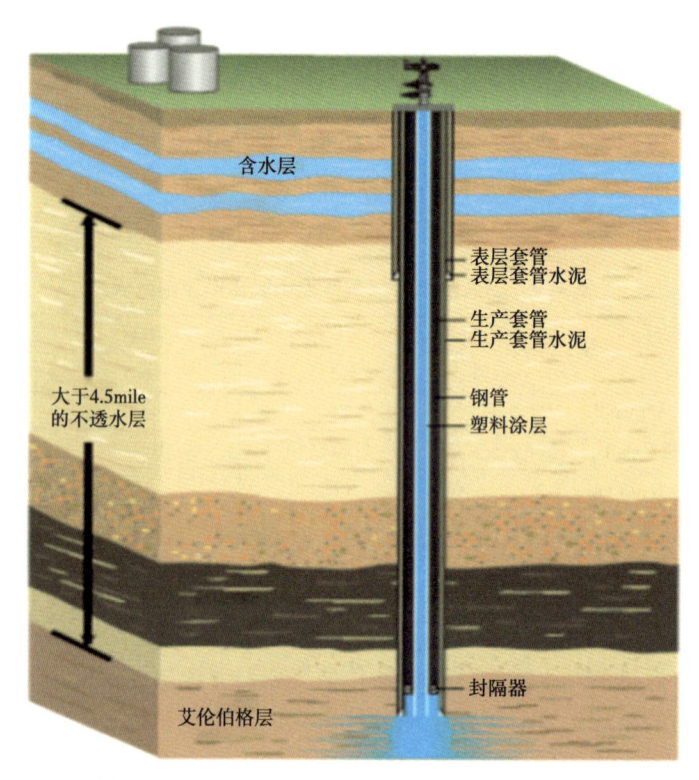

图 3-27 Chesapeake 能源公司七重保护方案示意图

析—水质调节—水质评价—配制压裂液。水质调节主要是通过物理化学技术除去压裂返排液中的 TSS、原油等物质，再补充适量添加剂即可实现回用。压裂液回用处理工艺较为简单，处理成本低，返排液利用率高，节约清水资源，对环境影响小，是今后压裂返排液处理的主要发展方向。

回用配液处理有两种方式：一种是将返排液处理成清水（压裂返排废液中盐的存在会使压裂液基液黏度降低、交联时间延长），用于配制新压裂液，这与外排处理相似，难度很大，需要除 COD、除盐，相关报道较少；另一种是保留返排液中的有用成分、去除有害成分，通过补充部分助剂，达到压裂液配液要求，这种方式最大限度地保留压裂返排液的剩余功能，同时处理方式更为简单，受到国内石油行业的青睐[55]。

中国石油西南油气田公司面对地面工程无注水系统、植被丰富、环保压力大的局面开发出可回收利用的压裂液体系和压裂返排液循环利用处理工艺（图 3-28）。西南油气田公司对压裂返排液（沉砂除油后）进行水质分析，根据分析结果采用不同的处理工艺。可回收压裂液返排液循环利用率在 10% 左右，循环利用次数最高为 4 次。冻胶类可回收压裂液返排液在四川完成了 28 个丛式井组（75 口斜井）、6 口单井的现场试验，回收利用率 94.2%，每天增加测试产量 $262.96 \times 10^4 m^3$，平均每口井使用回收液约 $110.5 m^3$。滑溜水类可回收压裂液返排液在页岩气、致密气、致密油等储层应用 45 井次，回收利用率大于 95%，每天增加井口天然气测试量 $82.03 \times 10^4 m^3$、油测试量 $31.6 m^3$。

压裂液返排液回用水质指标见表 3-10。

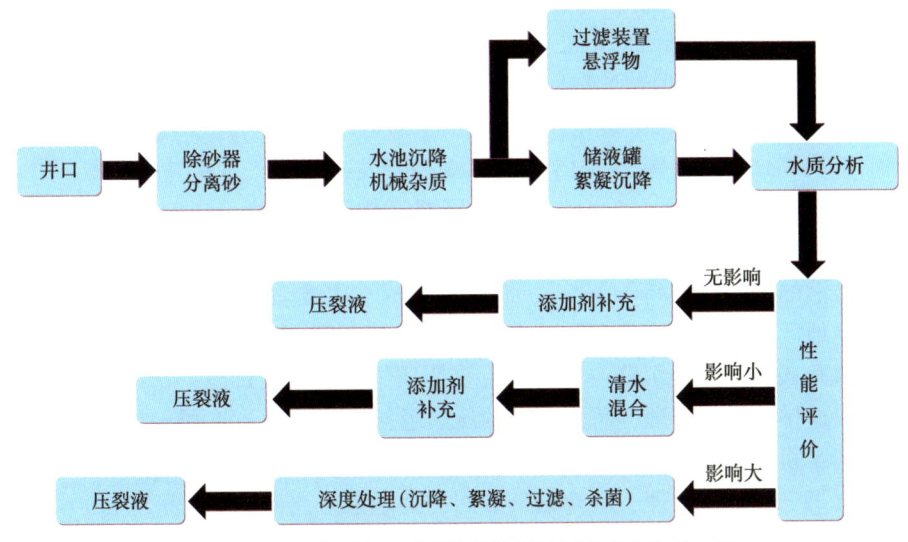

图 3-28 西南油气田公司压裂返排液回用工艺示意图

表 3-10 西南油气田公司压裂液返排液回用水指标

指标	铁离子含量（mg/L）	钙镁离子含量（mg/L）	pH 值	油含量（%）	固含量（%）	外观
冻胶压裂液回收水	<20	<8000	3~8	<10	<0.2	—
滑溜水压裂液回收水	<10	<8000	6~8	—	—	无机械杂质、悬浮物、沉淀

（2）以回注地层为目标的处理技术。

目前回注地层是国内压裂返排液处置的主要方式，分为回灌（无效回注）和有效回注两种。

回灌（无效回注）是将不具备再利用条件的压裂返排液输送至距离生产区较远的废弃注入井，高压注入地层，使之长期滞留于处置地层内，不浸入生产地层及水源地层，对周围生产系统及自然环境基本无影响。目前国内回灌技术仅在西南油气田公司有应用，处理达标后的压裂返排液利用废弃井回灌地层。回灌处理方式虽然可降低地面污染风险，但存在地层伤害风险；回灌井距离生产区域较远，运输成本高，其处理方式也将逐渐被淘汰。

回注（有效回注）是采用物理、化学、生物等多种技术联合应用对压裂返排液进行处理，处理后可直接注入地层用于驱油，达到资源化利用的目的。其处理装置可橇装化，根据不同返排液类型优化组合处理工艺，适于压裂井口返排液不落地处理，尤其适用于距离水处理站较远区域的压裂返排液处理。

胜利油田采用"预处理+污水站深度处理"处理模式，对压裂返排液等油田作业废液进行集中处理。预处理采用"酸碱调节→废液混合→混凝沉降"工艺，处理后废液中悬浮固体含量不大于 45mg/L、含油量不大于 20mg/L、pH 值为 6.5~7.5，达到污水站进液指标，对污水处理系统基本无影响。自 2006 年 8 月开始，分别在胜利油田 7 个采油厂陆续推广应用9套预处理装置，整体运行平稳，出水良好，满足后续处理要求。"预处理+污水站深度处理"模式处理依托污水站已有污水处理设备，其处理成本较低，处理规模大，适用于压裂返排液集中处理。但预处理后进入污水站与采出水混合处理，存在冲击污水站水处理系统的风险，同时装置无法橇装化，不能适应分散区块压裂返排液不落地处理要求。

新疆油田玛湖致密油井区于2015年投入规模开发，采用"水平井+体积压裂"开发方式，单井压裂用液量平均高达$2.4×10^4 m^3$。压裂返排液黏度高、COD含量高、矿化度较高、硬度大，处理难度高。污水站常规采出水处理工艺不适应压裂返排液进站混合处理，掺入压裂返排液的比例不宜高于1.5%，否则易造成水质波动、过滤器板结等一系列问题。

针对玛湖地区压裂返排液处理的难点，2018年开展了压裂返排液达标处理现场中试试验，采用"氧化破胶—絮凝沉降—磁分离—多介质过滤—袋式过滤—精细过滤"工艺，对玛湖地区压裂返排液进行处理，将处理后的压裂返排液直接注入地层。处理出水含油量小于3mg/L，悬浮固体含量小于5mg/L，日处理量达到3000m³/d，处理成本72.6元/m³。处理装置运行由第三方运营管理，联合站负责回购处理水并注入地下(表3-11)。

表3-11 新疆油田压裂返排液处理出水指标

项目	指标
含油量(mg/L)	5
悬浮固体含量(mg/L)	5
颗粒直径中值(μm)	3
平均腐蚀速率(mm/a)	0.076

(3)以外排为目的处理技术。

以外排为目标的处理技术是在回注处理基础之上采用物化处理、生物处理、膜处理等技术对压裂返排液进一步深度处理，以降低COD、石油类、悬浮物、硫化物等指标；其中降COD是压裂返排液外排处理的最大难点[55](表3-12)。

表3-12 污水综合排放标准主要指标

项目	一级	二级
COD(mg/L)	100	150
BOD$_5$(mg/L)	20	30
悬浮物含量(mg/L)	100	150
石油类含量(mg/L)	10	10
挥发酚含量(mg/L)	0.5	0.3
硫化物含量(mg/L)	1.0	1.0
氨氮(NH$_3$-N)含量(mg/L)	15	25
pH值	6~9	6~9
色度	50	180
总铬含量(mg/L)	1.5	1.5

外排处理技术指标严格，难度最大，成本最高。国内油气田压裂返排液处理排放普遍遵循《污水综合排放标准》(GB 8978—1996)。

大庆油田井下作业分公司采用"沉降除油—曝气—化学混凝—过滤—活性炭吸附—膜分离"工艺处理压裂返排液,处理规模 2.5m³/h,处理后达到《污水综合排放标准》(GB 8978—1996)一级排放指标。设备运行费用为 60 元/m³,若计入污水拉运费、设备折旧费、设备拉运费、设备维护费及人员费用等的总处理成本在 140 元/m³ 左右。

吉林油田乾安采油厂采用 DQS 模块化组合设备处理压裂返排液(其效果见表 3-13)。工艺流程为沉砂除油—絮凝气浮—自动过滤—锰砂过滤—MBR—活性炭过滤。该设备分为预处理系统、过滤系统和深度处理系统三部分[56]。

表 3-13 DQS 设备处理吉林油田压裂返排液效果　　　　　单位:mg/L

项目	进水	出水			
		预处理模块	过滤模块	MBR 模块	活性炭
COD$_{Cr}$	2815	1092	976	175	45
SS 含量	364	13	7	3	2
石油类含量	8	3	3	1	0.5

预处理系统,经过污水储池均质后的压裂返排液进入预处理模块沉砂除油槽,在气浮的作用下将污水中悬浮油及部分乳化油浮至水面收集回收,除油后的污水通过静混器时加入混凝剂及絮凝剂完成混凝絮凝过程,絮凝物同样在气浮的作用下上浮至水面,通过刮板收集至储渣槽,出水进入过滤系统。气浮方式为溶气气浮,采用全自动控制,能在 1~2min 内达到溶气罐理想压力(如 0.4MPa),迅速产生溶气水,快速稳定。过滤系统包括自动在线反冲洗过滤机和锰砂滤罐。深度处理系统包括 MBR 模块和活性炭吸附模块。

3. 综合废液处理技术

油田综合废液根据来源不同,主要有洗井水、注水干线清洗水、钻控放溢流水、作业废水、残酸液、钻井液压滤液,部分油田还包含压裂返排液及站内综合废液。根据构成及特性不同,综合废液可分为易处理和难处理两种,易处理废液主要有油水井洗井水、干线冲洗废水等,难处理废液主要有废压裂液、压裂返排液等。

综合废液成分复杂,各类杂质的含量不稳定,波动较大,一般具有含油量高、悬浮固体含量高、黏度大、矿化度高、稳定性强等特点。如注水井洗井废水的含油量在 50~4500mg/L 之间,悬浮固体含量在 60~5000mg/L 之间;注水干线冲洗水的含油量在 10~10000mg/L 之间,悬浮固体含量在 20~2000mg/L 之间。

废液处置方式以直接或预处理后进入油水系统进行处理为主,部分采用单独处理后回注。

废液处理主要采用"物化法"。易处理的废液处理工艺相对简单,一般可直接或简单预处理后进入油水系统进行处理;难处理废液需要进行单独处理,且工艺复杂,建设投资和运行费用高。

1)新疆油田

2013 年,采油二厂在某联合处理站建设综合废液处理站,该站由第三方投资建设和运维(图 3-29)。来液为修井废液、洗井水及少量压裂返排液。目前来液量为 800m³/d,来液悬浮固体含量为 600mg/L,含油量为 200~300mg/L;出水水质达到"悬浮固体含量不大于

20mg/L，含油量不大于 15mg/L" 的设计指标，处理费用 25 元/m³。

采用两段式主体处理工艺：第一段主要是沉降分离，罐车卸液→一级沉砂池→二级污水池→三级澄清池→缓冲池→去二段处理；第二段主要是气浮分离，一段来液→缓冲水箱→反应罐溶气气浮→净化水罐→注水站。

该工艺可处理多种类型的油田废液，不需要分类，耐冲击负荷强；不依托油田采出水处理系统，不影响采出水处理系统运行；处理后废液回注地层，得到资源化利用；由第三方投资及运维，减少投资风险和管理难度；但缺点是占地面积较大。

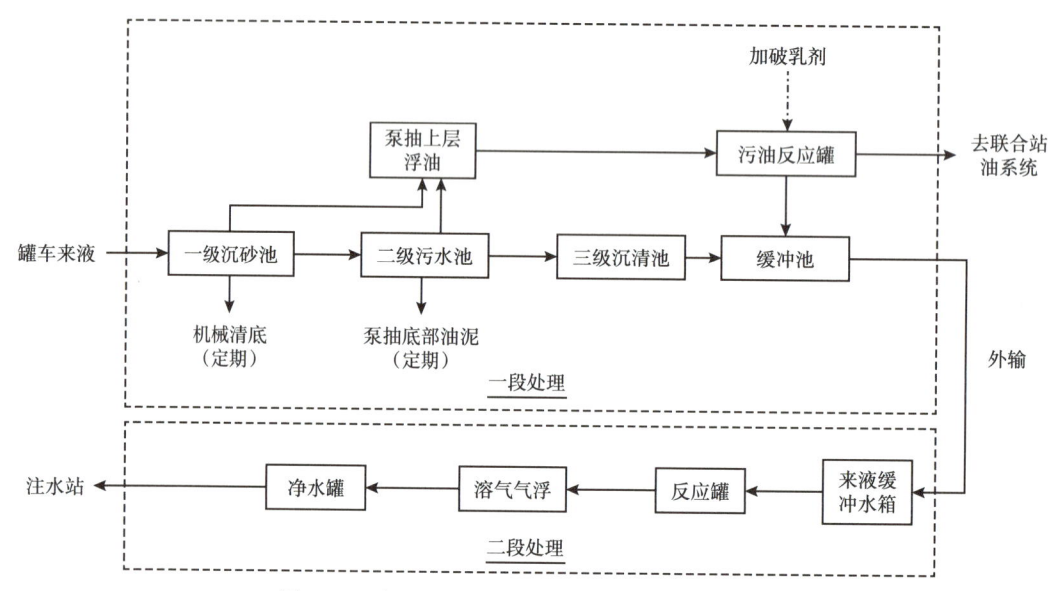

图 3-29　新疆油田综合废液处理工艺流程示意图

2）冀东油田

冀东油田建设了综合废液集中处理厂，主要处理钻修井过程中产生的废水、压井液、废压裂液、压裂返排液、钻井液压滤液等，处理后水回注地层。该处理厂钻修井污水处理规模 50m³/h，固体废弃物处理规模 12m³/h，回注规模 50m³/h，项目投资 2240 万元，吨液投资 1.87 万元/m³，综合运行费用 60 元/m³。固相污泥经脱水及固化处理后，固化土浸出液达到《钻井废液与钻屑处理管理规定（暂行）》[油勘〔2014〕162 号文件]（冀东油田）的要求，抗压强度达到 0.8MPa，可用作回填材料。

钻修井污水依次经过混凝沉降、均质调节、电催化、絮凝沉淀、微电解、多级自动砂滤等多级处理[57]，逐步去除污水中的原油、岩屑、悬浮固体及部分有害化学成分。处理合格的污水回注地层，固化处理后的污泥可以作为修路材料，或者回填池子、井场等（图 3-30）。

该工艺除具备可处理多种类型的油田废液、耐冲击负荷强、不依托油田采出水处理系统的特点外，由于采用电催化及铁碳微电解等新技术，因此还具有处理效率高、占地面积小的优点。

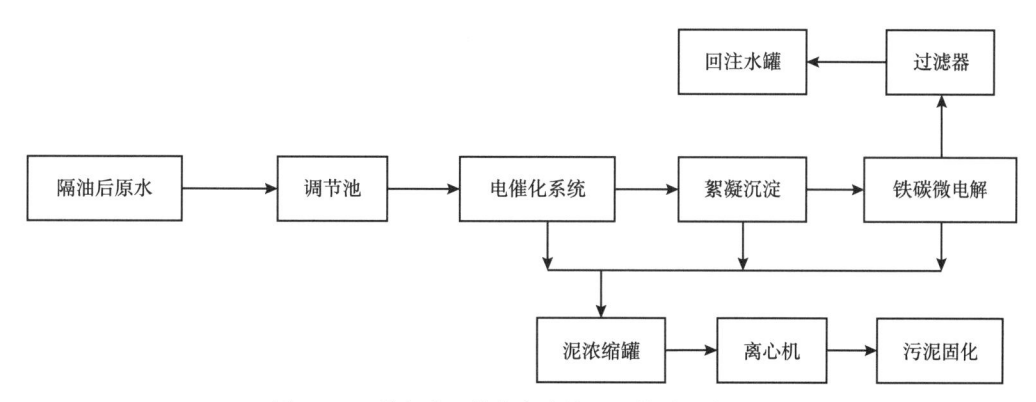

图 3-30　冀东油田综合废液处理工艺原理流程图

4. 含油污水达标排放处理技术

含油污水通常处理后回用，部分由于产注失衡等原因产生外排，含油污水外排需要按环保要求进行达标处理，处理方法主要有"物化法"和"生物法"两种[58]。随着执行排放标准及等级提高、来水水质成分复杂及水质条件变差，单一方法难以处理达标，目前多采用"物化法和生物法相结合"的方式。

1）国外油田

美国、加拿大、苏丹、阿曼等国家都建设了含油污水外排处理设施[59]，以回用为主，用途包括灌溉、道路保洁、人工湿地等。

（1）阿曼。

2010年，阿曼石油开发公司（PDO）在位于首都南部大约700km的沙漠建设了Nimr人工湿地，主要包括$350 \times 10^4 m^2$的表面流人工湿地（SFCW）和$500 \times 10^4 m^2$的蒸发池（图3-31）。2014年扩建后，处理能力达到$1.15 \times 10^5 m^3/d$，设计运行年限20年[60]。

采出水通过水力旋流油分离器，分离和回收大部分油后，通过缓冲池分配到表面流人工湿地中。表面流人工湿地分为9个平行单元，每个包括$10 \times 10^4 m^2$的重力湿地梯田，以重力流运行。收集整个阿曼的本土湿地植物样品，在现场苗圃培育，之后在表面流人工湿地中种植。

两个$11 \times 10^4 m^2$的灌溉区域，分别是漫灌和喷灌。每个灌溉区域由大约$3.7 \times 10^4 m^2$的三个区块组成，分别接收不同的水质；两个区块种植多年生植物，一个种植一年生植物和草。

该站于2010年投产，2016年3月开始取样和分析（表3-14），随着水通过湿地梯田，含油量快速降低，经过第二个梯田，不到1mg/L；经过第三个梯田，水中含油量进一步降低，达到低于检测限的水平（0.5mg/L）。但是，其他参数（如硼和含盐量）沿着SFCW的长度方向增加，可能影响植物的存活。

漫灌方法似乎有利于植物生长，高赤桉和聚合果存活率可达到99%，阿拉伯金合欢的存活率可达到75%，牧豆的存活率较低（45%）。

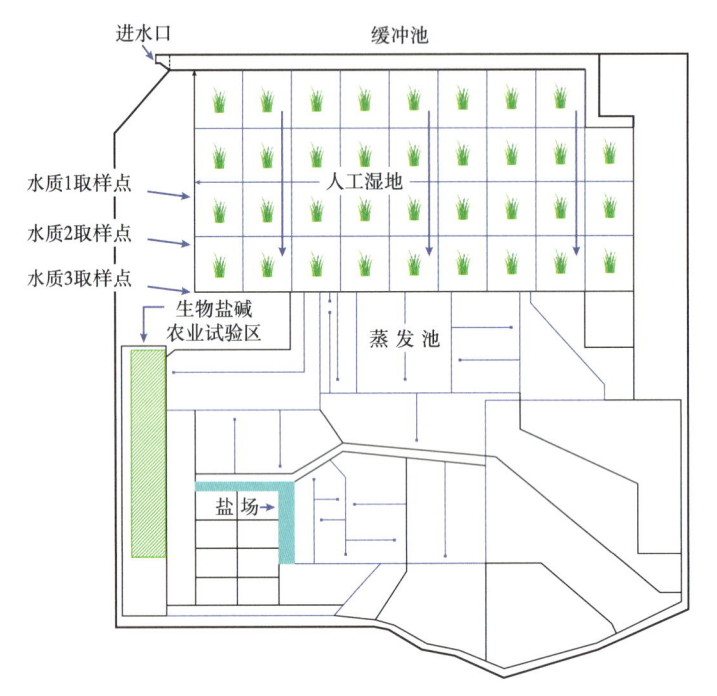

图 3-31 湿地布局示意图

表 3-14 分段水质检测表

项目	WQ1	WQ2	WQ3
温度（℃）	27.6±4.1	27.9±4.3	28.5±4.5
pH 值	7.7±0.2	7.9±0.3	8.2±0.2
电导率（mS/cm）	12.8±0.4	13.4±0.4	14.9±0.7
水中含油量（mg/L）	1.3±0.2	0.5±0.2	0.1±0.0
硼含量（mg/L）	4.7±0.3	5.1±0.4	5.7±0.2

（2）苏丹。

苏丹 1/2/4 油田污水生物/植物处理及灌溉工程于 2002 年建设，于 2003 年 10 月建成完工。其设计能力为 $2.4×10^4 m^3/d$，采用人工湿地处理技术，处理后水用于人工湿地和灌溉（图 3-32）。

污水输送至自然降温和预处理池，进行隔油降温，再进入生物/植物降解池[61]，经过生物植物降解后出水进入灌溉供水池，供水池出水进入人工湿地（植物生长区），处理后达标排放。

设计进水水质：含油量不大于 100mg/L，水温不高于 55℃，TDS 含量不大于 2644mg/L。设计出水水质：苏丹灌溉水质标准（含油量不大于 10mg/L 等）。

采出水通过生物/植物降解，处理后用作植物和农作物灌溉，长势良好。2004 年 4 月，出口水质的检测结果为：水中含油量为 0；pH 值 8.90~8.97；电导率 2028~2080μS/m；水中溶解氧 0.5~0.6mg/L。以上各项指标均达到或超过了苏丹对污水排放的标准。

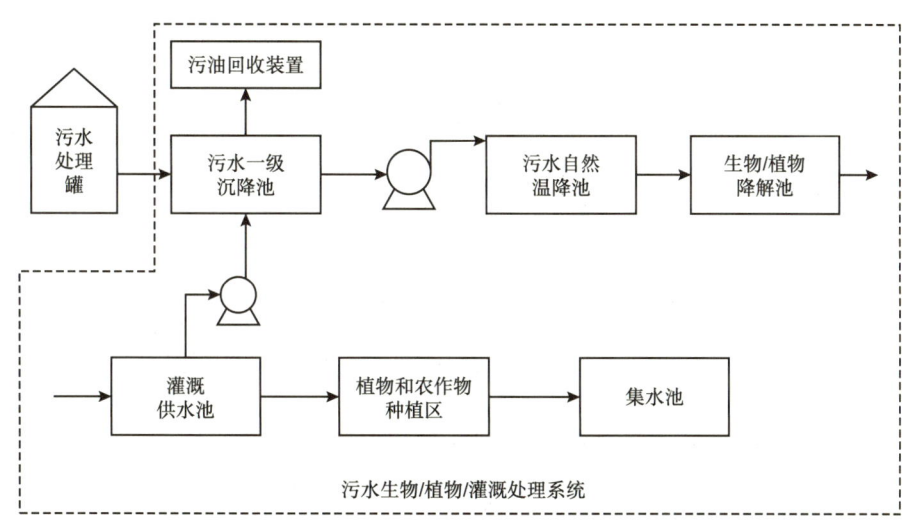

图 3-32 人工湿地处理工艺流程示意图

该工程投资为5500万美元(2004年),年运行费用为462万美元,吨水投资为0.23万美元,吨水处理费用为0.527美元(约4.39元)。

2) 国内油田

胜利、河南、冀东、大港、辽河和新疆等油田受地层条件、开发方式、经济技术条件等因素影响,存在含油污水过剩情况,为满足环保要求,都建有含油污水达标排放处理站,将过剩含油污水达标处理后排放。

(1) 冀东油田。

冀东油田建成生化处理站4座,总处理能力为$5.9×10^4 m^3/d$,均采用"好氧+厌氧"生化处理工艺。

高一联采出水生化处理站设计规模为$2.5×10^4 m^3/d$,处理工艺流程为来水→气浮池→厌氧处理→好氧处理→生化沉降池→外排缓冲池→外排(图3-33)。外排水含油量不大于3mg/L、COD_{cr}含量不大于100mg/L,达到《污水综合排放标准》(GB 8978—1996)一级标准要求[62]。

(2) 新疆油田。

重油公司污水处理站采出水一部分处理后回注,一部分软化后回用蒸汽锅炉,软化处理过程中产生高含盐水,高含盐水需要处理后达标排放。该站处理水量为$3.0×10^4 m^3/d$,回注量为$1.2×10^4 m^3/d$,蒸汽锅炉回用量为$1.6×10^4 m^3/d$,外排量为$0.25×10^4 m^3/d$。

采出水在"重力除油→混凝沉降→一级压力过滤→软化处理→蒸汽驱回用(出水含油量不大于2mg/L,悬浮物含量不大于5mg/L)"处理过程中产出浓盐水(图3-34)。产出的浓盐水进行达标排放处理,采用"冷却塔降温→缓冲池→微生物反应池→气浮→缓冲池→外排(人工湿地)"工艺。

重油公司外排污水处理站建设投资为4800万元,处理费用为1.34元/m^3(运行),出水执行《污水综合排放标准》(GB 8978—1996)二级标准要求。

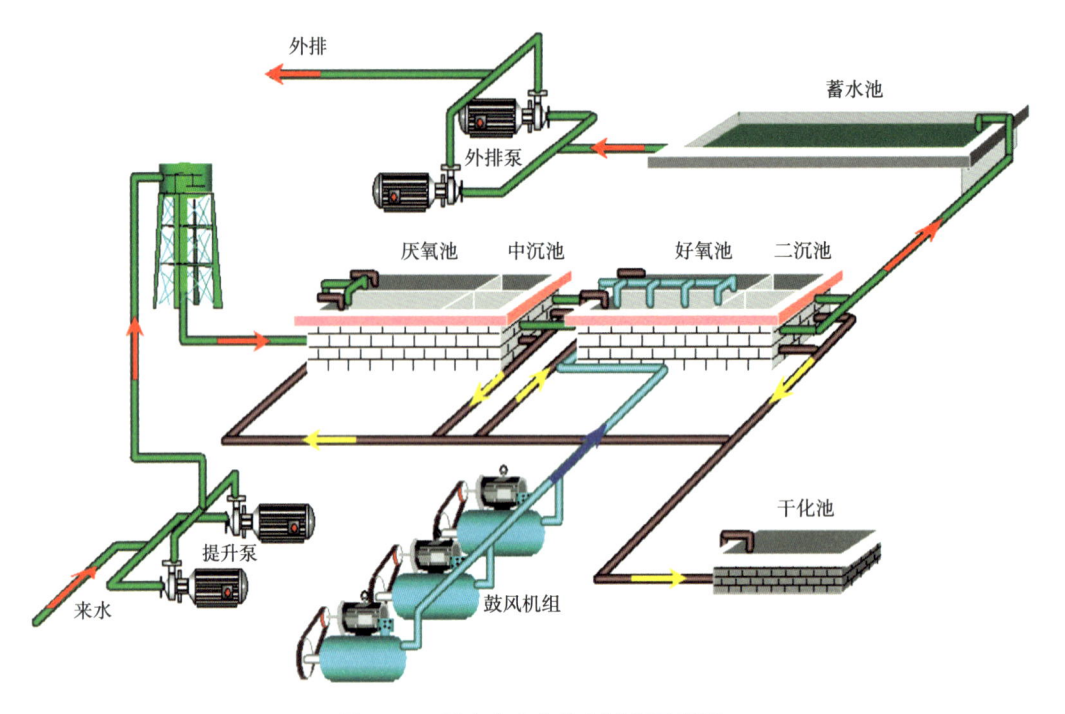

图 3-33 采出水生化处理流程示意图

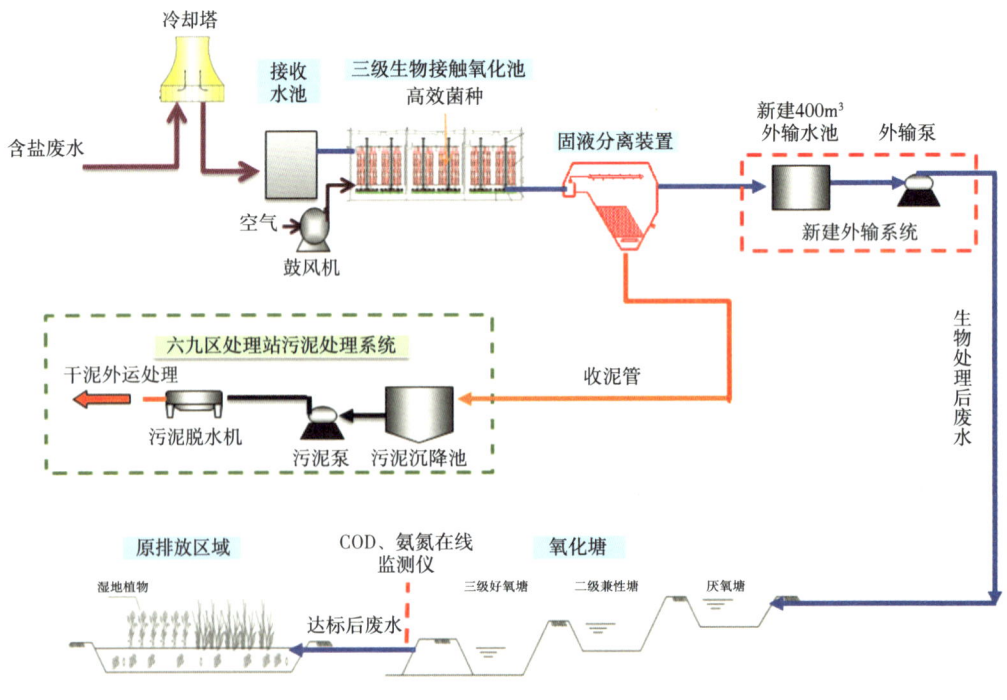

图 3-34 重油公司含油污水达标排放处理工艺流程示意图

四、固废处理工艺及综合利用技术

1. 含油污泥处理技术

1）含油污泥的来源及性质

含油污泥是石油勘探、开采、炼制、加工、储存、运输等过程中产生的主要固体废弃物之一。根据含油污泥的产生途径，可将其分为油田油泥、炼化油泥和储运油泥（表3-15）。

表3-15 含油污泥的产生途径及性质

油泥种类	主要生产途径	性质
油田油泥	①落地油泥； ②钻井废弃液； ③采油注水系统沉降油泥	落地油泥含水率低、密度大、黏度大、流动性差；钻井废弃液浸出液有较大毒性；采油注水系统沉降油泥含水率高，流动性强，并含有大量化学添加剂
储运油泥	①运输过程中产生的油泥主要来源于管道底部、油轮、油车的清淤油泥； ②储存中产生的含油污泥主要来源于接转站、联合站的油罐、沉降罐的罐底油泥	储运油泥含油量较高，有较高的资源化利用价值，油相重质组分含量高，水油乳化严重。油泥中混杂有铁屑和其他清罐杂质
炼化油泥	①废弃的催化剂，换热器管束清洗油泥，蒸馏装置底部沉积物，油罐车、油罐清洗油泥等； ②含油污水处理隔油池底泥、浮选池浮渣、剩余活性污泥，俗称"炼厂三泥"	炼化油泥产量大、含油量高、重质油含量大，"炼厂三泥"含有多种化学添加剂

石油钻采过程中产生的油泥称为油田油泥，主要包括落地油泥、钻井废弃液和地面系统沉降油泥。落地油泥是在石油钻井和试喷过程中，原油溢出、洒落或泄漏，渗入地面与土壤、砂石、水等形成的混合物。落地油泥含水率低，油泥中原油、泥砂含量比例变化大，且含有大颗粒砂石及复杂固体杂质，密度大、黏度大、流动性差。钻井废弃液是钻井中排放的钻井液、污水、岩屑等形成复杂多相体系，其浸出液毒性较大。地面系统沉降油泥含水率高，流动性强，并含有大量化学添加剂。

石油炼化生产及含油废水处理过程中产生的油泥称为炼化油泥。炼油生产过程会产生一定量的含油污泥，如炼化过程废弃的催化剂，换热器管束清洗油泥，蒸馏装置底部沉积物，油罐车、油罐清洗油泥等。此外，炼化过程还会产生大量含油污水，如油品冷凝水、反应生成水、炼油设备洗涤水等，而含油污水处理过程的多个环节都会产生含油污泥，主要包括隔油池底泥、浮选池浮渣和剩余活性污泥，通常简称为"炼厂三泥"。

原油及石油产品在储存、运输过程中，少量机械杂质、砂粒、泥土、重金属盐类以及石蜡和沥青质等重质组分沉积在容器底部产生的油泥称为储运油泥。储存中产生的含油污泥主要来源于接转站、联合站的油罐、沉降罐的罐底油泥。运输过程中产生的油泥主要来源于管道底部、油轮、油罐车的清淤油泥。储油罐每隔5年左右需清罐一次，即使经过二次蒸罐拔油处理，底层油泥含量仍占其储存容量的1%以上，储运油泥含油量较高，油泥中因混入清罐洗涤剂等表面活性剂而导致水含量高且乳化严重[63]。

石油化工行业的油泥产量受到很多因素的影响，如石油炼制生产力、原油的性质、炼油工艺方案、石油储运方式等。据估计，每生产 200t 原油将会产生约 1t 的含油污泥。根据近年来全球原油生产量估计，每年预计有 $2000 \times 10^4 t$ 油泥产生，并且全球已有超过 $10 \times 10^8 t$ 的油泥累计量。此外，随着世界范围内石油及石油产品消费需求的增加，油泥的产量将会进一步增加。

2）含油污泥的处理处置标准

（1）国外的控制标准。

国外对含油污泥处理有很明确的处置标准和要求。例如，加拿大《Sask 土地填埋指导准则》中对于石油工业土地填埋要求中提出，在合理的情况下尽量减少废弃物；当没有其他选项时，可以选择安全填埋，送入工业垃圾填埋场的原油污染土壤总石油烃（TPH）含量不大于 3%。另如，加拿大艾伯塔（Alberta）能源利用委员会提出关于用原油污染的砂土来筑路的大纲性政策，要求原油 TPH 含量必须小于 5%；油田废弃物应该符合最新的能够接受的 TPH 含量标准规定，使之能够在不同类型的垃圾填埋场处理；填埋场为工程黏土或合成防护层，TPH 含量小于 3%；填埋场为自然黏土防护层，TPH 含量小于 2%。

通常而言，TPH 含量小于 2% 是自然黏土填埋能够接受的标准，但是产油区有时允许更高 TPH 含量的原油废弃物进入填埋场。如加利福尼亚州允许 TPH 含量高达 5% 的固体被用来铺路；法国对于降水量较高、属于湿地的地区要求土壤中含油量小于 0.5%，旱地则小于 2.0% 即可[64]（表 3—16）。

表 3—16 国外部分国家对处理后含油污泥含油量的规定

国家	填埋处置	残渣含油量要求（干基）	
		筑路、铺路、垫井场（TPH）	排放土壤
加拿大	≤3%	≤5%	≤2%
美国	≤2%	≤5%	≤1%，敏感性评估
荷兰	—	—	≤10mg/L
法国	—	—	湿地<0.5%，旱地<2.0%

（2）国内的控制标准。

由于只有《危险废物焚烧污染控制标准》(GB 18484—2020) 和《危险废物填埋污染控制标准》(GB 18598—2019) 中有明确的污染控制要求，企业只能选择焚烧或填埋这两项技术进行含油污泥的处理处置，不仅造成含油污泥中的资源浪费、能源无法回收，还会占用大量土地，导致企业负担过重。而其他的含油污泥处理技术，因为缺乏配套的污染控制标准，只能参考《农用污泥污染物控制标准》(GB 4284—2018)，矿物油含量最高允许值不超过 3000mg/kg（干重）。而目前的化学热洗、调质离心分离等处理技术很难达到这一控制标准，或者需要极高的处理成本才能满足这一要求，在一定程度上影响了企业治理含油污泥的积极性。

自 2010 年以来，国家越来越重视石油石化行业含油污泥等固体废物的治理和资源化利用问题，陆续出台了部分与含油污泥相关的标准规范，用于指导含油污泥的处理处置。如《废矿物油回收利用污染控制技术规范》(HJ 607—2011) 指出"原油和天然气开采产生的残油、废油、油基钻井液、含油垃圾、清罐油泥等应全部回收"、"含油率大于5%的含油污泥、油泥砂应进行再生利用""油泥沙经油砂分离后含油率应小于2%"。

新疆油田污泥处理站执行的是《油气田含油污泥综合利用污染控制要求》（DB65/T 3998—2017）的标准要求，含油率不大于2%。长庆油田污泥处理站执行的是《含油污泥处置利用控制限值》（DB61/T 1025—2016），处理后含油率不大于2%。大庆油田污泥处理站2020年之前执行的是黑龙江省地方标准《油田含油污泥综合利用污染控制标准》（DB23/T 1413—2010），处理后污泥中石油类含量不大于20000mg/kg，晾晒后可用于铺设油田井场和通井路。2020年新建的污泥处理站处理后含油污泥处理按《油田含油污泥综合利用污染控制标准》（DB23/T 1413—2010）执行，处理后污泥中石油类含量不大于3000mg/kg[65]。

（3）含油污泥处理后不同处置方式依据的标准。

在国际上，各地由于在地质和地理条件上的差异，土壤对石油类有机物的耐受程度不同，因此对于污泥中的TPH含量或者含油量，世界上没有统一的标准，但是很多国家和地区都根据本地区的实际情况以法规或指导准则的形式提出了相应的现场专用指标，对土壤或污泥中的含油量、有机物含量和重金属含量提出了相应的限制（表3-17）。大部分含油污泥处理指标要求都与污泥的最终处置方式有直接的关系。

表3-17 不同地区对处理后含油污泥不同用途的相关标准

用途	对油的要求	国家或省（自治区）	标准
填埋	≤3%	加拿大	《Sask土地填埋指导准则》
	≤2%	美国	美国石油学会要求
铺路、垫井场	≤5%	美国加利福尼亚	艾伯塔能源利用委员会
		加拿大	
	≤2%	中国	《陆上石油天然气开采含油污泥资源化综合利用及污染控制技术要求》（SY/T 7301—2016）
	≤2%	新疆	《油气田含油污泥综合利用污染控制要求》（DB65/T 3998—2017）
	≤1%	陕西	《含油污泥处置利用控制限值》（DB61/T 1025—2016）
	≤2%	黑龙江	《油田含油污泥综合利用污染控制标准》（DB23/T 1413—2010）
工业生产原料	≤2%	陕西	《含油污泥处置利用控制限值》（DB61/T 1025—2016）
水泥混合材料	《危险废物鉴别标准 浸出毒性鉴别》（GB 5085.3—2007）	中国	《用于水泥和混凝土中的粉煤灰》（GB/T 1596—2017）；《水泥窑协同处置固体废物污染控制标准》（GB 30485—2013）

3）国外的含油污泥处理技术

（1）化学热洗工艺。

大部分含油污泥含水率较高，在进入处理工艺前需要进行脱水减容。含油污泥性质特殊，不同于一般的生活废水处理后产生的污泥，其黏度高、过滤比阻大，多数污泥粒子属

"油性固体"（如沥青质、胶质和石蜡等），质软。随着脱水的进行，滤饼粒子变形，进一步增加了比阻。在过滤过程中，这些变形粒子极易黏附在滤料上，堵塞滤孔；在离心脱水时，还因其黏度大、乳化严重，固—固粒子间黏附力强和密度差小等原因导致分离效果差。因此在污泥脱水减容前，需进行调质。调质后，污泥的脱水、沉降性能得到很大的改善。处于乳化状态的石油类物质在混凝剂、破乳剂等作用下，突破了油粒间的乳化膜，相互凝聚为较大的油粒，在一定程度上从水相中脱离出来，但是仍然难以直接与水、泥分离，就必须进行机械脱水。化学热洗工艺适用于含油量较高的污泥，可进行污油回收。化学热洗工艺处理后泥中含油量可达到 2%~5%，如果待处理物料杂质过多，为保证工艺顺畅，宜增加预处理除杂工艺。

荷兰吉福斯（G-force）公司油污处理装置用于处理石油钻井、采收、加工炼制等石油工业生产中产生的各种有危险性的油污。该技术用于美国、阿根廷、科威特、俄罗斯、丹麦等多个国家，根据业主需求，处理量为 $5\sim45m^3/h$（图 3-35）。

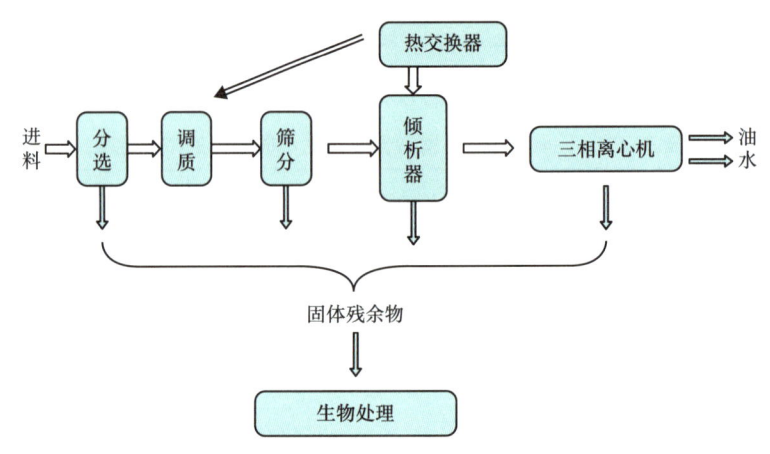

图 3-35　吉福斯（G-force）公司油污处理工艺流程

德国 Hiller Gmbh 公司在处理含油污泥方面，采用物理方法和化学方法相结合，提出了"预处理+两级离心"的处理工艺设计方案（图 3-36）。

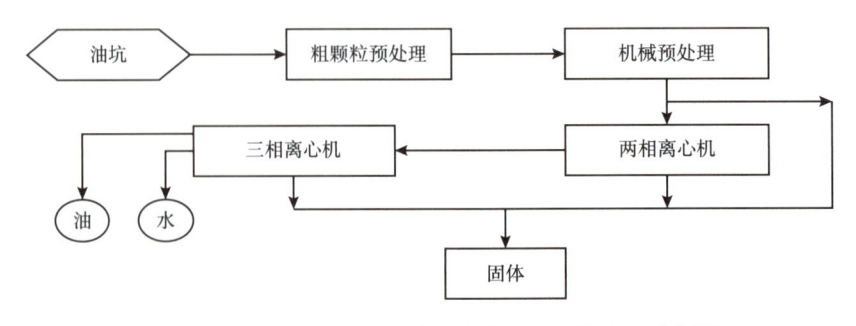

图 3-36　Hiller Gmbh 公司含油废物处理工艺流程示意图

该方案用浮式吸泥机从油坑中将污泥取出，然后进入粗颗粒预处理装置，分选出较大的粗颗粒并进行清洗，经预处理后的污泥送至用蒸汽加热的收集池内进行加热搅拌，池中沉降下来大的、重的杂质用挖掘机或其他设备收走,而悬浮在收集池上部的塑料袋、碎木头等杂质则通过自清洗的筛网截留去除,滑落到滤网另一侧的杂质(包含纤维状物质)用粉碎机粉碎后通过偏心螺杆泵输送到离心处理单元,通过两相离心机去除大量的固体物质,两相离心机溢流出的液体再进入三相离心机进行油、水、固三相分离。处理后的污泥中油含量不大于2%,两相离心单元和三相离心单元最后分离出的固体则进一步进行电化学方法处理,确保净化后的污泥达到标准法规的要求。

(2) 热解工艺。

热解技术是污泥高温处理方法的一种,污泥在绝氧条件下加热到一定温度使烃类有机物解析。与焚烧技术相比,在隔绝氧气情况下,通过热解的方式将含油污泥中重质组分转化为轻质组分,可以将其中挥发性有机物(VOCs)和半挥发性有机物组分(SVOCs)进行回收,不仅具有较高的能量回收效率,而且低温还原性气体可使大多数金属元素固定在固体产物中,产生烟气量仅为焚烧法的1/5,遏制了二噁英的生成,减少了大气污染。该工艺适合处理含水量不高而烃类含量较高的污泥。热解工艺可以使处理后的污泥中含油量不大于0.3%[66]。

美国RLC Technologies Inc公司的厌氧热解析单元(ATDU)在处理原油油轮舱底污泥和其他船舶废物、含油污泥、罐底废物、炼厂废物、钻井废液、污染的滤饼等多种含油或其他有毒有害危险废弃物中有着广泛的应用(表3—18)。1995年至今,已建典型站场近30座,分布于西班牙、阿联酋、科威特等20多个国家及地区。

表3—18 美国RLC公司部分应用业绩及处理指标

应用	处理介质	处理量(t/h)	处理指标	时间
ADCO公司哈布桑油田钻探项目	钻屑	3.5	TPH≤0.5%	2002年
科威特国家清洁公司项目	钻屑及含油污泥	3.5	TPH≤1%	2005年
PSC公司在路易斯安那诺科固废处理项目	炼化污泥及含油土壤	2.5	TPH≤1%	2008年
阿刚斯有限公司俄罗斯炼化污泥项目	炼化污泥	2.0	TPH≤0.5%	2013年
APEXa公司尼日利亚项目	含油土壤及钻井废物	4.0	—	2013年

新加坡Singaport Cleanseas PTE有限公司是一家专业的含油废物处理公司,其船舶含油废物处理ATDU系统,污泥处理量为1.5~2.0t/h,平均每年处理的污泥量为8000t左右。处理含油污泥的效果一直稳定。进系统的污泥中油含量为8.4%~11.2%,水含量为18.4%~21.3%,固体含量在63.3%~82.1%,经处理后的污泥中,油含量为0.29%~0.9%,水含量为13.4%~23.3%,固体含量为78.12%~82.5%,满足新加坡环境发展部的固体含油量小于1%的要求,处理后的固体可直接进行填埋处理。

(3) 焚烧工艺。

含油污泥焚烧前一般必须经过预脱水、干燥等工艺,将滤饼送至焚烧炉进行焚烧,灰渣再进一步处理。法国、德国的石化企业多采用焚烧的方式,灰渣用于修路或埋入指定的填埋场,焚烧产生的热能用于供热发电。但通过热量利用进行能源回收的效率不高,同时为满足日益严格的大气环保标准，需配套复杂的烟气净化措施。热值可以支持燃烧或者混掺辅助燃料可共同燃烧的污泥，可用焚烧工艺处理。

伊拉克某大型油田将自然脱水后含水量为40%左右的含油污泥直接送入高温焚烧炉进行焚烧，焚烧产生的有害气体经尾气处理装置处理后，达到伊拉克当地排放标准（引用欧盟排放标准，表3—19）。含油污泥处理工艺流程主要包括高温焚烧炉和尾气处理装置，尾气处理装置主要包括急冷装置、酸气脱除装置、除尘装置，处理过滤后尾气由引风机送入烟囱排放，在烟囱上装有烟气在线分析检测仪，实时监测尾气中的氮氧物、CO、CO_2、SO_2及粉尘（图3—37）。

表3—19 伊拉克排放标准（日平均值） 单位：mg/m^3（二噁英除外）

污染物	排放限值	污染物	排放限值
总悬浮颗粒物	10	CO	50
HCl	10	TOC	10
HF	1	Hg+Cd+Ti	0.05
SO_2	50	Sb+As+Pb等	0.5
氮氧化物	200	二噁英	$0.1ngTEQ/m^3$

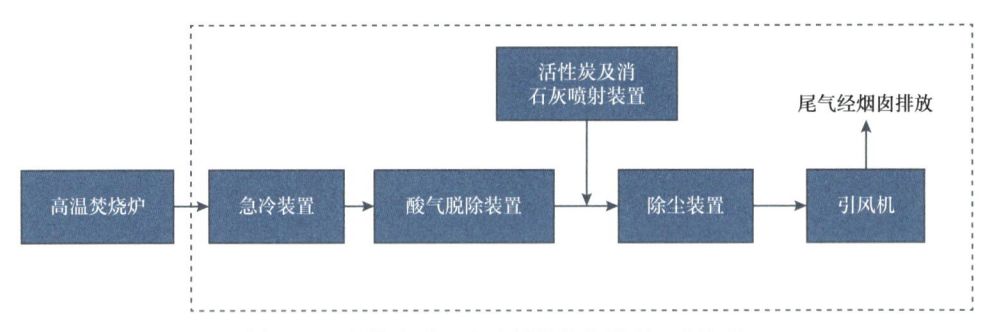

图3—37 伊拉克油田含油污泥焚烧处理工艺流程

（4）生物处理工艺。

生物处理工艺利用微生物的新陈代谢作用，将石油烃类降解，最终转化为CO_2和H_2O。生物处理工艺目前主要有地耕法、堆肥法、生物反应器法等。生物处理工艺的优点是不需要加入化学药剂、消耗能源较少、绿色环保，但土地耕作法和堆肥法需大面积土地，生物反应器法仍有废渣排放。废弃物中油含量高时，生物处理法处理效能低，因此只能作为污泥深度处理的方法。该过程的分离周期一般为4~6个月，经过生物处理过的固体废弃物可根据情况作为农用污泥或者用于填埋场的垃圾覆盖土等。为了保证生物法有效的运行，还需要优化某些环境条件，包括营养物含量及比例、氧气含量、环境pH值、湿度和温度等。待处理含油污泥含油量为5%~15%时适宜采用生物处理工艺，处理后污泥中含油率小于1%[67]。

印度尼西亚 VICO 公司作业地区的 Sanga Sangga 油田，属于 East Kalimantan 的陆岸地区。在生物降解处理中心采用生物降解技术处理来自钻井过程中的合成油基钻井液和离心机处理后的含油污泥，这些要处理的含油物质每年大约都有 18000bbl，其中的初始含油量在 6%~15% 之间（图 3-38）。

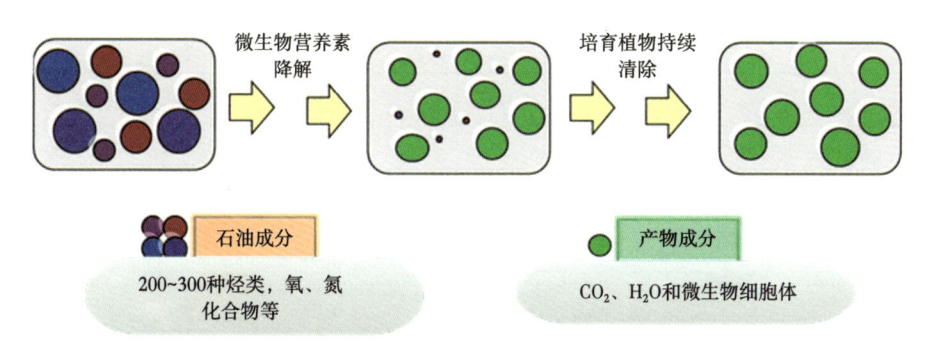

图 3-38 Sanga Sangga 油田生物降解处理过程

生物降解方法采用好氧菌将有毒的烃类物质分解为无毒的二氧化碳、水和其他生物质，这些菌类和营养素一同放置在废弃物表面，并与土壤和沙砾混合，营养素内各物质比例为碳:氮:磷:钾=100:1:0.25:0.25。好氧菌须具有耐盐性，土壤要保持潮湿的环境，每隔 3d 要翻动土壤，以保证有充足的氧气。在生物降解过程中，降解烃类的细菌以有机物质为食，这些有机物可能是原油或者炼化产品（例如柴油、汽油和润滑油），细菌会消化烃类物质，分解为无害的二氧化碳和水，其化学方程式表示为：$C_7H_8 + 9O_2 \longrightarrow 7CO_2 + 4H_2O$。初始阶段投加菌剂，后续添加含油废物时不需再投加菌剂。

含油量 6%~15% 的含油废物经生物成功修复降解以后，在 4 个月内其含油量降至 1% 以下，满足了当地政府的排放标准（图 3-39）。

(a) 生物修复区　　　　　　　　　　(b) 修复后的土壤

图 3-39 生物降解处理中心现场

优选植物种类并在修复后土壤中种植,从对叶子和根部的化验分析(表3-20)可以看出,降解修复后的土壤已不存在污染了。

表 3-20　由 TCLP 浸出方法分析得到的植被中重金属含量　　　单位:mg/L

元素	最大上限	叶子	根
砷	5.0	0	0
钡	100.0	1.36	3.27
硼	500.0	1.20	4.00
镉	1.0	0	0
铬	5.0	0.06	0.21
铜	10.0	0.02	0.03
铅	5.0	0	0
汞	0.2	0	0
硒	1.0	0	0
银	5.0	0	0
锌	50.0	0.22	0.73

4)国内的含油污泥处理技术

(1)化学热洗工艺。

化学热洗工艺是将油泥加水稀释后,在加热和加入一定量化学药剂的条件下,使油从固相表面脱附并聚集分离的污泥除油方法(图3-40)。该工艺在含油量较高、乳化较轻的落地原油和含油污泥的原油回收处理中应用较多。采用化学热洗可将油泥中的油、水、泥三相分离,处理后泥中含油率可达到2%以下,回收其大部分油品,实现资源化。

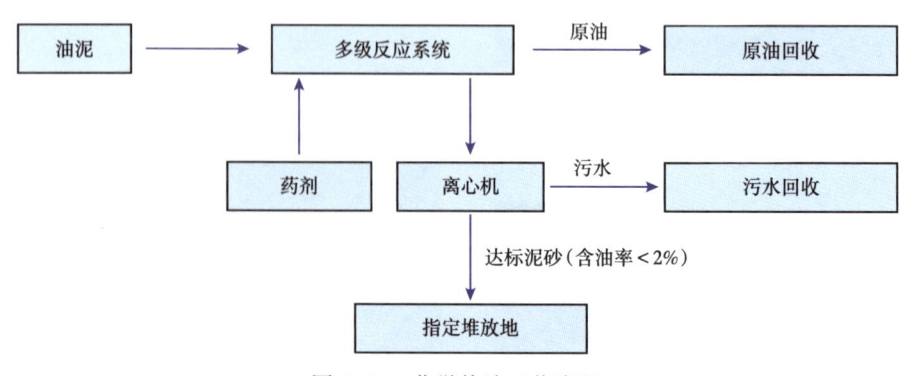

图 3-40　化学热洗工艺流程

新疆油田的含油污泥不含聚合物,全部委托第三方进行合规处置,处理工艺主要是"水—助溶剂体系加热萃取"工艺,执行《油气田含油污泥综合利用污染控制要求》

(DB65/T 3998—2017)的标准要求(含油率≤2%)。2017年5月,在风城油田建设工业化污泥处理装置;于2017年11月投产,总投资4000万元,设计规模1000m³/d,处理温度70℃,反应时间6h。2018年处理了70000t污泥,主要处理稠油沉降罐底泥和高黏度、高度乳化的稠油。

大庆油田采用预处理流化、调质—离心(属于化学热洗)工艺进行含油污泥处理(图3-41),自2009年以来相继建成投产了10座含油污泥处理站,总规模达到100t/h。截至2018年底,累计处理含油污泥136.85×10⁴m³,回收原油24.45×10⁴t。处理后污泥含油率不大于2%,可用于铺垫井场或通井路。满足黑龙江省《油田含油污泥综合利用污染控制标准》(DB23/T 1413—2010)要求[68](表3-21)。

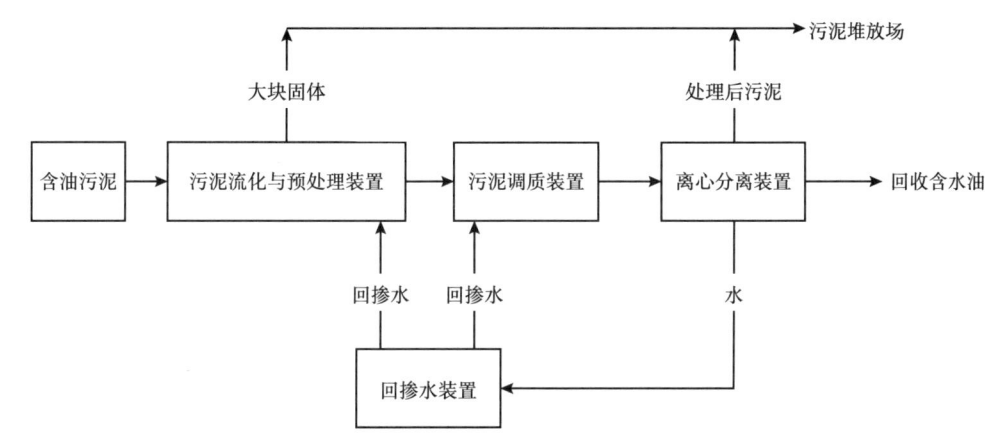

图3-41 大庆油田预处理流化、调质—离心处理工艺流程图

表3-21 大庆油田含油污泥处理站建设情况表

序号	厂名	工程名称	设计规模(t/h)	建成时间
1	第四采油厂	杏北含油污泥处理站	10	2009年
2	第一采油厂	含油污泥处理站(一厂北一区)	15	2010年
3	第五采油厂	大庆油田杏Ⅴ—Ⅱ含油污泥处理站	10	2010年
4	第八采油厂	含油污泥处理站	5	2011年
5	第七采油厂	葡萄花油田含油污泥处理	5	2013年
6	第十采油厂	朝阳沟油田含油污泥处理站	5	2014年
7	第二采油厂	萨南油田含油污泥处理站	15	2015年
8	第三采油厂	萨北油田含油污泥处理站	10	2015年
9	第六采油厂	大庆喇嘛甸油田含油污泥处理站	10	2015年
10	第一采油厂	南一区含油污泥处理站	15	2018年

（2）热解工艺。

在无氧（或缺氧）、高温条件下通过深度热解析，将污泥转变成三相物质，最终生成化学性质稳定的石油焦和多馏分的轻质油，实现污染控制与资源化利用。通常，气相为 CH_4、CO、CO_2 等，液相以常温燃油和水为主，固相残渣则为无机矿物质与残炭。此工艺不仅能实现油气回收和残渣再生利用，还能明显减少污泥中重金属和放射性物质。该工艺适合含水率较低的污泥，处理后泥中含油率可达到 0.3% 以下[69]。

长庆油田靖安含油污泥处理厂，采用调质离心+TPS 热脱附处理工艺（图 3-42），设计规模 6000t/a，设计处理指标为处理后的固体中总石油烃含量不大于 2.0%。2014 年试运行至 2018 年，每年运行 8 个月（4—11 月），共处置含油污泥 13516.8t、尾渣 6601t。该厂进站油泥经过计量，明确来源和状态，高含液油泥和高含油油泥卸入液态油泥池，经过泵提升，依次经过调质（加药，加热，搅拌，沉降）和离心机，固相出料进入固态油泥作业场；固态油泥进入作业场，与离心出料掺混均质，然后进入热脱附（解吸）装置，处理后残渣外运至干物料堆放场，回收油和水进入油田井口采出液处理系统回收。

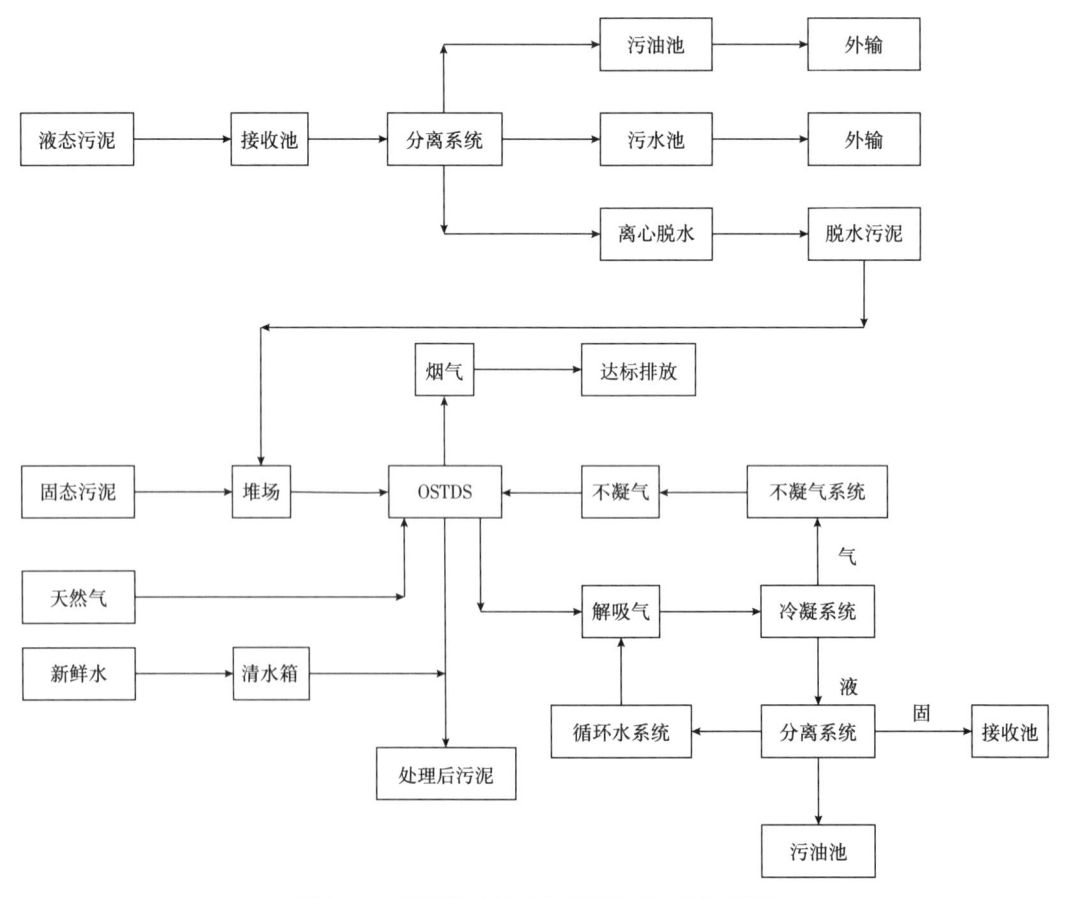

图 3-42 靖安含油污泥处理厂处理工艺流程图

(3)焚烧工艺。

焚烧法处置油泥是在过量空气和辅助燃料存在的条件下，对含油污泥进行完全燃烧的处理方式。污泥焚烧设备主要有多层排炉、流化床式焚烧炉、立式多段焚烧炉、回转窑式焚烧炉、熔融焚烧炉等。在回转窑焚烧炉中，燃烧温度通常在900~1200℃之间，停留时间约30min。在流化床焚烧炉中，燃烧温度在730~760℃之间，停留时间可达数天。焚烧进料指标含水率不大于50%，含水率较高的含油污泥需要预脱水，同时还需要添加辅助燃料维持燃烧稳定。由于油泥黏度高，需要进行加热预处理，便于给料。焚烧后炉渣含油率可达到不大于0.3%的指标[70]。

河南油田利用已建燃煤锅炉，将煤与污泥按一定比例掺烧，掺烧前污泥进行脱水处理（图3-43）。双河中心锅炉房，掺烧含油污泥质量分数为10%时，燃烧效果较好，锅炉运行正常。锅炉的烟气检测结果表明，使用污泥油水分离剂处理后的污泥与煤一起燃烧时，SO_2、氮氧化物的浓度都大幅度下降，烟尘浓度有所上升，但都达到了国家规定的排放要求。燃烧后固体废弃物的浸出液检测结果表明，COD、硫化物、石油类都达到国家二类排放标准。但大规模掺烧油泥后，长时间运行很容易产生炉膛结焦、省煤器及烟道堵塞现象，从而影响了锅炉正常运行，并在一定程度上增加了锅炉的维护成本。

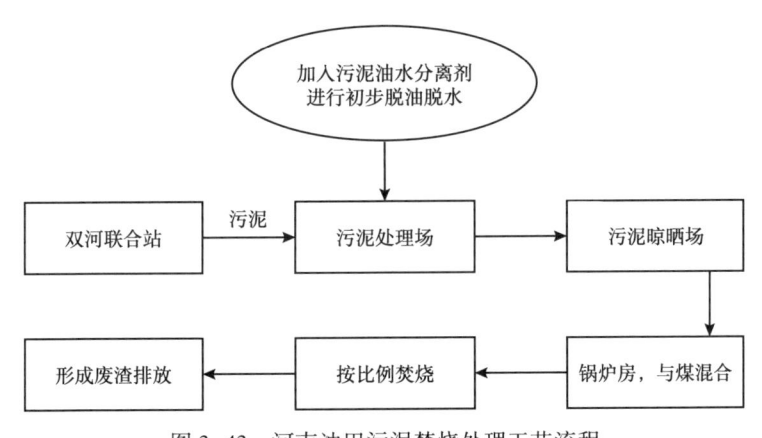

图3-43 河南油田污泥焚烧处理工艺流程

胜利油田以油泥砂为主要燃料，或伴用少量水煤浆，通过悬浮流化焚烧法对其进行无害化处置，生产的蒸汽供电厂使用，焚烧后的灰渣用作水泥原料进一步利用。灰渣矿物油浓度小于100mg/kg，但是尾气、飞灰需二次处理。2015年，胜利油田计划制定山东省地方标准《油田含油污泥流化床焚烧处置工程技术规范》，获得了环保部门认可。

(4)生物处理工艺。

生物处理工艺对含油量在5%以下的含油污泥有较好的处理效果。但整个工艺过程受环境温度、湿度影响较大，处理周期长。

胜利油田在滨南采油厂、孤岛采油厂、孤东采油厂、纯梁采油厂应用生物处理工艺，获得了较好的应用效果。滨一站含油污泥生物修复工程，是国内首次以工业规模实施的含油污泥生态修复工程，修复污泥6000t，修复后土壤达到《土壤环境质量农用地土壤污染风险管控标准(试行)》(GB 15618—2018)三级标准（图3-44）。

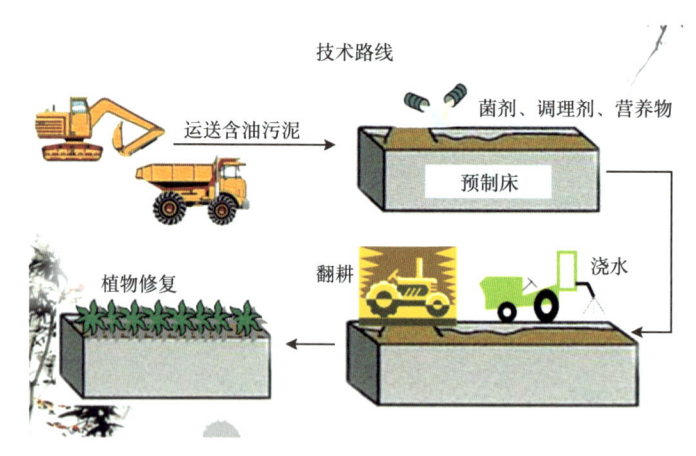

图 3-44 胜利油田滨一站含油污泥生物修复工艺流程

(5)调剖处理工艺。

含油污泥中加入适量的悬浮剂、分散剂和增黏剂，形成稳定的乳状液，延长固体颗粒悬浮时间，增加注入深度，实现调剖再利用[71]。该技术受地层条件限制比较大，注入压力约为 10MPa，污泥粒径要求在 75μm 以下。

胜利油田孤东采油厂、临盘采油厂、胜利采油厂采用调剖技术处理含油污泥，回收利用污泥（图3-45）。处理过程产出污泥含水率在 97%~99% 之间，密度在 $(1.1~1.4)\times10^3 kg/m^3$ 之间。

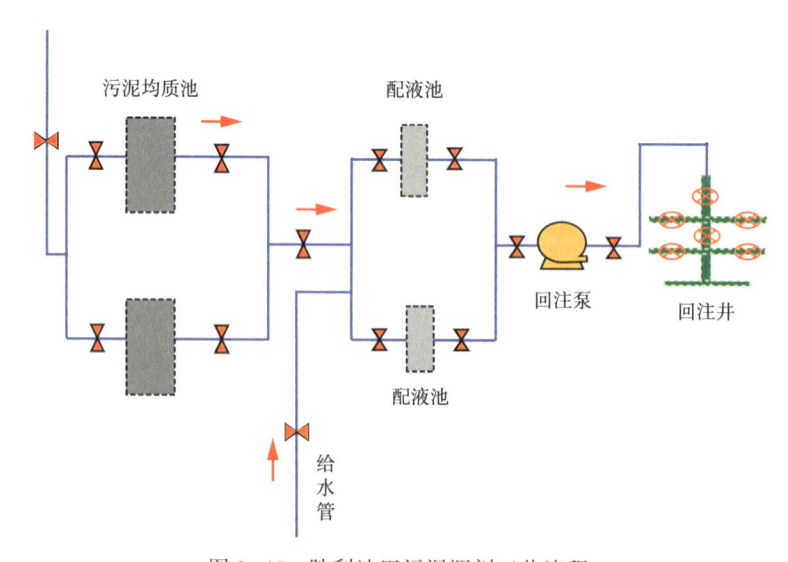

图 3-45 胜利油田污泥调剖工艺流程

长庆姬塬油田每年产生 2000t 以上的清罐污泥，其污泥现场配制工艺流程如图 3-46 所示。根据泵输送要求，体系黏度控制在 25mPa·s 以内，污泥浓度小于 25%。膏状污泥调剖剂配方为污泥（20%）+原油（40%）+分散剂（1%）+采出水（39%）。流动态污泥的调剖剂配方为污泥（80%）+分散剂（1%）+采出水（19%）。

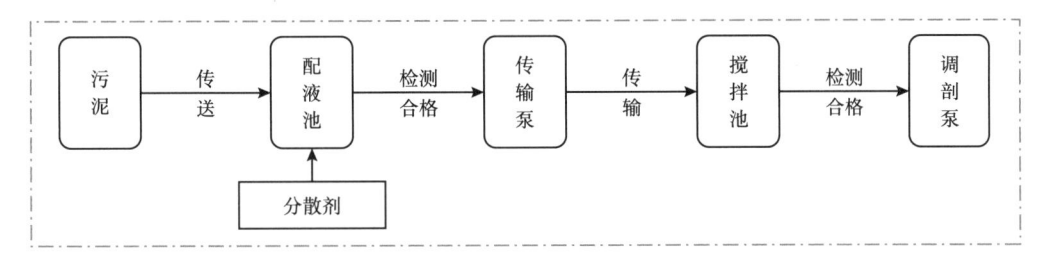

图 3-46 姬塬油田污泥现场配制工艺流程图

2016 年完成 2 口井污泥调剖现场试验，处理含油污泥 200t。其中，S 井注入污泥调剖剂 400m³，处理污泥 40t，注入量 2.5m³/h，注入压力从 7.5MPa 上升至 9.5MPa；F 井注入污泥调剖剂 1000m³，处理污泥 160t，注入量 2.5m³/h，注入压力为 0MPa，注入前后无变化。从措施后注水压力上升来看，S 井措施后压力上升明显；F 井措施后压力无变化，分析认为该井属于侏罗系油藏，存在大孔道及大裂缝，调剖剂相对大裂缝空间不够，导致调剖后压力无变化。2 口井投注后，截至 2016 年底，对应油井 16 口，见效 5 口，累计增油 415t，降水 1513m³，取得了较好的降水增油效果。

2. 含油废弃包裹物处置技术

油田含油包裹物主要来源于井口修井压裂、酸洗、更换钻头、钻杆等作业时为了保护施工周边环境而铺垫的防护物，含油污泥运输过程中产生的沾染油泥的编织袋，管线穿孔及改建等原因产生的沾染原油的管线保温材料等。油田生产操作过程中产生的含油废弃包裹物处置技术也应当遵循减量化、无害化和资源化的原则，在减少危废对环境影响的前提下，考虑合理利用处理后产物。油田含油废弃包裹物属于危险废物 HW49（代码 900-041-49），需由具备相关资质单位进行处置。

对大庆油田 20 组测试样品分析结果可知：包裹物所占比例在 7.6%~89.2% 之间，油所占比例在 1.4%~58.3% 之间，泥所占比例在 9.4%~80.4% 之间，含水率在 0.1%~9.0% 之间，各组成分布范围较宽。含油废弃包裹物处置技术国外未见报道，国内采用热解处理工艺。

1）大庆油田

2015—2016 年，大庆油田建成了一套 5m³/d 旋转热解析现场试验装置，开展了井下作业防护物及包裹油泥废弃物和油基钻屑等废弃物热解析处理技术现场试验，确定了不同废弃物无害化达标处理的运行及设计参数（图 3-47）。热解产生的残渣满足《农用污泥污染物控制标准》（GB 4284—2018）指标要求，矿物油含量低于 0.3%；烟气满足《危险废物焚烧污染控制标准》（GB 18484—2020）指标要求，含油污水满足污水站进站水质要求。此外，分析确定了热解残渣的危险性、吸附性、燃烧特性，还分析了不凝气组成和热解油性质及馏分，确定了各产物的最终用途。

热解后残渣以含有少量炭黑的砂土为主，不具危险性；是一种低表面积的中孔材料，不具有成为高附加值吸附材料的潜力；热值较低，不具有充当燃料的价值，可作为路基或建筑的材料或用于油田的道路及井场的铺设。

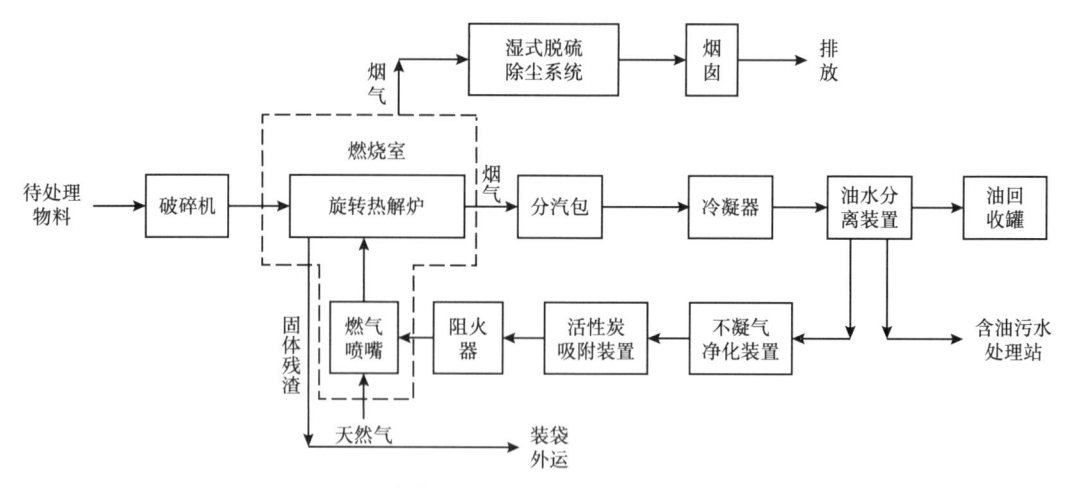

图 3-47 大庆油田热解析中试试验工艺流程简图

热解产生的不凝气无机成分占 90% 左右，有机成分占 10% 左右。有机成分主要以 C_6 以下的有机气体为主，其中甲烷、丙烯、乙烯及乙烷所占比例较高；无机成分中硫化氢、氯化氢等酸性气体含量较高。回收的热解油中柴油所占比重较大，但理化性质与成品柴油还有一定的差距，具有一定的再利用价值，需要进一步提炼后使用。含油污水中含油量及悬浮固体含量均低于含油污水处理站进站设计指标要求，可以送入附近污水站进一步处理。

2）吉林油田

吉林油田委托第三方对含油的防渗布及编织袋进行处理，处理规模为 10000t/a。

含油防渗布及编织袋处理首先进行人工分选，打捆后将废料上含有的大块油泥分离出去，分离后的废塑料用打包机进行打包，分离后的油泥收集后进行热解处理。对含油废塑料进行四次清洗，水温在 60℃ 左右，清洗过程中的废水回用；清洗分离后的含油废塑料，由铲车运至旋转炉内，物料边加水边进行粉碎，粉碎后进入挤压脱水机进行脱水，湿式粉碎过程，无粉尘产生；然后进入挤出造粒一体机经熔融挤出抽条冷却后，被切成所需塑料颗粒装袋入库。

3. 钻井废弃液处理后产生的废渣处置技术

1）国外钻井废弃液处理后产生的废渣处置技术

（1）固化稳定化处理技术。

固化稳定化处理技术是向钻井废弃液中加入固化剂，通过钻井废弃液与固化剂之间发生一系列物理反应、化学反应，将有毒有害物质封固在固化物中，降低毒害物质转移扩散的一种方法。该方法在完井后进行，操作简便，能有效治理 COD 和铬污染。施工前通过检测废弃物中有毒有害物质类型来选择合适的固化剂，常用的固化剂有石灰、石膏、硅酸盐、矿渣和水泥等（表 3-22）。在井深 4500m 左右钻进时产生的钻井废弃液和钻屑，通常需要 30d 来完成固化施工作业[72-73]。

该方法适用于膨润土钻井液、聚合物钻井液、磺化钻井液和油基钻井液等。现场处理工作流程为：取样化验→方案设计→配料→固化施工→候凝→现场监测→平整井场→验收交接。

表 3-22 国内外常用的固化剂使用参数对比

固化剂	适用处理的污染物 固相含量(%)	油含量(10^4mg/L)	COD 值(10^4mg/L)	用量是废浆质量百分比(%)	固化时间(d)	萃取水pH 值	萃取水的COD 值(mg/L)
波特兰水泥	<60	<19.8	<17.5	40~50	6~14	9.4~10	34~595
波特兰水泥混合物-1	>16	2.8%	<5.9	2~5	6~14	10.5	20~257
波特兰水泥混合物-2	>16	2%	<5.9	7~20	6~14	—	20~360
氯化镁饱和溶液与氧化镁的混合物	<63	<4.3	<1.55	10~30	2~7	—	206
低级纤维石棉	59	—	0.6200	10~20	1~7	7.5~7.9	60~90
磷石膏	60~73	2~4.5	0.526~0.838	20~30	7	7.1~7.4	993~1258

厄瓜多尔 Tarapoa 地区钻井废弃物固化稳定化处理工艺在钻井岩屑掩埋前，岩屑含水率必须降至 35%~40%，同时，岩屑有害物含量须满足厄瓜多尔环保标准，必须对其进行无害化处理，为此研发出了"固化稳定化-掩埋封存"工艺技术，满足了现场岩屑无害化处理的需要(图 3-48)。

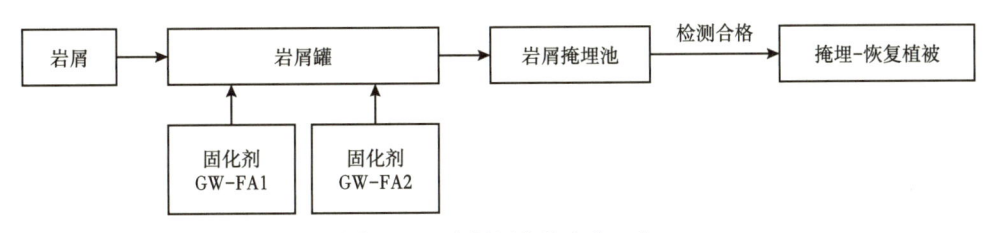

图 3-48 岩屑固化稳定化工艺

在石灰、水泥的配合下，固化剂 GW-FA1 和 GW-FA2 可有效降低岩屑含水率，调节土壤的 pH 值至中性；同时，固化剂与岩屑作用后，形成的晶格结构可有效束缚岩屑内的有机物，并与重金属离子形成螯合物和共沉淀物等稳定结构，避免有机物和重金属浸出造成环境污染(表 3-23)。待掩埋岩屑样品 7d、90d 和 180d 的检测结果必须达到厄瓜多尔油气环境作业法规(RAOH)规定的固体废弃物浸出液控制标准。

表 3-23 固体废弃物浸出液控制标准

参数	缩写	最大允许值
pH 值	pH	6~9
电导率(μS/cm)	CE	4000
含油量(mg/L)	TPH	<1
聚环芳香烃含量(mg/L)	HAPs	<0.003
镉含量(mg/L)	Cd	<0.05

续表

参数	缩写	最大允许值
总铬含量（mg/L）	Cr	<1.0
钒含量（mg/L）	V	<0.2
钡含量（mg/L）	Ba	<5

检测合格的岩屑利用渗透系数较低的黏土进行掩埋封存，黏土覆盖厚度在 1.0~1.5m 之间，最后完成地貌恢复和植被恢复。为保证岩屑能够被有效隔离，避免污染周边水体，掩埋坑一般选在水系欠发达、地下水位深、远离居民区的区域。

自 2014 年固化稳定化技术在 Tarapoa 地区实施以来，累计服务 39 口井，累计采用固化稳定化方式处理岩屑 64260m³，采用固液分离工艺处理废液 102133m³，处理后岩屑含水率由初期的 60% 降至 35%~40%，固化稳定化后的岩屑均达到 RAOH 的岩屑浸出液标准，处理后水质达到当地油田公司的回注水标准。

（2）土地耕作处理技术。

土地耕作处理技术处理工艺是将钻井废弃物与土壤混合浅埋，施肥、调节湿度及 pH 值，进行机械翻耕，通过自然降解将钻井废弃物转化为无害的土壤成分。采用土地耕作法处理钻井废弃物，土壤降解环境有利于微生物生长繁殖且对土壤的破坏极小，还可有效解决钻井废弃液的处理问题，适用于油基钻屑废渣处理。该技术通过自然降解将石油烃转化为无害成分，因而简单易行，且成本较低，运行费用低；但是占地面积大，所选用的土地只能在比较偏僻的荒漠地带。该方法净化过程缓慢，不适用于冬季较长的地区，且会在农田中产生生物难以降解的烃类（主要是高分子蜡及沥青质）积累。此外，长期使用的土地还会出现金属的积累。

对于污染土壤，如果原油渗入土壤深度为 30~60cm，可就地进行生物处理；如果原油已渗入深度大于 60cm，需将油污土壤挖出并在地表进行处理。这个深度的限制主要取决于能否进行有效的翻耕。对于含油污泥和含油钻屑，应将其播撒到土壤中并进行有效的翻耕，翻耕深度约为 30cm。土地耕作法处理，一般都要投加肥料以平衡土壤中的 C、N、P 比例，调节土壤湿度及 pH 值以优化生物降解条件，进行机械翻耕以改善土壤容氧量并使烃类在土壤中混合均匀（图 3-49）。

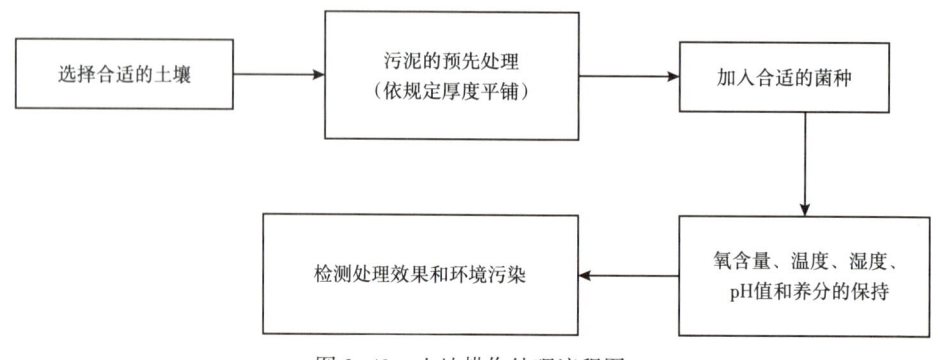

图 3-49 土地耕作处理流程图

美国 HSR 公司于 1994 年开始替换地下混凝土采出水储罐并关闭了油罐区内 100 多个非防渗生产排污池,产生了大量的含油废物,HSR 公司采用土地耕作法处理含油废物,在集中化土地耕作场中对其进行处理。含油废物包括被原油污染的土壤、采出砂、钻井液和罐底污泥。美国科罗拉多州对废物的含烃量、金属含量和总溶解固体含量等进行了限制,其中最严格的是 TPH 含量不能超过 5000g/m³。挖掘出的含油污泥被送往处理场,然后按 0.3m 左右的厚度摊开。每月进行一次土地翻耕来增加土壤容氧量,并浇水以将土壤含水率维持在 10%~15% 范围内。可以施加化肥来增加氮、磷等营养物。培养基要以 0.6kg/m³ 的比例施加。当烃含量降至少于 1000g/m³ 时完成处理过程。对水和土壤进行的周期性检测表明,没有对土壤和地下水产生负面影响。估算处理费用为 5~6.3 美元/m³,包括运输费、摊散费、处理费及性能和环境监测费。自处理站开始运行以来,HSR 已经处理了 14000m³ 含油废物,运行 8 个月后收回了原始基建投资。

（3）微生物处理废弃钻井液技术。

微生物处理是向钻井废弃物中加入降解菌和营养物质,通过细菌的生长、繁殖和内呼吸,来分解钻井废弃物中的油污。该方法中所用微生物需要通过自然筛选或诱变培育获得。生物处理技术主要的影响因素有降解菌数量、氧气、必要的营养元素、湿度、温度、pH 值和盐度。微生物处理钻井液技术在德国、美国及俄罗斯都有一定的应用[74]。

美国某能源服务公司微生物处理废弃钻井液技术路线为生物反应器建造→油基钻井液钻屑集运→厌氧预处理→微生物降解→植物降解及景观营建。微生物反应器建造占场地面积 10000m²,周边用砖砌成厚 240mm 的挡土墙,保持池深 1m,底部与周边均作防渗处理;底部按 2m 等距离铺设直径 50mm 渗滤管与污水池相连;渗滤管包被 200mm 厚的砂石层作为滤水层;周边外缘安装喷头,保证均匀灌溉。油基钻井液钻屑集运是将脱油后仍不能达到排放标准的油基钻井液钻屑（处理后油基钻井液钻屑总烃含量 2%~5%）收集运输到处理场。菌剂采用由专门的科研机构对自然界存在的石油烃降解菌进行分离、提纯、扩培的菌种,也可采用生物工程技术培育的高效增强菌种制备（有效菌种不少于 $5×10^9$ 个/g）。按照砂质土壤:植物纤维:有机肥料 = 1:1:1 的比例混匀,制备发酵辅料。厌氧预处理,测试油基钻井液钻屑中 C、N、P 等主要元素含量,按核算剂量向油基钻井液钻屑中添加营养混配剂,保持 C:N:P = 100:10:1,集中堆置,厌氧发酵 30d,使含油量降低到 20000mg/kg 以下。好氧微生物降解,向经过厌氧预处理的油基钻井液钻屑加入微生物降解菌剂（PKU-11#）,添加量为 1.0kg（菌剂）/t（油基钻井液钻屑）,菌剂含有效活菌数为 $5×10^9$ 个/g,将油基钻井液钻屑按 40cm 的厚度摊铺在微生物反应器内,进行日常管理（喷灌含水率维持在 35%~40%；翻耕每 3d 进行一次）；处理时间为 45~60d,含油量可降低到 10000mg/kg 以下。经上述过程处理后的物料运到填埋场作为栽植基质,按具有当地自然环境和人文景观特征设计要求,种植本地适生的植物,进入植物降解过程,其目的是利用植物根系的生理活动进一步对油基钻井液钻屑中的石油烃进行降解,富集和固定重金属和放射性元素,防止渗入土壤和地下水层。经过一个生长季,使含油量降低到 3000mg/kg 以下,达到环保标准,与此同时,在填埋场形成具有当地植物群落特征的绿地景观。

2)国内钻井废弃液处理后产生的废渣处置技术

(1)固化处理技术。

固化法是用物理—化学的方法将有害物质包容在惰性材料当中使其稳定的方法。在废弃物中加入固化剂、安定剂、杀菌剂等系列处理剂,使之与钻井液废弃物中有害物质发生物理反应和化学反应,并利用固化装备将废弃物(污泥、淤泥、钻屑、黏土)中的污染物稳定固化在固体中,从而降低有害物质的渗滤和迁移。根据所用材料的种类,可分为水泥固化、石灰固化、沥青固化、破稳固化等许多种方法,而且还往往把多种不同的固化剂复配使用,以达到更好的固化效果。

按照固化反应的机理,可将化学固化方法分为包胶固化、自胶固化、玻璃固化和水玻璃固化等形式,其中钻井废液固化一般按照包胶固化和自胶结固化机理进行。钻井废液固化剂的主要组分是水泥、石灰、硫酸盐、碳酸盐、水玻璃、三氯化铁等不同类别的物质,分别作为凝聚剂、交联剂、凝结剂、促凝剂、早强剂使用[75]。

固化法是目前国内油田应用最普遍的钻井废弃液处理方法。该方法施工简单、成本低廉、实用性强,可以同时处理钻井废液及岩屑,且岩屑还能增加固化物强度,但不能解决钻中废液的固液分离和污水的处理回用,固化物总量大。目前的固化填埋由于存在渗滤液的污染,不适合更加严格的环保要求。

西南油气田通过对不同处理工艺的比对分析,结合油气田实际情况,编制了《西南油气田钻井清洁生产实施方案》,钻井废液与钻屑采用"现场实时不落地收集就地填埋"处理工艺方案,实现钻井清洁化生产(图3-50)。

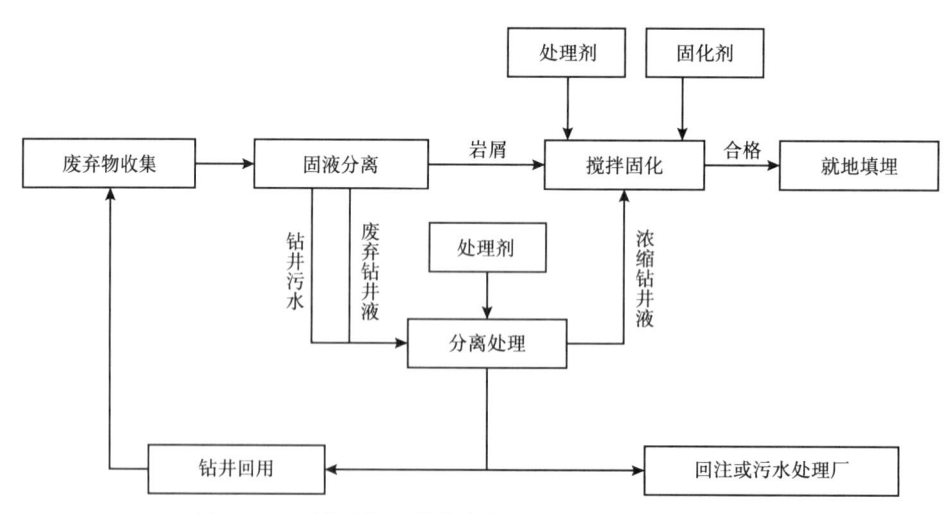

图3-50 西南油气田钻井废弃物固化填埋处理工艺流程

西南油气田钻井废弃物固化填埋处理系统组成为钻井废液与钻屑收集单元(主要设备是螺旋输送机和收集罐)、加药固化单元、固液两相分离单元、应急池、填埋池(容积200~300m³)等(图3-51)。

西南油气田公司发布了《钻井废弃物无害化处理技术规范》(Q/SY XN 0276—2015)企业标准。钻井废水处理标准,用于配制钻井液或压裂液的水质,应符合钻井液或压裂液配

图 3-51 固化填埋处理工艺应急池、填埋池

制用水相关要求；用于清洗设备的水质，参照《污水综合排放标准》(GB 8978—1996)三级标准要求；处理后需外排的水质，必须达到《污水综合排放标准》(GB 8978—1996)一级标准要求。钻井废渣处理标准，钻井废渣经脱水、除油后，其含水率应小于65%，含油率应小于1%；无害化处理后应对钻井废渣进行固化，固化体抗压强度不小于150kPa，浸出液的pH值、石油类、色度指标应符合《污水综合排放标准》(GB 8978—1996)中一级标准要求。钻井废渣固化处理后应按《一般工业固体废物贮存和填埋污染控制标准》(GB 18599—2020)进行填埋。

(2) 钻井液转化水泥浆技术 (MTC)。

钻井液转化水泥浆是利用废弃的完井液的降失水性和悬浮性，通过加入廉价的高炉水淬矿渣、激活剂，将钻井液转化为性能完全可以和油井水泥浆相媲美的钻井液固化液的一种技术（图 3-52）。该钻井液固化液具有稠化时间可任意调节和渗透率低的特点，具有降失水、防气窜和微触变等性能，其抗高温性、沉降稳定性、与钻井液的相容性均优于油井

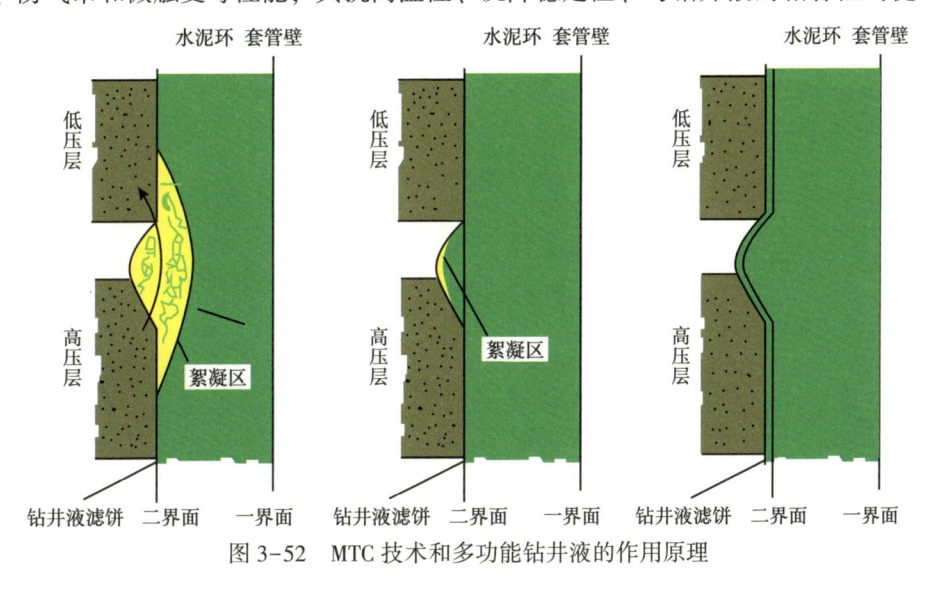

图 3-52 MTC 技术和多功能钻井液的作用原理

水泥浆[76]（表3-24）。

表3-24 不同密度的钻井液固化液性能

密度范围（kg/m³）		1200~1400	1400~1600	1700~2100
稠化时间（min）		任意可调	任意可调	任意可调
流动度（cm）		≥20	≥20	≥20
抗压强度（MPa）	25℃，48h	≥3.0	≥3.5	≥10.0
	45℃，24h	≥3.0	≥5.0	≥14.0
	45℃，48h	≥6.0	≥8.0	≥20.0
API失水量（7.0MPa下）（mL）		≤250	≤250	≤100
高温强度			不衰退	
游离液（mL）		0	0	0
沉降稳定性（kg/m³）		—	≤20	≤20

该工艺适用于水基钻井液、油基钻井废弃液处理，固井液和钻井液具有较好的相容性，抗高温，沉降稳定，有助于更好地提高顶替效率，显著提高了水泥胶结质量，形成了牢固的环空密封。钻井液中污染物对液态和固态的转化浆性能影响小；该工艺应用范围广，适用于不同的井况条件和一些特殊的固井作业；采用MTC水泥浆固井，可节约水泥用量，降低了钻井液的处理费用，减少了固井外加剂的费用。但由于其技术设备要求严格，施工难度大，目前该工艺应用较少。

长庆油田某采油井设计井深1358m，用矿渣对钻井液进行处理，处理前钻井液量预计有80m³，钻井液成分为5%膨润土+0.25%Na_2CO_3+0.2%PAC141+0.375%CMC+0.075%FA367+0.075%K-PAM+11%重晶石。现场进行的实验配方为井浆+3%膨润土+0.4%SMP+0.075%CMC+0.2%SMK+5%BFS。首先加入3t膨润土和约20t水，而后加入5t BFS、500kg SMP、150kg SMK、75kg CMC。钻井液在两个循环周期后，矿渣、膨润土和所加添加剂已充分混合和水化，从现场结果（表3-25）看多功能钻井液静切力较大、触变性较好，流型好，携带钻屑能力较强；失水量可达到设计要求，滤饼光滑坚硬；机械钻速与重晶石加重的钻井液相比没有明显差别。完钻后用矿渣MTC技术固井，施工的尾浆矿渣固井液平均密度为1.75g/cm³，候凝24h后测井，结果为优质。

表3-25 多功能钻井液现场性能跟踪

参数	Fann-35黏度计读数				密度（g/cm³）	黏度（s）	API失水量（mL）	滤饼厚度（cm）	pH值
	φ600	φ300	φ200	φ100					
原浆	34	21	16	10	1.10	37	12	0.6	9
设计浆	—	—	—	—	1.13	48	6	0.5	11
16:15现场浆	—	—	—	—	1.13	43	12	0.8	11
17:00现场浆	44	37	24	12	1.13	52	9	0.5	11
22:00现场浆	35	21	15	10	1.13	52	7	0.5	11
固井前	36	22	16	10	1.13	52	6	0.5	11

实践表明，多功能钻井液技术的使用对提高固井质量有益。1999年马岭区块用油井水泥浆体系固调整井18口，其中合格井17口，优质井8口，优质率47%；用矿渣固井9口，其中有6口井采用了多功能钻井液技术；在采用UF+MTC技术的6口井中，5口井为优质井，优质率83.3%；在单独用MTC技术固井的3口井中，优质井为1口，优质率为33.3%。

（3）微生物处理技术。

微生物处理技术就是利用微生物来分解钻井废弃物中的有害物，即引进降解菌和营养物质，通过细菌的生长、繁殖和内呼吸，使钻井废弃物中的污染物分解。微生物处理技术对环境影响小，能耗低、成本低，最终产物为 CO_2、H_2O 等，无二次污染或污染物转移。可将大多数有机化合物降解成无机物，因此将微生物处理技术用于钻井废弃物的处理具有重要意义。但微生物处理技术对工艺要求严格，对温度、湿度等环境条件要求极高，占地面积大，浪费土地资源，周期长，难以去除一些不可生化有机物和无机有毒离子，对环烷烃、杂环类处理效果差[77-78]。

西南油气田采用微生物—土壤联合处理钻井废弃液渣泥，所用微生物降解菌种驯化培养流程为接种—驯化—分离—纯化—筛选—获得优势菌种—制成固体菌种—现场应用。驯化条件为28℃常温菌摇床振荡培养10d；分离和纯化条件为28℃培养至单菌落出现，挑取单菌落在牛肉膏蛋白胨培养基上划线纯化，显微镜镜检无杂菌后转接于牛肉膏蛋白胨斜面培养基培养24~48h。

2011年8月25日至2013年4月26日，先后在西南油气田丹浅001-8井组、莲花000-X8井、岳101-72-X1X2井和平落006-U3井等完钻井井场开展了土壤—微生物联合处理钻井废弃液渣泥的试验应用，处理后定期（2~3个月）取样分析处理混合物中污染物质指标，跟踪其降解效果（图3-53）。以丹浅001-8井组和莲花000-X8井为例，前者是1个3口井的丛式井组，完井后废弃液渣泥共计1200m³；后者完钻井深4444m，完井后钻井废弃液渣泥共计1100m³。根据废弃物干湿程度，在钻井废弃液渣泥中按0.3%~0.5%比例加入降解菌菌剂并充分混合（边加菌剂边用挖机进行搅拌混匀，反复搅混10次，直至充分混匀），菌剂与钻井废弃液渣泥充分混合后再与经研磨较细的1.5~2.0倍（土壤及废弃物干湿程度调

图3-53 丹浅001-8井组现场微生物处理试验现场

整)重量的土壤充分混匀,混合后在混合处理物表面覆盖厚 5~15cm 的土壤,最后播撒草种、栽种植物。处理执行标准为国家标准《污水综合排放标准》(GB 8978—1996)、《土壤环境质量农用地土壤污染风险管控标准(试行)(GB 15618—2018)》[79]。

现场试验结果表明,经 3 个月处理,土壤—微生物联合处理钻井固体废弃物中的主要指标 COD、石油类的降解率超过 90%,浸出液指标可达到《污水综合排放标准》(GB 8978—1996)一级指标要求;处理混合物重金属离子浓度没有显著变化,各指标均可达到《土壤环境质量污染风险管控标准(试行)》(GB 15618—2018)三级标准(旱地);处理混合物所栽种物监测结果表明无有害重金属转移现象。

(4)热解析+焚烧处理技术。

热解析+焚烧处理工艺为钻屑先进入间接加热热解析装置,处理后的钻屑废渣经自动进料系统均匀地送入旋转窑燃烧室焚烧处理。热解析法采取间接加热,可避免直接焚烧带来有毒有害气体排放的问题,减容效果好,处理效率高,可将钻屑的含油量从 20% 左右降至 2% 以下,实现资源化利用。焚烧法工艺简单,固废处理彻底,处理后排放的尾气达到《大气污染物综合排放标准》(GB 16297—1996)和《工业炉窑大气污染物排放标准》(GB 9078—1996)的相关规定。但热解析+焚烧处理工艺一次性投资较高,相对能耗较高,无法对重金属等污染物无法去除,需对钻井固体废物分类存放。该工艺适用于油基钻屑废渣处理。

含油钻屑进入间接加热热解析装置,由蛇形螺旋输送机输送在炉中往复多次进行蒸馏分离,钻屑中的挥发性有机物受热挥发形成油气混合物,在真空泵的真空抽吸作用下,进入除尘塔将油气混合物中的粉尘与油气分离,分离后的粉尘形成的含油废渣将再进入热解析装置进行蒸馏分离;在除尘塔中分离的油气进入分离塔冷凝,分离成轻质柴油和重质柴油的液体和气体,再进入各自的冷却槽再次冷凝,经沉淀罐沉淀后,将纯净的轻质柴油和重质柴油输至各自的储油罐存放。少部分未冷凝的油气再进行过滤,废气进入热解析装置重复利用,废渣进入热解析装置再处理,沉淀罐内废水进入中和池处理后再利用,经热解析装置处理后的废渣进入旋转窑焚烧。

经热解析装置处理后的钻屑废渣经自动进料系统均匀地送入旋转窑燃烧室,废弃物与高温燃烧气体剧烈搅动,迅速发生氧化反应,破解有害物质中难以燃烧的成分,根据燃烧"3T"(温度、时间、涡流)原则,在旋转燃烧室内充分氧化、热解、燃烧,产生的尾气进入二次燃烧室采用 1100~1200℃ 高温燃烧,进一步去除烟气中未燃尽的有害物质,焚烧后的烟气进入旋风集尘器,除去烟气中的粉尘,烟气进入喷淋急冷塔进行强制降温(200℃ 以下),随后进入布袋除尘,烟气由外经过滤袋时,烟气中的粉尘被截留在滤袋外表面,从而得到净化,再经除尘器内文氏管进入上箱体,最后通过烟囱达标排放。

在试验过程中不断提高设备性能,在热解析炉里间接加热蒸馏含油钻屑,直接燃烧天然气产生的尾气中 SO_2 含量为 $0.0000096g/m^3$、NO_2 含量为 $0.00192~0.00368g/m^3$、烟尘颗粒物含量为 $0.00008~0.00024g/m^3$,符合《大气污染物综合排放标准》(GB 16297—1996)相关规定;从热解析炉出来的废渣含油量为 0.8%~1.6%,满足处理含油量小于 2% 的要求;废渣进入旋转窑直接焚烧,焚烧后排放的烟(粉)尘浓度为 $100~150g/m^3$、烟气黑度(格林曼级)为 1 级,符合《工业炉窑大气污染物排放标准》(GB 9078—1996)的相关规定;产生残渣检测结果，石油类含量里层为 0.007%，表层为 0.004%，符合含油量小于 0.3% 的规定。

第三节 低碳环保技术发展方向

一、地面生产系统节能与减排技术

地面生产系统节能与减排技术发展总体要求：一是坚持先管理挖潜后技措改造的原则，牢固树立"管理是基础，技术是手段，制度是保障"；二是在管理上，强化精细管理，从生产工艺流程、实际操作环节、设备运行状态等方面进行节能减排控制；三是节能减排技术的创新与应用，需要在低建设投资、低运行成本基础上开展。

1. 地面生产工艺节能技术

（1）多年以来，在原油集输工艺流程的选择和日常生产运行管理中，油田地面工程原油集输温度被笼统地规定为在原油凝点以上 3~5℃，并没有考虑含水率、气油比、流动状态等因素的影响。高含水油田原油随着含水率的大幅升高，其的流动特征发生较大变化，近些年开展的研究和现场试验，已经验证了高含水阶段在凝点以下 5~10℃ 可以安全集输。急需研究适用于高含水阶段不同流动条件下原油混合流动安全性评价指标，指导工程建设与生产运行，进一步挖掘不加热集输或降温集输潜力。

（2）随着数字化油田建设进程，为智能低能耗集输提供了基础平台，急需开发以转油站进站温度、井口回压等作为约束限值，基于人工智能的多约束、多目标集输系统生产运行能效优化平台，实现实时在线智能调节掺水温度、掺水量等运行参数，达到集输系统低能耗运行。

（3）高含水老油田注水管网庞大而复杂，并配有多个站、间、井、泵等设施，约束点多；由于同时给多层次注水，系统压力高、负荷匹配不平衡、压力损失大，急需依托数字化油田建设所采集的海量实时运行数据，综合运用大数据和人工智能相关理论和技术，攻关适应 GIS 的注水系统管—站耦合优化运行技术和基于人工智能的多源复杂注水管网生产运行调度优化技术，实现相关参数智能匹配，达到低能耗智能化运行。

（4）在高含水原油凝固点以下安全集输已经成为可能的生产工况下，其油水分离后的含油污水尚无法实现低成本、低温处理，尤其是过滤环节，严重阻碍了高含水原油低能耗集输和处理的进一步实施，急需大幅改善低温集输工况下采出水处理水质达标技术，减轻污水处理难度，使低温集输与处理运行得更平稳、节能效果更显著。

2. 地面耗能设备与设施节能提效技术

（1）老油田在用加热设备以燃气为主，设备新度系数低、技术老旧，燃烧方式以负压燃烧为主，燃烧配风受环境温度与风速影响较大，难以实现精准配风，排烟损失较高，运行热效率较低，急需攻关和油田生产工况相匹配的正压精准配风加热炉本体及结构，以降低排烟损失，提高运行热效率。

（2）老油田在用加热设备虽然定期维护，但是换热面局部淤积结垢不可避免，换热效率逐渐下降，排烟温度逐渐升高，急需攻关适宜的改造技术，吸收排烟中的余热，在生产环境允许的情况下对排烟进行适当冷凝、吸收气化潜热，可大幅提升加热设备运行热效率。

（3）高含水老油田为了减少原油产量递减，注水量居高不下、注水方案动态调整，大排量注水泵、高压变频等技术急需匹配使用。

（4）高含水老油田泵房、操作间等生产场所内设置大量工艺管线、机泵等具备一定散热量的设施，其室内采暖完全可以利用此部分余热，急需通过统计分析，优化形成兼顾生产设施散热量条件下的精细化采暖设计技术。

（5）随着其他工业领域高效低成本保温材料和措施层出不穷，油田地面生产系统管道和设施的保温材料及措施急需提升。

3. 减排技术

（1）老油田90%左右的温室气体排放来自能源消耗，急需攻关低排放、零排放的用能设备，例如烧氢加热设备、与绿电配套的加热设备和机泵及太阳能供暖、照明、仪表等。

（2）油田生产过程中还存在着过程排放和逸散排放，急需攻关低成本回收减排技术。

（3）老油田为了减碳、实现碳中和，二氧化碳驱、烟道气驱等负碳开发方式会逐渐规模应用，急需攻关地面工程配套技术。

二、清洁能源综合利用技术

2020年9月，习近平总书记在第七十五届联合国大会提出"中国力争2030年实现碳达峰，努力争取2060年实现碳中和"。清洁能源综合利用技术发展总体要求：一是水热型地热开发要在详细资源评价的基础上，综合论证从开采、利用到回灌全生产流程以及考虑开发与恢复循环全生命周期的整体能效和经济效益；二是风光等可再生能源的开发利用，要与传统能源多能互补综合利用，才能实现在满足生产要求的前提下清洁能源大比例应用；三是老油田伴生矿产资源可以作为第二资源开发，要统筹探勘、统筹开发、清洁利用。

1. 工业余热和地热能有效利用技术

（1）针对高含水老油田回注水低品位余热热源，急需提高电动压缩式热泵能效技术；针对油田燃气发电热电互补高品位余热热源，急需提高直燃型吸收式热泵热水温差和能效系数技术。

（2）经过科学论证后，水热型地热资源具备开发条件，地面设施要充分考虑地热水高矿化度的特征，配套应用适宜的耐蚀、防垢技术；同时，新建地面设施要与已建生产供能和用能系统协调互补，尽量优化简化地面生产系统。

（3）老油田具有大量的探井、报废井、长关井、低效井，可尝试"取热不取水"的开发方式，转为地热井，变废为宝。

（4）干热岩资源量巨大，中国的资源量占据全球六分之一，相当于全球石油、天然气和煤炭所蕴藏能量总和的近5倍。其在油区分布广泛，在华北油区、长庆油气区、青海油区有沉积盆地型的干热岩，在大庆油区有近代火山型干热岩，研究干热岩利用对于老油田实现综合性能源公司清洁转型发展、构建绿色产业结构和低碳能源供应体系意义重大，地面工程需要攻关配套干热岩发电配套技术。

2. 风能光能等可再生资源综合有效利用技术

(1) 由于不同能源系统发展的差异，供能往往都是单独规划、单独设计、独立运行，彼此间缺乏协调，由此造成了能源利用率低、供能系统整体安全性和自愈能力不强等问题。为降低油气田业务总能耗及温室气体排放量，需在降能耗的基础上增加清洁能源替代，按照能源品位的高低进行综合互补利用，并统筹安排各种能量之间的配合关系与转换使用，以取得合理的能源利用效果。

(2) 老油田具有丰富的土地资源，同时又不缺乏风能、光能等可再生资源，但是由于这些能源供应的波动性和间歇性，很难得到有效利用，需要与传统能源有机融合，按照不同资源条件和用能对象，采取多种能源互相补充，以缓解能源供需矛盾，合理保护和利用自然资源，同时获得较好的环境效益。多种能源之间相互补充和梯级利用，达到"1+1≥2"的效果，从而提升能源系统的综合利用效率，缓解能源供需矛盾。

(3) 联合站作为油田原油、天然气、油田污水集中处理的枢纽，也是油田主要耗能节点之一，用热以燃烧天然气为主，动力系统以用电为主。可采取"光伏+余热+天然气"互补形式供热，闲置土地和屋顶等资源应用分布式光伏、油田回注污水余热作为热能资源、油田伴生气作为燃气资源互补供能。

(4) 地域广阔的老油田，可采取"风电+光伏"互补式发电。风电夜晚发电量大，与光伏发电之间具有一定的互补性。同一地区风光互补，共用输电线路，同样的并网容量能够输送更多的电量，可在一定程度上提高输电小时数，提高输电线路的经济性。

(5) 油田井场、场站产液需要通过燃气加热设备加热外输，耗气较高，不能满足油田绿色发展的要求，维护运营成本高。可综合考虑加热工艺流程、加热负荷及经济效益，针对不同井场、场站用热需求及储罐特点，选用光热转化效率高的集热设备，模块化、橇装化、标准化设计，实现"太阳能+天然气+蓄能+谷电"多能互补，加大绿色供热。

(6) 随着老油田战略转型持续推进，生产侧清洁化和用能侧电气化成为重要的趋势和特点。电能是清洁高效的二次能源，数据显示，电能的终端利用效率通常在90%以上，而燃煤的终端利用效率一般不高于40%，散烧煤效率普遍低于20%，燃油终端利用效率在30%~40%之间，推进油田用能侧电气化，即加热炉由燃油气改为绿电加热、压缩机驱动方式由燃驱改电驱等，减少化石能源消耗，提高电气化率，形成"以光补电，以电节气"的良性循环，实现绿色低碳建产。

(7) 老油田土地零散，风光等可再生能源多以分布式产出，同时用能侧具有"点多面广"的特点，需要以联合站区域为中心的综合智慧能源管控技术，从系统角度将不同品阶上的能量进行阶梯利用，考虑运用系统化、集成化和精细化的方法来分析整个能源系统，将系统能源的利用效率综合互补利用，并统筹安排好各种能量之间的配合关系与转换使用，以实现多种能源的"源、网、荷、储"深度融合，从而进一步提高用能效率，促进多种新能源规模化利用，并取得最合理的能源利用效果与效益。

3. 老油田伴生资源的清洁开发技术

(1) 老油田丰富的土地资源可提供庞大的生物质能，生物质能制沼气将是最佳利用途径。沼气经提纯制成生物天然气后，与常规天然气成分、热值等基本一致，经提纯后可作为车用燃气使用，也可并入天然气管网，作为工业用气或居民燃气使用。老油田已建的天然气输送、处理及消耗等生产系统为生物质能转化的沼气等非化石能源提供输送、处理及应用途径，可节约大量天然气等化石能源。

（2）一些老油田地下含有丰富的煤炭资源，为了避免因采煤引起的安全问题和生态环境问题、提高资源利用效率，同时利用老油田在油气开采方面的技术优势，可采取化学采气替代物理采煤，即煤炭地下气化（Underground Coal Gasification，UCG），将地层中的煤炭通过适当工程工艺技术，在地下原位进行有控制的燃烧，在煤的热作用及化学作用下产生CH_4、H_2等可燃合成气的过程，实现煤炭清洁开采。煤炭地下气化不仅可有效气化矿采的残余煤炭，还可开发无法矿采的中深层煤炭和不可矿采的高硫煤炭、高灰煤炭、高瓦斯煤炭，极大提高煤炭可采资源量。地面工程需要配套攻关粗煤气处理技术和冷凝水处理技术。

三、废液处理工艺及综合利用技术

废液处理工艺及综合利用技术发展总体要求：一是废液处理的基本原则是处理后回注或回用，不外排，当发生外排时要严格执行地方排放标准，严保达标，并尽量做到资源化利用；二是废液处理要依托和利用油田已建油水处理系统设施，对不满足进液条件的废液进行预处理，再进入已建系统；三是钻井废弃液处理应随钻处理，尽量不要建固定处理站。

1. 钻井废弃液处理技术

（1）开发新的环保型钻井液和钻井液添加剂，以代替毒性较大的钻井液及其添加剂，从根本上解决废弃钻井液对环境的污染问题；加大钻井液回收再利用比例，减少钻井废弃液的产生量。

（2）钻井废弃液处理一般都是先进行不落地收集，然后经过分离系统实现固液分离，分离出的固相和液相再进行无害化处理，有条件的可进行资源化再利用。废弃钻井液不落地收集，橇装化随钻处理将成为处理技术发展的必然趋势。

（3）"破胶脱稳—固液分离"技术，具有满足随钻、集中钻井废弃液处理的需要，处理稳定达标，钻井液减容量大，可规模化、工业化生产。对水基废弃钻井液和油基废弃钻井液都能处理，处理后的污水可以循环利用或者达标回注。处理后的水基钻井废弃液废渣可用于铺垫井场、通井路及进行建设用地土地地貌恢复。但对于油基钻井废弃液废渣还需要进行后续处理。今后发展方向是开发大分子量、高电荷密度的高效絮凝剂、高效破胶剂、脱稳剂，研究新型固液分离技术。

2. 压裂返排液处理技术

（1）开展压裂返排液回用水质标准、复配工艺研究，降低清水用量，提高压裂返排液利用率，是当前提高压裂返排液回用率的有效途径。

（2）开展瓜尔胶型压裂返排液回用处理工艺研究，降低回用配液对可回收压裂液体系的依赖程度。

（3）开展高效处理技术研究，加入光、电、声、磁等新技术，解决压裂返排液破胶困难问题。优化现有处理工艺，以提高处理效果，降低处理成本。

（4）开展压裂返排液处理设备橇装化、可移动化、自动化研究。以适应野外分散区块的压裂返排液不落地处理，减少对周围环境的影响，降低运输成本和人力成本。

(5)开展生物处理技术在压裂返排液处理中应用,可有效减少化学处理药剂的应用,实现绿色生产。

3. 综合废液处理技术

综合废液处理的发展方向是依托利用油田油水处理系统设施,处理后回用。分类处理和提高预处理设施的效率,降低投资和运行费用是未来研究和攻关的重点和方向。

(1)为了保障综合废液处理后达标回注,要充分依托已建油水处理系统,对达不到系统进液条件的废液,进行必要的预处理,增设预处理设施。

(2)对于废液种类多、物性差别大、处理难度差异大,且废液量较大的油田,采取分类处理,降低处理难度和成本;对来液波动大的油田,增设调储设施,控制处理规模。

(3)针对废液处理工艺流程长、投资及运行费用高的问题,研究化学氧化降粘、生物处理等技术,降低综合废液处理设施的投资和运行成本;研究高效处理装置,努力实现标准化、橇装化。

4. 含油污水达标排放处理技术

为了保障油田含油污水尽量不外排或少外排,外排污水应朝资源化利用的方向发展,同时要通过科研攻关降低投资和运行费用,并为环保排放提标做好技术储备。

(1)油田开发要与国家及地方的环保要求协调一致,力争采出水全部回用,不外排或少外排。

(2)对聚合物驱、复合驱等化学驱开发方式油田含聚合物污水达标排放,聚合物是COD的主要贡献源,且稳定、可生化性差,通过电催化等技术使得高分子聚合物断链,提高其可生化性是含聚合物污水高效处理的发展方向,如大庆油田电催化技术,可实现含聚合物污水COD降低50%的效果。

(4)研究生态利用、农业灌溉、道路保洁等新的资源化利用方式,以及对应工艺技术。

(5)开展膜过滤、催化氧化等新技术研究,为环保标准提高做好技术储备。

四、固废处理工艺及综合利用技术

固废处理工艺及综合利用总体要求:一是含油污泥必须先减量化,尽可能地回收原油和降低污泥的含水率;二是废渣处理的结果,应符合国家环保的有关规定,最终应实现无害化、资源化。

1. 含油污泥处理技术

(1)含油污泥分类储存处理。

油田含油污泥来源、组成、特点及性质复杂多样,在实际处理过程中根据含油污泥性质及处理后物料的用途,进行分类储存,分级、分阶段处理。

在化学热洗工艺中,调质阶段投加的药剂种类和投加量受污泥性质影响很大,针对同类污泥集中处理可以提高药剂的高效性。

对于单一来源的清淤污泥、炼化污泥等均质污泥,在含油污泥处理环节中可以省略含油污泥的预处理除杂破碎环节。针对落地油泥等含杂质的含油污泥,进行预处理筛分除杂。

(2)成熟的处置技术相互配合应用。

含油污泥的性质各异，导致处置工艺和设备呈现多元化的趋势。仅靠单一的处置技术不仅达不到环保的要求，还无法满足对含油污泥"再生资源"的二次开发利用。因此，随着各种处置技术的完善和应用，将各种处置技术有机结合，制订系统的含油污泥处置方案，并对含油污泥进行分级、分段的深度处置是今后含油污泥处置技术的发展趋势。

综合考虑含油污泥的量与含水率，对于含水率大于50%的含油污泥宜采用调质—自然干化、真空过滤脱水、压滤脱水、滚压脱水、离心脱水等进行减量化预处理；然后综合考虑含油污泥的含油率、重金属污染水平、环保要求、资源化处置技术的特点以及企业的现有条件和需求，选择经济可行的资源化处理技术作为二级处理技术；最后为进一步控制二级处理产物中的污染物，可以采取生物处理技术、植物修复技术、固化技术等无害化处理技术作为三级处理技术。

（3）新技术从试验转向工程应用。

随着人们对含油污泥处置技术研究的不断深入，目前已产生了微波处理技术、超声波处理技术、冷冻融解处理技术、电动力学技术、植物修复技术等新技术。但这些技术尚未投入大规模工程应用，可以相应地加大技术研究深度，提高科技成果转化的比重。

（4）加大含油污泥资源化利用途径研究。

目前含油污泥经减量化、无害化处理后，资源化利用的途径相对单一，大多用于铺垫井场路的基础材料，或者作为部分添加剂混合后做成型材，但掺混比例较小，利用率不高。应进一步加大含油污泥资源化利用途径研究，例如利用含油污泥制作调剖剂等，使含油污泥处理达到高效资源化利用。

2. 油田含油废弃包裹物处置技术

（1）逐渐改进含油污泥的收集方式，从源头上减少编织袋等包裹物的使用。

（2）含油废弃包裹物热解处理工艺不成熟，目前主要采用清洗+造粒工艺，随着环保可回收利用的新型包装材料的应用，含油废弃包裹物的处理工艺也会相应调整。

3. 钻井废弃液处理后产生的废渣处置技术

针对现有钻井废弃液处理后产生的废渣，需要提高成熟技术的应用水平及规模，具体包含以下方面：

（1）针对水基废弃钻井液处理后产生的废渣，一般可用于铺垫井场、通井路以及进行建设用地土地地貌恢复。对于环保法规要求严格的地区，可采用固化处理技术。需要开发并研制高效环保的固化剂或复合固化剂，减少固化物总量，实现固化体的再次利用，降低后续处置或综合利用制砖费用。

（2）针对油基废弃钻井液处理后产生的废渣，采用微生物处理技术和热解析+焚烧法。微生物处理技术的发展方向是减少占地，提高处理效率，增强工艺适应性。热解析+焚烧法技术的发展方向是降低投资，提高处理效率，降低能耗，进行烟气回收。

第四章　高含水老油田地面工程智能化应用技术

当前，国内已开发陆上油田整体进入高含水率、高采出程度（含水率大于60%、可采储量采出程度大于70%）的"双高"发展阶段。这些高含水老油田地面系统庞大且复杂，能源消耗大，已建流程工艺较长、布站级数多，导致运维中重复操作、重复处理的频率高[80]。同时，系统负荷不均衡现象越来越严重，传统的靠人工和经验进行生产管控的站场管控模式，以及粗放的运维方式，是导致生产高耗低效运行的重要因素，是影响生产成本的关键。因此，急需将智能化技术和油田发展深度融合，依靠管理和技术创新，提高油田生产运行管理水平，通过在站场建设和管理各环节采用信息化技术，应用智能化系统分析和判断，采取最佳措施，实现站场全面感知、智能控制、优化运营、智能决策的智能化运维，缓解生产规模扩大所带来的用工紧缺、资源开发成本高等矛盾，提高油气田的经济效率、生产效率[81]。

第一节　智能化技术需求分析

一、面临的问题与矛盾

高含水老油田地面系统庞大且复杂，自动化程度相对较低，传统的地面设施运维方式是造成地面系统高耗低效运行的重要因素之一。为保障油气田安全、环保、高效、可靠运行，应以油气生产物联网建设为基础，通过云计算、大数据、物联网、移动互联及人工智能等新一代信息技术与油气开发技术的深度融合，开展数字化、智能化油气田建设，助力油气田高质量发展。目前，国内油田数字化、智能化建设中普遍存在以下七个方面的矛盾和问题。

1. 站场自控水平低

截至2020年底，中国石油下属的大庆、辽河、新疆和华北四家老油田尚有近8万口油气水井、6000余座站场未实现数字化，分别占中国石油油田井、站总量的27%、22%。该部分老油田自动化建设程度较低，数据采集仍依靠人工抄录，准确性和工作效率均较低；实时数据的二次应用和挖掘利用不足，生产管理仍主要依赖人工经验和传统手段。

传统的管理模式层级多、用工需求量大[82]，随着油田的滚动开发，用工需求量进一步增大，同时在职人员自然递减率逐年增大，如中国石油每年递减人数达到数千人。用工需求渐增与在职人员自然递减矛盾日益突出。

2. 工业信息化技术应用有局限

对于高含水老油田，工业信息化技术应用存在以下局限：一是已建复杂系统的数字化改造工作量巨大，存在顶层设计不足、各系统综合联动能力不足；二是正在进行的数字化业务领域未全覆盖，目前物联网技术主要用于生产监控和管理，还需要进一步应用到安全环保、维稳防恐等业务领域；三是技术水平还需要不断提升，如监控预警系统目前主要以可视化为主，缺少针对地理信息系统（Geographic Information Systems，GIS）数据的分析及动态场景应用；大数据挖掘、机器学习、认知计算等技术的发展和应用滞后；数据无线传输存在延迟、掉包等现象。

3. 设备设施静态数据集成应用不足

传统工程设计成果是以纸介质为主体的交付或以便携式文档格式（Portable Document Format，PDF）为主体的电子化交付，而非以标准数据格式进行的数字化交付，不同格式的图纸、模型、数据难以关联、集成及流转，无法在统一的集成平台上协同开展设计、采购、施工、调试等阶段的工作；投产运行后的生产数据与工程设计、建设期间产生的设备（设施）静态数据难以实现有效、可靠的关联集成。因此，虽然积累了大量数据，但难以在此基础上开展设备维修维护、工程改扩建、生产预警预测、优化生产运行等深层次应用。

要实现设备（设施）静态数据的有效关联集成，提高数据完整度，做好数字化交付工作是基础。工程数字化交付工作是对工程建设过程中产生的静态信息进行数字化创建至移交的工作过程，涵盖信息交付策略制订、交付基础制订、信息交付方案制订、信息整合与校验、信息移交和信息验收。数字化交付工作需与工程建设同时开展、协调进行，以保证信息的一致性、准确性及完整性。

4. 信息安全防护能力不足

目前，数字化技术与生产管控正处于不断融合阶段，其经济价值受关注度超过其安全性能的关注度。石油企业的数字化建设在制度规范、管理体系、技术研究上的发展较为落后，缺乏必要的标准、规范保障海量数据安全，如缺少网络安全管理条例、部分办公网与工业控制网未隔离等。

当前，需要围绕互联网和大数据的应用特点，加快构建工业互联网大数据安全防护机制，规范数据相关的安全防护、检测及其他技术要求，保障数据安全。

5. 信息系统整合应用力度不够

目前，中国石油已构建了完整的A1~A12数字化应用体系（A1为勘探与生产技术数据管理系统、A2为油气水井生产数据管理系统、A3为管道生产管理系统、A4为地理信息系统、A5为采油与地面运行管理系统、A6为数字盆地系统、A7为工程技术生产运行管理系统、A8为勘探与生产调度指挥系统、A9为管道完整性管理系统、A10为天然气销售系统、A11为生产物联网系统及A12为工程技术物联网系统），较好地支撑了各业务领域高效运行。但各体系之间存在数据不共享、部分功能重复、数据接口不开放等问题，系统协同效果未得到充分发挥[83]。

6. 数据分析应用水平需进一步提高

目前，油田缺乏生产信息的大数据收集、趋势分析、模拟仿真、结果预测等综合数据分析手段，导致对采集的海量数据挖掘应用不足，数据价值在隐患预警和生产决策中尚未得到充分利用。因此，急需通过互联网+大数据应用，汇聚、处理、分析、共享和应用各类数据资源，推动高含水老油田全要素、全产业链、全价值链的数据流通共享，实现对各类资源的统筹管理和调配，以满足油田智能化发展需求。

7. 智能油田建设面临挑战

目前，国内的油田信息化水平总体领先，但与国际领先水平的油公司相比，仍存在较大差距。一是基础云平台建设和应用需加快完善，云平台技术服务能力及应用效果有待提升完善，"数据湖"建设滞后、生产发展急需的业务应用能力不足、用户体验不佳，活跃用户偏低。二是大数据与人工智能在勘探开发领域的应用刚刚起步，预警、预测、优化、智能管理与决策等深层次应用不足。三是信息系统实现了对核心业务和关键环节的支撑，但未能对油气生产全业务链、资产全生命周期的全覆盖；信息化建设过程中业务主导不足，通用功能与个性化需求未能有效结合。

二、高含水老油田智能化运维需求

随着油田开发进入后期阶段，为了保持油田长期的高产稳产，生产规模不断扩大，急需将智能化技术和油田发展深度融合，依靠管理和技术创新，来提高油田生产管理的水平，缓解生产规模扩大所带来的用工紧缺；伴随着物联网、大数据、云计算、移动通信、人工智能等智能化技术和系统的不断发展，通过应用智能化技术对生产过程整体优化，降低安全事故的发生率，降低油田生产的成本，达到油田生产的经济效益指标，实现油田生产精细管理及降本增效。

高含水老油田需要依靠智能化技术手段实现以下目标。

1. 提高生产效率

（1）应用智能仪器（仪表）设备采集生产运行参数，解决以往人工数据采集工作量大、实时数据无法及时掌控等难题。

（2）将井、站、管道等子系统的生产运行参数采集进入系统，对生产管理平台进行优化，通过平台的分析和处理，实现远程控制管理的目标。

2. 提高经济效益

融合油田生产管理和智能控制技术，合理控制各种设备运行参数，降低各种设备能量消耗，满足油田生产节能降耗要求。

3. 保障安全生产

建立油田生产数据库，结合智能化管理模块，基于实时生产数据，掌控油田生产情况，充分利用智能技术在安全生产管理及应急事故处理等方面的优势，实现预判预警，减少安全事故的发生，保证生产系统安全平稳运行。

4. 解放人力资源

借助油田生产管理的数字化、智能化升级转型，重构人力资源的配置、职责及管理体系，把人力从规律的、重复的、低效的日常体力和脑力工作流程中解放出来，达到有效用工、节约用工的目的。通过对油田地面系统生产管理的智能化应用，提高管理水平，应用智能化系统分析和判断，采取最佳措施，实现智能化、科学化管理。

第二节　智能化应用技术进展

一、石油工业数字化建设现状

1. 石油工业数字化发展概述

油田地面数字化、智能化是以油田开发生产管理的业务流程为主线，通过自动检测控制、通信网络、数字交换等技术手段，实现井场、站（厂）、管道等生产过程实时监控，为油田数字化管理提供技术数据。国内外油田地面数字化、智能化大致经历了以下四个阶段[84]。

第一阶段：基础数字化阶段。在这一阶段，地面建设往往是为一些最基层的设备建立了管理信息系统，如一个注水井场的数字化监控。

第二阶段：区域数字化阶段。这一阶段以接转站、注水站、联合站等为管理单位，应用局域网络或无线电台，建立区域性数字化管理监控平台。

第三阶段：全面数字化阶段。进入物联网时代，其目标是建立完整的井、站数字化监控和管理平台，进行基础网络的建设，如铺设光纤、建立各级网络平台、安装远程控制终端，支持地面生产系统实现无人值守、区域巡检。

第四阶段：全面协同、整体优化阶段。进入智能化运行时代，其目标是应用实时大数据及工艺模型，建立配套生产模型，实现油田生产运行的全面感知、全面协同、主动管理、整体优化。

国外石油行业的数字化、智能化建设起步较早且发展较快。2008年，美国提出物联网概念，倡导万物物联；2013年，德国提出工业4.0概念，工业智能化成为趋势；2018年，国际公司纷纷与科技公司合作，探索新的可能。数字化管理的发展规划和主体技术已经深入到主要的石油勘探和技术服务公司，并在近几年成了发展热点。壳牌石油公司、挪威国家石油公司等国际石油公司和哈里伯顿公司、斯伦贝谢公司等技术服务公司都已建成了一体化的协同研究解决方案，不但覆盖数据库本身，还对归档信息、应用信息、业务流程、资料文档及人员信息进行了有效管理，实现了研究成果数据跨部门、跨地域、跨专业的高度共享，并且实现了资产生命周期的数据管理和数据可视化，极大促进了科研水平和效率，进而实现智能油田的目标。

国内石油行业数字化、智能化建设起步较晚，建设思路多借鉴和引用国外技术，但发展速度较快。1999年末，国内大庆油田首次提出了"数字油田"的概念[85]；"数字油气田"是以油气田为研究对象，以石油气的整个生产流程为线索，建立勘探、开发、地面建设、储运销售以及企业管理等多专业的综合数据体系，并将各专业的数据和应用系统进行高度融合，在建立油气田生产和管理流程优化应用模型的基础上，利用可视化技术、模拟仿真及虚拟现实等技术对数据实现可视化和多维表达，并且通过智能化分析模型，为企业经营管理提供辅助决策信息，进一步挖掘生产和管理环节的潜力，使信息化建设更好地服务于企业生产和管理，为油气田企业的发展创造良好的信息支撑环境。继数字油田概念提出后，国内各油田企业在 2000 年后纷纷将数字油田列为企业信息化发展的战略目标[86]。2000 年，大港油田首次编制了数字油田发展五年规划暨"十五信息化发展规划"并实施数字油田规划；2003 年，胜利油田、塔河油田、克拉玛依油田等相继提出并实施数字油田规划；2005 年后，国内各油田全面进入数字油田建设；2010 年，国内首家智能油田项目在新疆油田启动，标志着国内油田开始进入智能化时代。

2. 国外油田数字化、智能化建设与运行现状

国外油气行业对信息技术历来比较重视，各大石油天然气公司运用物联网技术和云计算技术将数据与业务、人员进行跨行跨学科、跨组织、跨地区的整合，形成统一的平台，为油气田生产提供更安全、更高效、更科学的决策，为公司带来了更好的收益。国际石油公司一般在 2000 年后就已经开始陆续提出数字油田（或称智能油田、智慧油田等）建设理念，目前不少企业已经进入实质性推广应用阶段。

1）壳牌公司的 Gabon 油田

壳牌公司在全球范围内有几种在运行的智能领域实施方案，地处偏远的 Gabon 油田就是其中之一。在 Gabon 地区，由于恶劣的自然环境条件限制，想要完全实现设备资产自动化有很大的挑战，多数边远井现场不能实现自动化，经常导致关井问题发现不及时等问题。且该区域持续多日甚至几周的连续雨天，使工人无法到井场查看情况时有发生，在壳牌公司在西非地区的其他业务中，例如尼日利亚也有类似生产问题。

伴随 Gabon 油田产油量下降，壳牌公司提出一项利用多种新技术来稳定并最终提高该油田产量的智能油田战略——安装远程操作系统。该系统由井场数据采集系统、无线通信系统、管道流量测量系统和数据分析系统组成，主要功能为远程监控气举井、电潜泵（Electrical Submersible Pump，ESP）井和气管道。

井场数据采集系统：气举井通过监测井口油管压力、套管压力、油管温度、供气管道压差和环空压力，实现远程监控目的。ESP 井上的监控系统设置控制器的接口，提取电动机频率、电动机电流、电动机电压等关键参数。系统还兼具传输各种井下数据功能，如泵进出口压力、温度等参数。

无线通信系统：实施无线通信的井分布于通信塔周围半径约 10km 的范围内，一般情况下，在井场与主要通信塔之间视线清晰时，无线通信系统应可轻松在 10~15km 范围内运行。但是，Gabon 地区茂密的丛林植被使该系统仅在 3~4km 内有效。

管道流量测量系统：为了验证和优化注气方案，操作人员利用超声波流量计实现管道流量测量。

数据分析共享系统：壳牌 Gabon 油田公司于 2006 年完成了该系统的安装，采集井场的实时数据，并传输至中心控制站，通过优化运行平台实现智能调参。该系统可连接到壳牌公司网站，使具有壳牌公司安全权限的人都可以基于网络访问。

Gabon 油田通过该系统实现了：(1) 提高采收率 1%~5%；(2) 增产 2%~8%；(3) 减少停机时间 3%~10%；(4) 提高运行效率 5%~20%。

2）俄罗斯罗马什金油田

罗马什金油田隶属于鞑靼石油公司，鞑靼石油公司是鞑靼斯坦共和国所属企业。罗马什金油田于 1943 年发现，于 1945 年开发，目前年产油量 1500×10^4t，占鞑靼石油公司产量的近

60%。该油田最高产量曾达到年产 8200×10⁴t，1993 年以来产量一直维持在 1500×10⁴t 左右，含水率保持在 87.7%，采收率 45%。基本实现了液量不升、油量不降、含水率稳定。

鞑靼石油公司于 2010 年在罗马什金油田 3 区块建立了开发监测和开发调整自动化系统工业化试验区，依靠人工智能和数值模拟将地上地下作为一个整体开展了注水系统优化，并形成了自动化管理油水井的工作制度（图 4-1）。

图 4-1 罗马什金油田转油站数字化现场图片

目前，其运行方式为：耶尔霍夫采油厂油气生产调度中心可远程监控工人巡井路线、工作状况和井站生产数据；专职巡井员采用手持器巡井，交通工具为四轮摩托车；前线工人只负责油水井和站场的巡查与维护，设备的维检修全部由专业队伍完成；接转站、计量间等中小型站场实现了无人值守和专业化维修，站场的生产数据实时传输至调度中心。

3. 国内油田数字化、智能化建设与运行现状

经过多年的自主研发以及对外国技术的吸收，油田数字化技术取得长足进步，近年以中国石油、中国石化、中国海油为代表的石油公司对油田数字化建设的重视程度上升到一个新的高度。国内石油公司先后提出坚持总体规划、统一平台管理的要求。在不同企业的发展理念指引下，各大石油企业遵循自身的发展特点，制订适合本企业的发展目标。

大庆油田、长庆油田、西南油气田等企业数字化建设、智能化应用的目标为：利用物联网技术，建立覆盖全公司油气井区、计量间、接转站、联合站、处理厂的规范和统一的数据管理平台，实现生产数据自动采集、远程监控、生产预警，支持油气生产过程管理。通过生产流程、管理流程、组织机构的优化，实现生产效率的提高、管理水平的提升。长庆油田公司、西南油气田公司、塔里木油田公司、吉林油田公司、青海油田公司、大港油田公司、冀东油田公司、吐哈油田公司、玉门油田公司、中石油煤层气有限责任公司、浙江油田公司、南方石油勘探开发有限责任公司等 12 家企业实现物联网全覆盖；中国石油建立了中国油气行业第一个智能云平台——中国石油勘探开发梦想云平台，大幅提升了数据处理能力。

中国石油的大庆油田公司、长庆油田公司、西南油气田公司等油气田企业通过 A11 项目的实施，带来以下成效：一是转变生产方式，提高了工作效率。通过生产过程实时监控、工况分析等功能，将现场生产由传统的经验型管理、人工巡检，转变为智能管理、电子巡井，节约了人力，降低了劳动强度，提高了工作效率。二是优化了劳动组织架构，减员增效显著。井场、中小型站场无人值守，为优化用工结构奠定了基础，压缩了管理层级，到2019年累计减少新增用工需求3.7万人。三是精确操控为精细化管理创造了条件，生产安全得到加强。精确掺水、调温、加药，减少了生产成本，促进了节能降耗；通过自动感知、实时监控等功能，跑、冒、滴、漏等隐患提前得到消除，生产本质安全得到加强（表4-1）。

中国石化的胜利油田、西北石油分公司等在各自分（子）公司、采油厂、管理区部署三级生产指挥中心，三级应用平台风格一致、上下贯通、层层穿透、功能对应，形成从生产现场到局级指挥中心一体化油气生产监控、运行、指挥、应急应用模式。通过在试点企业搭建智能油气田云平台，形成标准化和技术支持两套支撑体系，提升全面感知、集成协同、预测预警和分析优化四项核心能力，完成勘探、开发、生产、集输、生产辅助、QHSE六大业务领域的十六项建设内容。通过数字化、自动化改造，再加上部分智能化应用，提升生产过程管理的可视化、自动化、智能化水平，使试点企业的用工总量减少50%以上，劳动生产率提升一倍。目前，中国石化完成具有自主知识产权的勘探开发一体化数据模型的建设工作，并在胜利、江汉等油田进行试点建设。

表4-1　数字化、智能化技术实施前后生产运行方式变化情况

序号	业务	生产运行方式	
		实施前	实施后
1	巡井	人工值守	远程监控、智能化巡井
2	单井计量	人工现场计量	试点功图量油、自动倒井计量
3	报表	现场检查手工填写	按需生成
4	启停抽油机	现场操作	远程控制、视频辅助
5	油井调冲次	人工调整	部分智能变频调参
6	油井工况诊断	现场检查人工判断	软件智能诊断
7	注水调配	现场手动调整波动大	远程调配
8	功耗核算	估算	自动累积、智能分析

随着海上油气田开发传统降本增效空间的不断压缩，为了进一步降低成本，海上油田开发企业主动转变设计理念，以技术创新为引领，通过采油自动化和数字化技术，研究海上平台无人化和少人化解决方案。一是海上无人平台建设。国内从1993年开始建造第一座无人平台（BZ34-4），随后又有多座无人平台用于边际油气田开发。目前，海上平台共有在役无人平台20余座，大多为简易井口平台或与中心平台栈桥相连的井口平台，平台上设备设施较少，处理流程简单，大都通过周边依托的中心平台进行远程控制和定期巡检；另外，在台风期间或军事演习期间，一些有人平台也会在短时间内采用远程遥控的方式（图4-2）。二是2018年初，中海油研究总院开始成立专项工作组，涉及专业近30个，积极开展"海上井口平台无人化"和"海上智能油气田"的研究工作。未来海上油气田开发模式为不断扩大无人平台范围，逐步实现井口平台无人化、中心平台/浮式生产储油卸油装置（Floating Production Storage and Offloading，FPSO）/半潜生产平台少人化，大幅提升海上平台自动化与数字化水平，实现远程集中监控与操作、多专业协同作业和远程辅助支持，改变现有海上油气田的生产操作方式，减少海上生产操作人员和现场操作工作量

(图4-3)。

图4-2 国内无人平台现场图片

(a)无人井口平台　　(b)少人中心平台　　(c)少人FPSO　　(d)少人半潜平台　　(e)智能油田

图4-3 海上平台无人化与少人化总体规划图

此外，海上油气企业结合业务需求，持续推动云计算、大数据、物联网、移动互联网、人工智能等新技术应用，在互联网技术（Internet Technology，IT）基础设施、生产信息化、管理信息化、海外信息化和网络安全建设方面取得较好成效。中国海油的北京、天津、上海三个国内数据中心和新加坡海外数据中心被国资委评选为央企共享数据中心。目前，通信网络系统基本实现对公司国内外分支机构和生产现场的全覆盖。初步建成集团层面的基础设施统一监控平台，实现了对网络、数据中心、应用系统的跨专业监控数据整合、综合分析、综合展示，有效提升了运维管理水平。中国海油初步建成各海域生产实时数据库，勘探开发一体化数据整合平台全面投用，不断提升业务感知洞察能力。

经过多年的数字化建设、发展，国内典型高含水老油田（大庆、长庆、胜利等油田）均在数字化、智能化建设方面取得较大成果。

1) 大庆油田

截至2020年底，大庆油田建有生产油水井12万余口，建成各类站场7000余座，大型联合站集中监控建设覆盖率达到70%以上。大庆油田对于2个岗位及以上合建的联合站场，推行站场集中监控建设模式，即取消传统分岗管理模式，在站场建设中心控制室，将各生产单元统一监控，统一在中心控制室内集中监控管理，各分岗不再设置值班人员。

目前，庆新油田已成为大庆外围整装油田数字化建设的典范。其采油作业区管理实行以功能划分的专业化大班组管理模式，精简了管理层级，人员减幅达到60%。井、间由管控中心根据预警信息发布指令进行故障巡检，油水井的固定人工巡检周期由原来的一天巡检两次变为现在的七天巡检一次。

庆新油田数字化建设取得的成果主要有：通过抽油机智能管理实现了包括停井、皮带松断、设备异常等11项智能预警，大幅提升油井时率和利用率；通过注配间智能管理，实现单井注水量远程调控，大幅提高分层注水合格率；通过集油环智能管理，现场运行准确率达到90%以上，有效避免堵环事故的发生。通过数据管控中心与内外部队伍共同维护的形式，管理细化到单井、单环及单台设备，吨液能耗显著降低，实现生产时率提升2%以上，检泵周期超过1000d，被确定为中国石油能源管控示范点。

2）长庆油田

长庆油田数字化建设从2008年开始，经历了先导性试验（2008—2009年）、示范引领（2010—2012年）、集成应用（2013年至今）三个阶段。其数字化建设和管理按照"三端、五系统、三辅助"，以"同一平台、信息共享、多级监视、分散控制"为原则，实现了发展方式、生产方式和劳动组织架构的转变。2020年底，长庆油田已实现井、站数字化全覆盖。

长庆油田采用中心站管理模式，在中心站场对下辖所有井、站、管道进行集中监控。劳动组织架构优化为"作业区—监控中心—单井"的生产管理模式。建立作业区（联合站）—增压点（注水站）—井组（岗位）或作业区（联合站）—井组（岗位）的新型劳动组织模式，使行政管理与生产流程管理相统一。从2007年的油气当量2089×10^{4}t上升至2018年的5465×10^{4}t，用工总数始终保持在7万人左右。与传统生产模式相比，前端数字化建设节约用工约1.8万人，大幅降低人工成本。

长庆油田针对自身特低渗透率的特点，在多年的数字化建设过程中逐步探索并形成了数字化六大系列、25项主体技术。例如，采用数字化抽油机技术提升抽油机系统效率、节能降耗（图4-4）；增压站设置200余台数字化增压装置，将工艺设备及智能控制系统两部分设施集成在同一橇座上，形成一体化集成装置，便于工厂化预制（图4-5）。

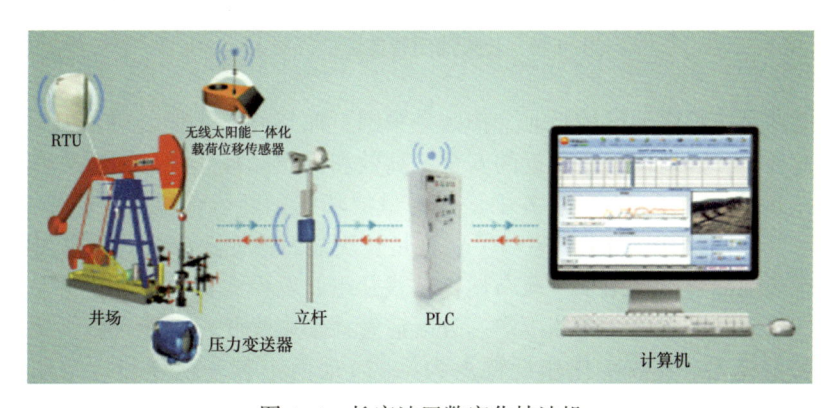

图4-4 长庆油田数字化抽油机

长庆油田力求建设全面感知、透明可视、智能分析、迭代提升的智能油田，搭建"326"智能油气田规划。目前已经建立了以中国石油梦想云（A6）为基础的油田统一的数据湖，实

图 4-5　长庆油田一体化集成装置组装作业图

现油气藏勘探开发全生命周期数据集中管理；搭建统一开放、安全稳定的 PaaS 云平台（Platform-as-a-Service，平台即服务），为"AI+"奠定数据和技术基础。利用现有的数据采集与监视控制系统（Supervisory Control And Data Acquisition，SCADA）工控平台实现站场无人值守，采用无人机、智能机器人、移动应用技术实现智能巡检（图 4-6）。

图 4-6　长庆油田智能巡检机器人

值得一提的是，长庆油田的长北合作区是中国石油与英国壳牌公司在中国陆上规模最大的合作开发项目，因地面工程建设的安全、高效和优质而被壳牌公司誉为其在全球建设工程的典范，亦是中国石油上游业务中最大、最成功的国际合作项目。截至 2019 年，该项目实现年产气量连续 11 年突破 $33\times10^8\,m^3$，是长庆油田输往陕京线的主力气田。

长北合作区地面建设采用了一级布站，丛式井组开发模式，建立了"井丛集气、远程调产、间隙计量、气液混输、变压生产、分区清管、集中净化、安全环保、无人值守、全面监控"的特色模式。其数字化建设特点为：（1）地面工程一次建设，定期检修。早在 2005 年开发建设阶段，长北合作区地面建设工程即一次建成"数字化管理、自动化控制，远程监控、无人值守，安全节能、运转高效"的气田建设新模式；（2）扁平化管理、精简用工，锻造高素质的对外合作人才。作业区扁平化的组织结构，实现信息高效传达和生产平稳运行。截至 2020 年，长北项目中方和壳牌公司的管理员工总数不足 300 人，作业一区生产操作与日常维护运行共有管理技术人员 25 人、操作员工 84 人，与国内同"级别"气田上千人的用工量相比，长北项目管理凸显了在高新技术与装备广泛应用基础上的"高效"。

3）胜利油田

胜利油田经历 50 年的开发建设，油田开采难度加大，开采成本上升，迫切需要依托自动化、信息化技术和手段，提高油田开采效率和效益。

胜利油田数字化推行"四化"建设、管理、运维模式，即信息化提升、标准化设计、标准化采购、模块化建设。截至 2019 年底，胜利油田已实现 100 余个管理区（图 4-7）、2.4 万余口油井、400 余座站库的数字化建设，优化用工 57%。

图 4-7　胜利油田鲁明公司厂级指挥中心

通过数字化技术的应用，实现现场问题信息通过生产指挥系统实时推送到不同管理层级桌面，实现高效运行；对关键生产参数设置趋势预警，当参数未触及报警线但运行趋势向坏时系统发出预警信息，实现调整措施早到位；充分利用生产信息化提供的海量实时数据，实现开发经济效益的加密监控和分析，结合生产数据科学制订下一步措施和配产方案，确保效益最优化。

4）西北油田分公司

西北油田分公司是中国石化第二大原油生产企业，针对稠油集输工艺流程复杂、站场高硫化氢环境、人员劳动强度大、风险高等问题，以自动化为手段，推进新建站场无人值守，已建站场关、停、并、转改造，实现系统优化、简化、智能化，减少人员作业环节、简化工艺流程。西北油田分公司按照"无人值守、中心监控、故障巡检、应急联动"的总体思路，开展数字化油田建设。顺北新区结合工程建设"五化"新标准，随产建同步建设无固定人员值守站场；塔河老区逐步完善井站信息化建设，规划以管理区生产监控中心为核心的井、线、站一体化管控模式（管理区生产监控中心设置中央控制室，统一进行生产监控和指挥调度；以风险管控为主线，完善保护措施，充分考虑故障巡检、应急保障，以快速到达现场为原则，建立监控保障中心）。

西北分公司顺北新区数字化建设主要做法是建设"1441"工程，即依据一套标准体系，开展"四类建设"，完成监控指挥系统、网络等四项配套，形成一套一体化管控模式，实现效率和效益双提升。

一套标准体系：《塔河油田无固定人员值守站场标准（试行）》——根据对无固定人员值守站场的危险与可操作性分析（Hazard and Operability Study，HAZOP）分析结果，为降低高风险场景，确定井—站—中心站场的三级关断逻辑关系。单井发生重大事故时实现远程关井三级关断，中小站场发生重大事故时实现联锁关井及越站的二级关断，中心站场发生重大事故时实现联锁中小站场和相关单井的一级关断。

四类建设为：

（1）单井数字化建设模式为既监测又控制。通过井场安装远程终端设备（Remote Terminal Unit，RTU）、温压变送器、安全切断阀、摄像机等手段，采集压力温度参数，实现视频实时监控、虚拟周界报警、数据实时上传、自动巡井及远程切断（图4-8）。

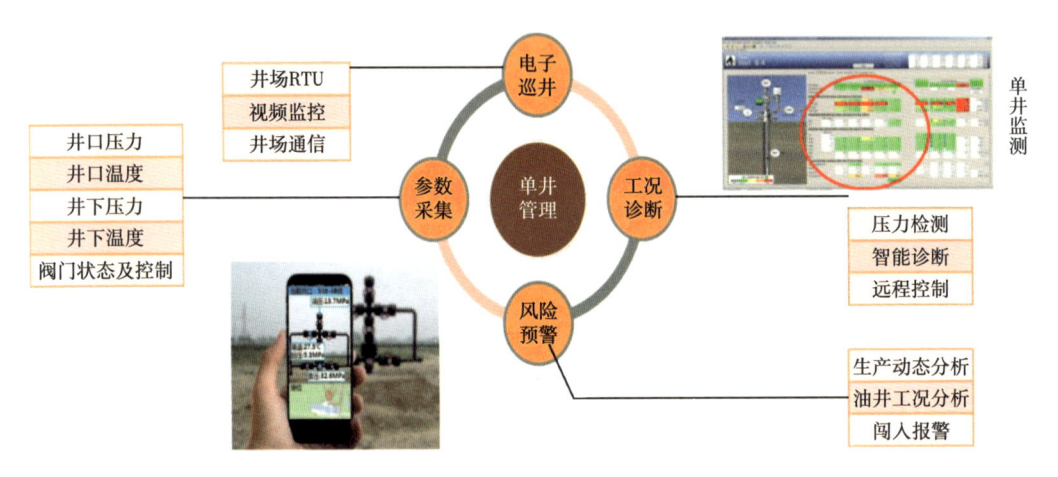

图4-8 单井井场数字化建设远程控制示意图

（2）中小型站场无固定人员值守的建设模式为既监测又控制。采用安装可编辑逻辑控制器（Programmable Logic Controller，PLC）、电动阀、测控仪表等技术手段，实现自动选井计量和自动巡检，设置视频监控及周界防护系统，及时发送入侵报警信号（图4-9）。

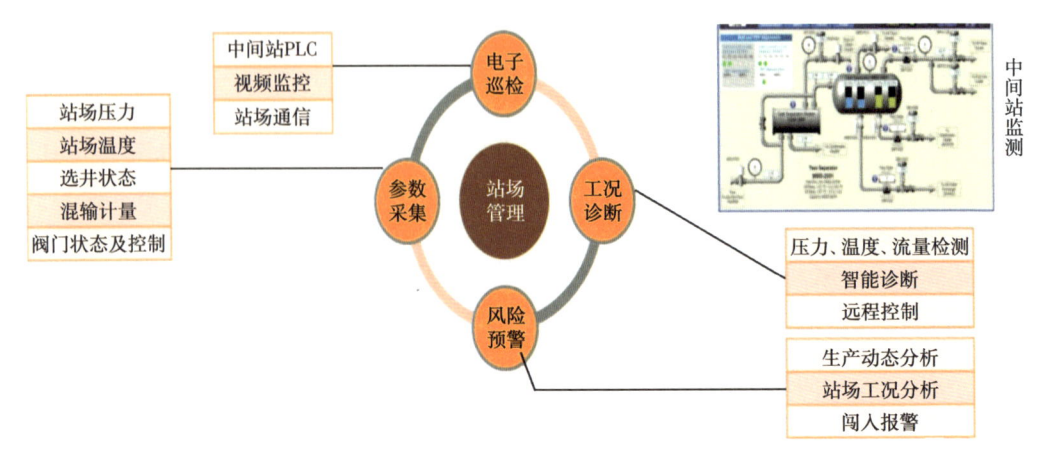

图4-9 中小型站场数字化建设远程控制示意图

（3）管线的智能化建设模式为只监测不控制。通过设置安全预警和泄漏检测相关手段，采用分布式光纤技术，对单井—联合站的集输管网进行实时监测，实现混输管道的第三方入侵预警和泄漏报警，最大限度地减少管道事故和泄漏，降低经济损失，保护环境安全。利用无人机实现常规巡线及异常情况准确定位巡线，自2015年以来，西北油田分公司先后购入30余架无人机，主要应用于管道巡检、泄漏点发现、事故应急处置、信息快速传递。日完成工作量达到600km以上，年巡检里程达到250000km，实现对各个等级管线的全覆盖、高频次巡查。重点关注环保风险高的涉水管线及穿越胡杨林管线。实现未治理管线每日巡检，区域巡检全覆盖（图4-10）。在现有单站无人机巡线应用基础上，搭建无人机飞控网络，建立覆盖各管理区、采油气厂、主要生产管理部门的无人机巡检飞控平台，实现管线巡检业务的规范化、智能化、信息化、可视化，进一步提高管线安全性及管理水平。

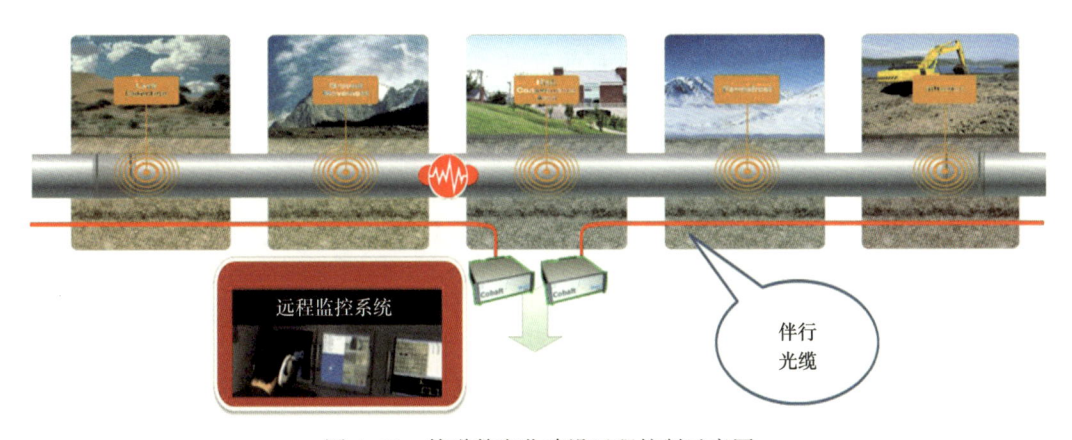

图4-10 管道数字化建设远程控制示意图

（4）中心站的建设模式为既监测又控制。通过设置独立的过程控制系统（Process Control System，PCS）和安全仪表系统（Safety Instrumented System，SIS），实现生产数据实时监测、流程自动控制、联锁自动保护、生产动态分析、预警和辅助决策，同时利用图像识别及机器人技术实现智能巡检。

顺北新区通过以上做法，以高起点、高标准推进现场井站自动化升级，打造一体化中心站，通过集经营管理、综合研究、一体化生产管控三方面业务于一体的智能化管理，真正实现了"用最少的人，做更多的事，产更多的油"。

二、数字孪生技术

数字孪生技术是油田智能化建设的核心要素，是油田智能化生产运行的数据基座与载体。数字化交付是建立数字孪生体的重要技术手段，是以站场为核心对象，可有效解决工程设计、采购、施工、试运调试等阶段产生的数据、文档、模型集成与关联问题，是构建数字化站场，进而实现智能化生产的数据来源及数据基础。

根据《油气田地面工程数字化交付规范》（Q/SY 01015—2022）中第3.4条规定，数字化交付（digital delivery）是以实体对象为核心，基于不同目的，对工程全生命周期的数字信息进行传递的行为。数字化交付涵盖信息交付策略制订、信息交付基础制订、信息交付方案制订、信息整合与校验、信息移交和信息验收。

1. 数字孪生的不同形态

数字化交付包括设计、采购、施工、试运行、竣工等工程建设的所有阶段，参与方分阶段在数字化交付平台上提交相应的成果文件。按照工程项目采购、施工、调试、交付、运行的各阶段需求采集并整合数据，承建方向业主交付一个与物理实体相对应的数字工厂。

数字孪生是数字化交付的成果，是通过数字化手段构建与物理实体一致的虚拟孪生体的过程。数字孪生体能够集成动态数据和静态数据，实现模拟仿真、故障分析、寿命预测等应用。

数字化协同设计是开展设计阶段数字化交付的基础。随着设计手段的变革，采用协同设计可以提供基于工程对象的模型、数据、文档及其关联关系，支持使用者基于结构化的数据源，采用智能化手段，不断发掘数据的价值。典型的数字化协同设计主要包括系统设计、厂（站）三维布置设计、材料管理等。系统设计包括工艺、仪表、电气等专业的系统设计，工艺系统设计基于工程对象、工艺模拟计算或工艺包，借助于智能 P&ID 软件绘制工艺自控流程图。通过智能 P&ID 软件向配管、仪表、电气传递工程数据。三维布置设计根据工艺自控流程图、总平面图、电气、仪表、建筑与结构、机械等专业的系统设计和布置设计完成整个工程的全专业、全要素的三维模型设计。材料管理系统用于定义并建立企业级材料编码体系和标准化物资材料编码库，在设计过程中，直接通过材料管理系统自动提取工程物资材料清单。

设计阶段数字化交付是通过数字化交付平台解析并导入数字化协同设计成果的过程。其中包括二(三)维校验、碰撞检查、基于工厂漫游的设计审查等。数字化交付平台按项目编码及交付规定接收工程电子文档，对其进行合规性、完整性检查，通过位号处理，提交完整、准确的工程对象属性数据，在平台实现智能 P&ID、三维模型、工程对象与文档图纸数据关联。

采购阶段数字化交付是通过数字化交付平台，按照采购交付清单及交付规定，对采购全过程的数据、文档进行采集，实现采购工作进度、物流跟踪、物料管理的过程。

施工阶段数字化交付是通过数字化交付平台，按照施工阶段的数字化交付规定，完成施工阶段数据采集及关联的过程。施工阶段的数据主要包括施工计划进度管控、施工质量相关的记录、文档及竣工资料等。

2. 数字孪生关键技术及应用

基于数字孪生可以进行仿真模拟运行，实现反馈式设计、迭代式更新，推动物理实体与数字虚体之间数据双向动态交互，对工程对象状态实时感知与智能控制，实现全生命周期数字化模型随物理实体动态变化而变化，辅助生产管理及调整生产工艺、优化生产参数等工作的开展。

因此，数字孪生的关键技术是建模，即根据物理实体建立起对应的孪生数字体，或者反之，根据数字体建立起孪生的物理实体。各种数据在建模过程中发挥核心作用，除静态数据外，还包括行为、过程和动态数据。

建模方法一般可以划分为两类：第一性原理或基于物理的方法和数据驱动的方法。数字孪生也可能是各种建模行为和建模方案的综合，并且有可能随着更多用途被发现而越来越详尽。

从国外一些研究数字孪生技术的先驱来看，现阶段走在前列的多是像 GE 公司、西门子公司、美国参数技术公司（PTC）、美国安世公司（ANSYS）这样的大企业。早在美国国家航空航天局（NASA）的阿波罗项目中，NASA 就制造了两个完全相同的空间飞行器，可谓物理孪生，留在地球上的飞行器称为孪生体。这个孪生体在飞行准备期间被应用于训练，在任务执行期间进行仿真实验，该孪生体尽可能精确地反映和预测正在执行任务的空间飞行器的状态，从而辅助航天员在紧急情况下做出最正确的决策。罗尔斯—罗伊斯公司已将数字孪生技术用于代替航空发动机破坏性试验，有效降低成本。西门子公司将数字孪生融入其工业物联网平台，实现了设备、设计、制造、维护等产品生命周期、不同应用场景的闭环数字孪生，大幅优化生产工艺，提高生产效率。道达尔公司建立数字工厂开发人工智能技术，以便在勘探和生产项目上节省数亿美元。此外，尼日利亚尼日尔三角洲的壳牌浮式生产储卸油轮部署了结构化数字孪生，实现了关键设备预防性检查、维护和修理，减少在难以到达的区域（如载油舱）进行物理检查的必要性，更加高效安全地管理海上资产。

基于数字孪生体的管网调度模式，通过物理实体管道系统与管道数字孪生体进行交互融合及相互映射，实现物理实体管道系统对管道数字孪生体数据的实时反馈，使管道数字孪生体通过高度集成虚拟模型进行管网运行状态仿真分析和智能调度决策，形成虚拟模型和实体模型的协同工作机制，达到二者的优化匹配和高效运作，实现管网动态迭代和持续优化。此外，基于数字孪生体的管网调度模式，承接设计阶段的工艺、控制、设备虚拟模型，接收实时采集的工艺参数、控制参数、设备状态参数等数据，并考虑其相互耦合作用，通过不同学科的仿真组合进行系统协同。中国石油管道公司科技研究中心针对数字孪生体的应用，提出了"数字孪生体是国家管网智能化转型的新抓手"，利用数字孪生体技术，对线路、流体、站场和环境四部分，在数字孪生体平台上进行数据分析和模拟，将结果推送给各个应用场景，从而通过数字孪生体平台提供了统一数据（包括模型、知识和结果）的共享，达到场景关联的目的。例如，天然气长输管道数字孪生化，可以及时发现相关泄漏行为，能够提供泄漏后果分析、应急决策等建议，实现其应有的效果。

九江、镇海等炼厂部署基于数字孪生的网络化协同管控应用平台，实现基于工厂模型的数据和应用集成，基于 CPS 实现石化行业实物世界与虚拟世界的融合，支持生产异常分析、设备预知性维修、设备腐蚀评估、安全环保等管理。海上平台传统的船舶从设计到生产制造通常基于 CAD/CAE 等工业设计软件，且多局限于设计分析阶段，在生产制造阶段三维模型仿真技术的应用偏少。此外，船舶建造方面，船舶操控利用 VR 技术，培训船员的驾驶技能。为船员提供沉浸式的培训体验，增强培训效果。在数字孪生应用平台中，对海洋环境、船舶结构进行仿真模拟，进行功能及性能仿真试验测试，为船体的设计优化提供可靠依据，大幅提高试验效率，节约成本（图 4-11）。

图 4-11　数字孪生技术在海上平台的应用图片

三、国内流程工业先进智能化技术进展

1. 石化炼厂智能化技术应用现状

中国石化在智能工厂建设领域进行了长期的探索与实践，通过数字化、网络化、智能化，升级、转型传统企业。其建设历程可以分为三个阶段。

第一阶段：2003—2011 年，制造企业生产过程执行系统（Manufacturing Execution System，MES）的建设和推广阶段。实现自主研发的 MES 在中国石化的炼化企业全覆盖；对企业生产管控水平的提高起到很大作用，为石化行业的数字化、网络化和智能化奠定了基础。

第二阶段：2012—2015 年，智能工厂规划与试点阶段。完成智能工厂总体规划和设计，在燕山石化、镇海炼化、茂名石化和九江石化四家企业开展试点，打造石化"智能工厂 1.0"，形成了相关理论、解决方案和核心软件产品，九江石化被国家树立为智能制造试点示范，并启动"智能油气田 1.0"总体规划设计。

第三阶段：2016 年至今，智能工厂升级、智能油气田规划与试点及 ProMACE 石化"智云"建设阶段。启动"智能工厂 2.0"建设，与华为公司合作，打造 ProMACE 2.0，镇海炼化公司和茂名石化公司分别被国家树立为智能制造试点示范；启动"智能油气田 1.0"试点建设，推动智能油气田升级。

2012 年开始，中国石化智能工厂选择燕山石化公司、茂名石化公司、镇海炼化公司、九江石化公司 4 家试点企业，主要目标是以实现一个目标、建设两个支撑体系、围绕三条主线、提升四项能力、具备五化特征、聚焦六大核心业务领域来进行。

下面以九江石化公司的智能工厂建设情况为例：九江石化公司前身为九江炼油厂，于 1980 年投产，逐渐由单一石油炼制型向集炼油、化工、化肥为一体的石化联合企业成功转型。1980 年建成了炼油一套系列；1997 年开始"第二次创业"，相继建成投产了第二套常减压装置、第二套催化装置、$16×10^4$t/a 气分装置、$52×10^4$t/a 尿素装置、$30×10^4$t/a 合成氨装置、$7×10^4$t/a 聚丙烯等装置；2004 年开始"第三次创业"，新建焦化、加氢、PSA、污水汽提、硫黄等 5 套装置，于 2006 年全部实现投产成功，进一步提升九江石化公司的原油加工能力。

九江石化公司的智能工厂建设通过以下 7 个方面开展实践：

（1）生产管控上，建设调度指挥系统，完成调度指令与操作指令、生产调度与能源运行等各级调度协同管理；建设操作管理系统，对现场作业人员进行实时定位、有毒有害提醒，提供关键作业流程指导书，推送作业点的相关信息；建设生产绩效及运行分析系统，对车间的生产运行情况进行监控分析。

（2）供应链管理上，建设计划生产协同优化系统，覆盖从原料进厂、装置加工、油品调和、物料库存和产品出厂各业务环节。

（3）能源管理上，建设能源管理系统，实现对能源运行状态的跟踪和确认，明确能源产耗状况，分析存在的问题和可优化空间。

（4）健康、安全与环保（Health Safety and Environment Management System，HSE）管理上，提升 HSE 管理及风险管控，实施关键装置风险监管，建设事故模拟与虚拟演练。

（5）辅助决策上，建设领导驾驶舱、移动应用和大屏幕。

（6）建设企业级服务总线，支持数据传送和发布；建设企业运营数据仓库，为分系统提供构建数据集市的能力；开展企业级主数据管理平台及标准化建设；建设工业分析数据模型。

（7）信息系统安全提升，实现用户账号统一管理，统一认证、单点登录。

九江石化公司的智能工厂建设实践取得了显著成果，成为国家首批智能制造试点示范企业。率先在炼化企业建成了工业第四代（The 4 Generation mobile communication technology，4G）无线网，实现了智能巡检和内外协同操作；企业的先进控制投用率达到 90%以上；劳动生产率平均提升 10%以上；生产数据自动采集率达到 95%以上；操作平稳率提高 5.3%；操作合格率提升至 100%；对重点环境排放点实现 100%的实时监控与分析预警；生产优化从局部优化、月优化向一体化优化、在线优化转变，能源管理实现可视化、在线优化；实现生产全过程效益最大化，企业年综合增效达 10 亿元以上；提高了物资管理效率，减少年库存占用资金 5000 余万元；企业年节约能源成本 700 万元以上。

2. 电力行业智能化技术应用现状

华东电网公司为了更好地提升电网安全性，在 2007 年初启动了可行性较高的智能互动电网研究项目，实行统一的信息平台和高级调动中心等智能电网试点工程。华北电网公司也在 2008 年进行了有关智能电网的研究与建设，并致力于电力系统智能调动体系的打造、智能电网信息架构的建设及有关清洁能源关键技术的研发工作。

此后，国家电网于 2009 年初启动了一系列智能电网相关课题研究，并确定了明确的发展目标，提出了"坚强智能电网"的重要发展内涵，该内容以坚强网架为基础，建设信息支撑平台，利用智能控制手段使经济高效、透明开放、坚强可靠、友好互动、清洁环保的现代化智能电网建设得到了进一步的发展。同时，其电压涵盖范围广，已初步实现了"电力流、业务流和信息流"的高度融合。

2010 年，电力行业在具体的智能电网建设部署上，已基本实现了智能电网的调度技术支持系统、电动汽车的充电设施、智能变电站、多网融合和用电信息采集系统五大试点工程建设并取得了重大突破。2011年，电力行业进入智能电网全面建设阶段，大力推进居民智能用电、电动汽车的充电设施、新能源接纳、示范工程的发展，已成为智能电网发展的基本任务目标。

四、国内外技术水平对比

国内油田智能化技术应用整体上侧重地面以上部分的建设和运行，重视减员、提效和管理优化，对智能化设备后期维护维修队伍的专业化管理及海量数据的深度智能化应用有待增强。国外能源公司智能化技术应用更偏重于地面以下部分及远程协同决策，以提高单井产量、降低运行成本、提高采收率、提高安全环保为主要特征，重视远程协同决策，关注经营管理与生产运行的一体化联控。

国内电力行业数字化交付技术发展时间较早，协同设计成果为数字化交付打下良好的基础，大多数项目均能实现工程总承包(Engineering Procurement Construction，EPC)阶段的数字化交付，不少项目已经开始延伸到智能电厂运营应用。石油石化行业的数字化交付技术发展相对较慢，中国石油的西南油气田、新疆油田也已经初步建成设计成果的交付，部分项目实现EPC阶段交付，个别项目也延伸到运维阶段。国外数字化建设开展的较早，整体来说，国外油田公司基本已建立了数据中心，完成了专业集成，项目也延伸到运维阶段并支持智能化运行技术研究与实践。

目前，国内油田智能化建设、数字化交付等技术仍处于起步阶段，与国外先进水平尚存在差距(表4-2)。

表4-2 国内外智能技术应用对比情况

序号	技术领域	技术名称	技术应用现状	
			国内	国外
1	全面感知技术	无线/总线智能传感器	长庆、胜利等油田数字化已部分采用	北海、中东等油田项目数字化试点应用较多
2		无人机/机器人/移动终端巡检	西北油田机器人巡查、长庆油田无人机巡查、塔里木管道手持终端巡检等初步应用	道达尔公司、壳牌公司利用机器人识别、定位危险缺陷，采集数据、代替人的部分管理功能
3		可视化与虚拟现实/增强现实技术	可视化是国内油田数字化一项主要工作，中国石化石油勘探开发研究院研发虚拟现实系统、电力行业虚拟巡检	用于钻井工程、地震解释、海底维护维修、作业培训等
4		人防/技防/物防安防体系	塔里木油田建设起步早，已部分建成三防安全体系	高危险地区油田主要采用人防和物防安全体系
5		光纤/卫星/公网/专网通信技术	普遍应用，长庆油田、塔里木油田、国家管网等通信网络建设状况良好，实时性较好	短距离一般采用光纤，中长距离采用卫星/公网
6		RTU/PLC/DCS控制系统	广泛应用	广泛应用

续表

序号	技术领域	技术名称	技术应用现状 国内	技术应用现状 国外
7	预警预测技术	功图技术	广泛应用于故障诊断，胜利油田采用功图计量代替计量站	试点应用
8	预警预测技术	单井虚拟流量计量技术	未见报道	科威特石油公司试验利用虚拟计量技术实现单井多相计量功能，建模复杂
9	预警预测技术	仪表/设备故障诊断	部分应用，抽油机智能决策，静设备、动设备信息采集报警管理	挪威国家石油公司等利用设备状态监测平台监管所有设备运行状态
10	分析优化技术	设备维护维修管理优化	能优化抽油机或 ESP 等采油设备的维护维修策略	针对 ESP 建模，并能根据相关实时参数分析 ESP 的运行状况
11	分析优化技术	数字孪生技术	国家管网长输管道仿真演练系统	壳牌等公司结合增强现实技术，用于现场操作培训
12	集成协同技术	SCADA 数据处理中心	长庆、胜利等油田已建成	广泛使用
13	集成协同技术	智能云平台+大数据分析	初步应用，中国石油梦想云、中国石化 ProMACE 智云等	BP 等公司用大数据为设备内流体建模来实现低成本优化
14	集成协同技术	多学科跨地域协同决策中心	长庆、胜利油田等实施效果较好；国家管网油气调控中心负责所辖所有长输管道、站场及储气库日常运行，建成远程协同决策体系	挪威国家石油公司等实施整合运营油田，通过跨学科、跨部门、地域协同合作，依靠实时数据和创新的工作流程，实现更安全、更好、更快的决策

第三节　智能化应用技术发展方向

  油田的智能应用包括综合研究、工程建设、生产运行、经营管理全业务过程，通过建立具备高度自动化、可视化、集成化、流程化、模型化为特征的 IT 集成系统，利用新的信息技术和智能技术，实现全面感知、智能控制、优化运行及智能决策。油气站场智能运维是智能应用的组成部分。

  油田智能化技术应用重点是生产过程的全面感知，应用初期侧重于岗位优化和节能降耗，并在此基础上，逐渐向勘探开发一体化、实现远程协同决策的方向延伸，以提高生产效率、提高经济效益、解放人力资源及保障安全环保生产为最终目标，实现勘探开发、生产运行及经营管理的全业务流程一体化管控。

一、发展方向

1. 完善油气生产物联网建设，实现生产过程的全面感知

油气生产物联网是油气田数字化建设的一部分，它侧重于油气生产领域实时生产数据采集与监控。从油气集输系统、污水处理系统、注水系统和注入系统等核心生产环节入手，完善油气生产物联网建设，实现生产过程全面感知和互联。

1）顶层设计是完善油气生产物联网的关键

通过顶层设计提出油气生产物联网基本技术体系和平台框架，规范油田数据和油田业务应用，实现资源共享和业务协同，并根据实际建设实施情况不断完善，在规范油气生产物联网建设的同时，指导其深化应用。

例如，大庆油田物联网建设充分借鉴示范工程实施经验，结合生产实际需求，编制了《大庆油田油气生产地面工程数字化设计规定》，规定了固化数字化建设模式，明确了数字化建设架构及功能，明确井、间、站、作业区生产管理中心、油田公司指挥中心的设计要求。

2）多源数据集成，实现多渠道数据采集

实现生产过程全面感知需要在站、库、井、间层面围绕控制系统、数据采集、视频监视及数据传输设施进行更新和完善。例如，完善油系统参数采集，最终实现机采井产液量、产气量、含水率、动液面在线测量和测算，实现采出井自动测调，达到稳产和增产的目的；完善注水/注入地面驱油系统参数采集，实现油田开发的动态调整要求；完善电力参数采集，诊断机采井工况和泵况等动设备状态。

同时，在指挥中心层面搭建技术平台，涵盖企业级服务总线、数据仓库、主数据管理平台、数据分析模型及三维数字化平台等；面向大屏幕，开发运营监控、中心调度指挥、现场移动指挥及三维现场漫游等集成应用。例如，大庆油田油气生产物联网、中国石油地理信息系统（A4）、采油与地面工程运行管理系统（A5）、大庆油田生产经营管理与辅助决策系统（DQMDS）、移动办公平台、大庆油田云计算数据中心及大庆油田生产指挥中心等十余项数字化和信息化项目的建设，将为油田智能化应用的深度开发创造条件。

2. 实施工程建设全过程数字化交付，实现地面站场全生命周期管理

1）实施站场全生命周期的数字化交付

数字化交付在工程项目中应用需常态化，在数字化交付标准的指导下，利用数字化交付平台，实施地面工程站场设计、采购、施工、试运各阶段数字化交付，与生产运维数据有机结合，打破传统基建期信息孤立的局面，将传统的各单位之间点对点的信息流转变成基于统一平台的信息流转，实现地面建设各参与方数据共享。

2）构建站场全生命周期的管理系统框架

研究构建油田地面站场全生命周期管理系统框架，规范油田站场数字孪生建设技术、数据集成交互技术及典型业务应用。新建设施按项目建设过程从数据源头正向完整采集并建模；已建项目通过激光扫描建模并结合历史资料实现数据活化；通过与已建系统集成，获取动静态数据；结合人工智能等技术，形成站场全生命周期信息化管理模式，打造物理油田与数字孪生融合交互的闭环系统，实现降本增效、风险预控、辅助决策，推进智能化发展。

3. 构建优化运行平台，油田生产实现协同管理

1) 构建优化运行平台

以数字孪生体为基础，设立功能目标，探索研究全域和全时段仿真运行算法。对生产情况实施监控，并将信息实时或者准实时地传递，并在三维平台上展现记录站场设备、管道等生产设施的全生命周期档案，保存所有维护历史，并建立与之对应工况的联系，记录从计划下达到调度指令、再到操作的全部数据。应用运行平台，建设生产管控系统，实现运营优化、预测性维护、异常检测及故障隔离等功能。

例如建设能源管理系统，实现对能源运行状态的跟踪和确认，明确能源产耗状况，分析存在的问题和可优化空间；建设集输系统掺水在线优化平台，建立阶梯优化模型，实现加热炉用燃料、机泵用电及掺水温度、掺水量等方面的调整；建设注入监测与优化系统，联动油井采出参数，建立采出参数与注入参数关联模型，实现注入系统的合理调配与优化，提高用水、用电、用药的效率，降本增效；建设单井综合监测与优化系统，通过单井效益评价体系及筒底来液等主要参数，建立单井产量动态预测及生产组合模型，实现单井智能排产和动态优化，提高采出效率，降低无效耗能（图4-12）。

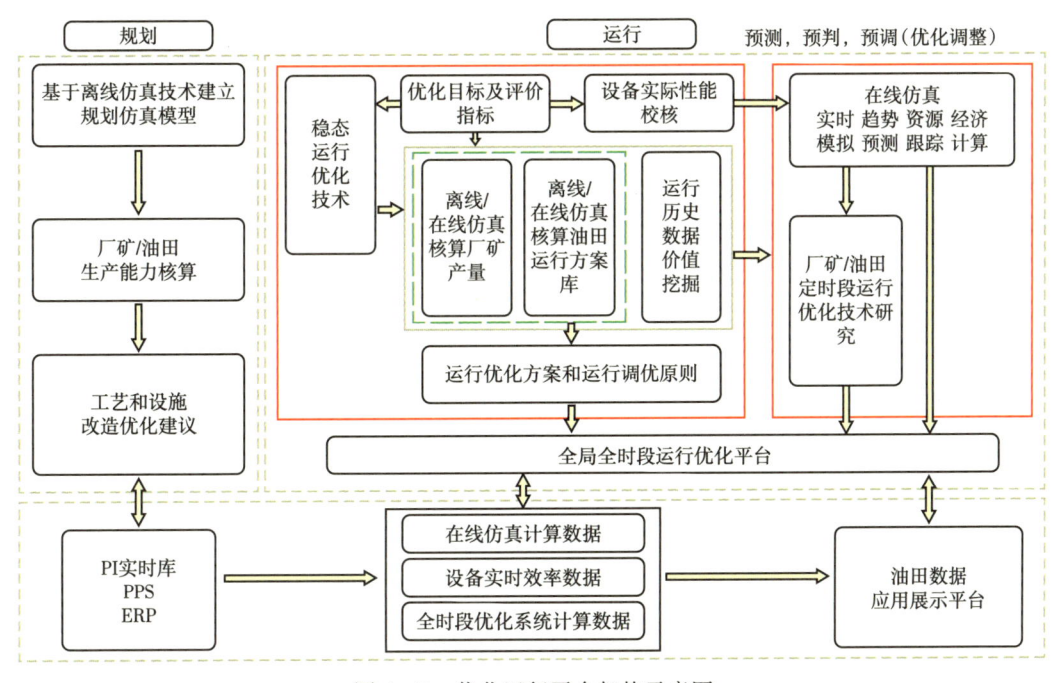

图4-12 优化运行平台架构示意图

2) 数字孪生与机理模型有机结合

智能化的应用基于生产过程的机理模型。生产过程的机理模型可描述管道、设备、流体的特性及其相互关系，例如管输流体的流速、温降、压降等参数的相互关系，处理设备内多相介质的分离特性等。通过实时监测这些与生产过程密切相关的变量，经过多输入、多输出的可编程控制系统，基于机理模型确定的逻辑关系、控制模型，实时响应输出联

锁、调节信号，驱使阀门、机泵等执行元件及时动作，实现工厂、装置或系统的安全、平稳、高效运行。数字孪生可利用工程对象的静态数据，水力、热力机理模型，集成全面感知采集的动态数据，构建多物理量、多概率的支持仿真的机理模型。数字孪生和机理模型有机结合，不仅是物理实体的数字化复制，还将通过应用虚拟技术在虚拟信息空间中对物理实体进行映射，反映和预判物理实体行为、状态。数字孪生和机理模型的有机结合可为油田提供包括运行风险分析、健康评估和实时再现场景的能力，在控制对象达到控制极限之前及早发现故障，通过建模和仿真来预测预警。

3）油田生产实现协同管理

油田生产协同管理包括油田公司级生产指挥系统、厂级操作管理系统和以厂级或基层作业区为单元的生产计划、生产绩效及运行分析系统。

油田公司级生产指挥系统主要包括调度和操作命令、生产与能耗运行等内容。实现协同管理需要在传统生产运维的基础上建立油田生产指挥系统，完成生产运行环节的调度、可视化监控建模，建立生产运作流程图等，并与工业电视集成；建立关联油田生产上游、下游的异常分析和报警模型；建立决策知识库，实现预案智能检索。厂级操作管理系统可支持移动应用，对现场作业人员进行实时定位、有毒有害提醒，提供关键作业流程指导书，推送作业点的相关信息。以厂级或基层作业区为单元的生产计划、生产绩效及运行分析系统，可对生产计划、生产运行情况进行监控分析，并根据预定目标和生产运行现状给出调整建议。

同时，配套建设智能设备维护维修知识库、案例库及专业技术人员库，全油田各生产单位共享，满足智能设备问题高效解决的需求，缩短智能设备非计划停工时间；建设闲置资产、废旧资产盘点管理平台，盘活已有油田资产，降低库存占用资金，从全油田层面协调闲置资产、废旧资产的再利用。

二、智能化应用场景描述

1. 打造智能化油田，实现智能化决策

从实际业务应用需求出发，采用适合的技术支撑，在数字油气田基础之上，应用云计算技术、物联网技术、移动应用、自动化技术及各种业务模型、知识库、专家系统等，通过数据集成、流程优化、认知计算、分析优化等手段来搭建应用环境，逐步满足智能油田业务的可视化监控、生产管理、综合分析及各种开发生产专业应用需求。基于现场大量实时数据和智能油气田仿真模型，通过多专业协同工作，实现生产动态全面感知、变化趋势自动预测、生产过程自动优化，辅助油气田公司决策，提高生产效益。实现地下地上一体化、地质工程一体化、建设运营一体化、管线场站一体化。融合各类数据与业务，打造油田可视化平台，实现传感设备与监控设施的关联互动，人、设备、环境的监测预警和智能提示，设备健康状态诊断与预防性维修维护，生产运行控制和主动优化。

1）智能井场

完善油气生产物联网，集成工业视频及油（气、水）井数据采集平台，融合大数据、人工智能、自控技术及历史数据、知识库与专家经验等，打造智能井场生态应用，实现智能监控、智能生产预警与视频联动、智能工况诊断与智能措施推送、智能产量预测等，并

通过智能调参等精准操控,实现实时生产优化和整体效能提升,逐步形成精准高效生产与绿色安全受控的智能井场运营模式。

实现主要智能化功能:智能工况诊断,智能产量计量;智能调配(冲程、冲次、调平衡,配注、配采、加药、掺水),智能间抽、间开,智能预测预警(设备故障、单井产油量、产气量、含水率、注入量、温度、压力、电参;结蜡、结垢、水合物、腐蚀,井场环境智能识别与监测),智能巡井(VR/AR/MR、移动应用)。

2)智能站场

配套地面优化简化工程,完善油气生产物联网及自控系统,集成工业视频及其他相关系统,融合大数据、人工智能技术及历史数据、知识库与专家经验等,实现站场实时模拟仿真、智能生产运行、生产趋势预测预警、资产可靠性管理等,并通过生产管控中心实现井、站、管道一体化的智能生产联动,逐步形成精准高效生产与绿色安全受控的智能站场运营模式。

实现主要智能化功能:先进控制与工艺优化;预测预警、智能操作、站场完整性、能源管控、经营管理、智能巡检、质量管理、综合管理。

3)智能管网

完善油气生产物联网及自控系统,集成工业视频及其他相关系统,融合大数据、人工智能技术及历史数据、知识库与专家经验,全面实现管道数字化表征、管网流动保障、智能运行优化、智能调度、管道完整性管理、智能预测预警、管道智能应急响应、智能巡检,并通过生产管控中心实现井、站、管道一体化的智能生产联动,逐步形成高效生产与安全受控的智能管网运营模式。

实现主要智能化功能:管网流动保障、智能运行优化、智能调度、管道完整性管理、预测预警、管道智能应急响应、智能巡检。

2. 动静态数据结合,实现站场智能化运维

油气田处理站场的生产管控是油气田生产运行的核心,随着国内老油田开发进入特高含水率期,伴随油田生产规模不断扩大,油气田分布由集中向分散分布转变,部分站场所在区域人口密集、工矿企业多,很多站场处于环境敏感区域,这些因素都给站场生产管控带来很大的难度。同时,国内油田高含水率、低产、低效区块逐年增多,系统负荷不均衡现象越来越严重,传统的站场运维方式成为制约地面集输处理工艺的瓶颈,高耗低效运行是影响生产成本的关键。因此,急需将智能化技术和油田发展深度融合,依靠管理和技术创新,提高油田生产运行管理水平,通过在站场建设和管理各环节应用信息化技术,应用智能化系统分析和判断,采取最佳措施,实现站场全面感知、智能控制、优化运营,智能决策的智能化运维,缓解生产规模扩大所带来的用工紧缺、资源开发成本高与精细管理降本增效等矛盾,提高油气田的经济效率和生产效率。

高含水老油田地面设施智能化运维技术的发展对全生命周期数据完整性有较高的要求,一方面需要通过信息化手段完成对油气田海量动态生产数据的采集;另一方面,需要从工程建设过程中(设计、采购、施工、试运)获取大量的静态基础数据,通过对建设工程项目实施数字化移交,构建智能油田数据基座。数字化系统设计平台的相关成果以及采购、施工、试运各阶段成果经过数字化移交实现对智能油田建设的支持。通过数字化协同设计平台建立了工程详细的逻辑模型、三维模型及工程数据库，并与地理信息模型相结合，为投产后的生产运维提供了核心的基础数据和虚拟仿真环境。在智能运维平台中实现培训，施工方案模拟验证，各类资产的综合管理，三维可视实时监控、应急预案、应急指挥，智能巡检，漫游模拟和虚拟培训，人员安全管理，设备运行管理，生产过程优化，知识对业务的有效支持。通过对全生命周期管理完成资源共享、信息推送，直接将传统的油田建设转变为智能油田建设。

未来油气田站场智能化运维技术将主要应用在以下6个场景中。

1) 资产综合管理

以数字孪生体为数据基座，建立完备的资产台账，实现设备综合台账、设备运行数据采集、巡检管理、设备故障报警管理、设备维修计划排定、维保流程管理、工单管理、备品备件管理。例如安全管理人员发现报警信息，巡检人员在现场扫描报警设备二维码，判断设备是否超期服役，确认当月是否已有维护工单派发。也可选取三维模型中的任意空间，单独查看其间设备的详细的运行数据和结构情况，每个空间的每个元素基本信息和实时状态都以"标识牌"的形式简单、直观地呈现出来，可查看设备标识牌上的设备工作状态，保证对设备安全情况及时掌握，查看任意设备基本参数的同时，还可以切换标签查看对应设备的维保历史记录。

2) 生产运维

日常维护：建设计划生产协同优化系统，覆盖从采出液进站、处理、外输等各工艺环节。基于三维数字孪生体，结合站场自控系统，实现站场二维（三维）可视化生产动态监测。分别以二维（三维）形式展示站场工艺流程、生产现状，实现二维（三维）界面切换。同时，记录站场设备、管道等生产设施的全生命周期档案并在三维平台展示，实现设备预警、预防性维护和可靠性管理并保存所有维护历史。

虚拟巡检：依托数字孪生体，采用虚拟现实技术，支持以虚拟现实（Virtual Reality，VR）和增强现实（Augmented Reality，AR）的形式，将油田企业数字孪生体展示在管理者、使用者和维护者眼前。通过穿戴VR设备进行沉浸式的站场漫游，模拟巡检人员在模型内真实的路线行走进行巡检；还可以对员工进行操作培训、设备大修模拟、应急演练等功能，将油气站场生产实景以虚拟化形式展示在管理者、使用者和维护者眼前（图4-13）。

图4-13 利用智能化运维技术虚拟巡检及培训

3)生产管控

以数字孪生体为数据基座,实现动静态数据的一体化展示、生产趋势变化展示(图4-14)。展示运维中需要重点关注的数据,实时观察流量、压力、温度等各类生产运行参数的数值变化趋势,基于三维数字孪生站场,集成站场监控视频,实现站场多视角视频监测,点击查看监控视频,在极其节约人力成本的情况下仍然可保证对每个角落都实现及时监控。可切换不同场景,按需要展现视频监测画面;建设调度指挥系统,完成调度指令与操作指令、生产调度与能源运行等各级调度协同管理;建设操作管理系统,对现场作业人员进行实时定位、有毒有害提醒,提供关键作业流程指导书,推送作业点的相关信息;建设生产绩效及运行分析系统,对各岗位的生产运行情况进行监控分析等。

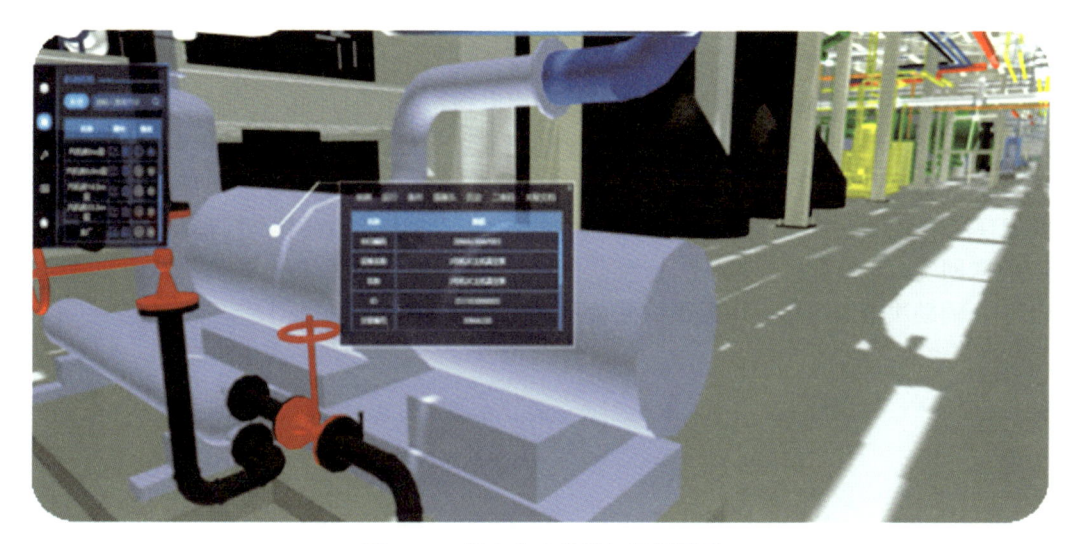

图4-14 数字孪生体详细数据展示

4)优化运行

结合自动控制技术,基于数字孪生体,实现辅助节能降耗。例如辅助转油站自动精确控制掺水,在阀组(间)内单井/单环设电动调节阀,与油压联锁,计量间掺水支管根据油井井口回压通过电动阀远程调节掺水量,通过运行的实时数据(温度、压力等)实现自动掺水调节,有效、精确地控制掺水,降低掺水运行能耗,跟踪掺水节能效果。再例如,基于管网及站场模型,实现注水优化,自动根据不同水井的注水压力情况,合理、有效地进行分配,在保证各个系统压力稳定的同时,达到电能损耗最少;通过泵站运行的优化调度和调整注水管网系统的布局调整来降低系统能耗,解决注水系统耗电高、成本高的问题;此外,结合自动控制技术,建设能源管理系统,实现对能源运行状态的跟踪和确认,明确能源产耗状况,分析存在的问题和可优化空间。

5)辅助决策

基于地理信息及可视化技术,实现油气大型站场分布展示,由油田—作业区—站场的数据逐层获取。通过领导驾驶舱、移动应用和大屏幕,实现站场地理位置定位、三维站场快速展示,作为三维可视化平台的入口。基于历史数据、油藏数据和生产数据,以仿真模拟方式计算合理配产方案等。

6) HSE 管理

提升 HSE 管理及风险管控,实现对异常工况和风险点(如"跑、冒、滴、漏"情况)的跟踪,实施关键装置风险监管,建设事故模拟与虚拟演练。应用人工智能、基于数字孪生体,实现风险因素的识别与展示。建立知识图谱、基于专家系统、人工智能技术,分析模拟可能出现的风险问题,基于三维模型实现低温预警、运转异常报警等,并提供异常报警处理界面,为更换设备、改造站场、治理安全隐患等工作提供支持。

建立安全管理在线跟踪与处理监控平台,利用 AR、VR 等增强现实技术,实现智能化和远程的"巡、检、护、修"。依据爆炸、泄漏和火灾等分析模型计算事件扩散影响范围,快速响应,指导现场救援。建立"环保地图",实现污染物排放的实时监控、异常报警和信息推送。

攻关方向:以数字化地面建设为基础,利用以物联网、云计算、大数据和人工智能为代表的新一代信息技术,通过工程建设的全过程数字化交付,提升全面智能感知水平,构建有生命的智能化数字孪生体,实现智能感知、智能控制、优化运营,智能决策。结合 GIS 展现油田全貌与细节,打造智能油田数据基座,形成全生命周期管理模式。集成油气生产物联网实时生产数据、场区监控数据,为后续可视化运营管理、仿真优化、应急演练与培训、辅助决策等深化应用提供数据及平台支撑,助力油田精益生产。

第五章 高含水老油田地面设施本质安全技术

安全发展已被确立为国策，国家新颁布的《中华人民共和国安全生产法》，设定了安全红线，制定了安全与生产的"一岗双责"的管理体系，强化了主体责任、监管措施和法律责任。高含水老油田地面生产系统具有点多、线长、面广，安全环保责任点多，系统管理难度大的特点，同时，随着开发时间的延长，油田地面管道、设备等设施腐蚀、老化、结垢等问题不可避免，"跑、冒、滴、漏"等现象时有发生，安全问题比较突出。本章通过系统调研、对标分析国内外高含水老油田地面工程设施本质安全技术现状及存在的问题，结合老油田后续发展对本质安全技术需求的分析，在工艺安全、设备安全、运行安全三方面开展了系统总结，可为油田安全生产提供技术借鉴。

第一节 面临的问题与矛盾

一、新工艺、新材料的风险评价体系不健全

随着高含水老油田开发方式的改变，设计环节需要考虑的工艺安全问题比过去要复杂得多。

一是随着高含水老油田腐蚀环境越来越严苛，非金属、复合材料、合金钢等耐蚀新材料得到大量应用，但是其技术体系不健全，运行管理体系不配套，存在安全隐患。其中包括：设计人员缺乏选材经验，未充分考虑实际应用工况条件变化；现有标准体系不能有效指导管材设计及优选；与新材料相关的技术体系还不完善；前期未经过系统的适用性评价，特殊工况环境出现材质失效现象。

二是新的提高采收率技术引入很多新的腐蚀性介质，在应用过程中导致地面系统注入端设备腐蚀、结垢的情况日益严重，采出端杂质、泥砂、矿物质含量大幅增加，对油田设备安全产生不利影响(图 5-1)。但目前油田地面设施缺乏针对性的风险评价、适应性快速

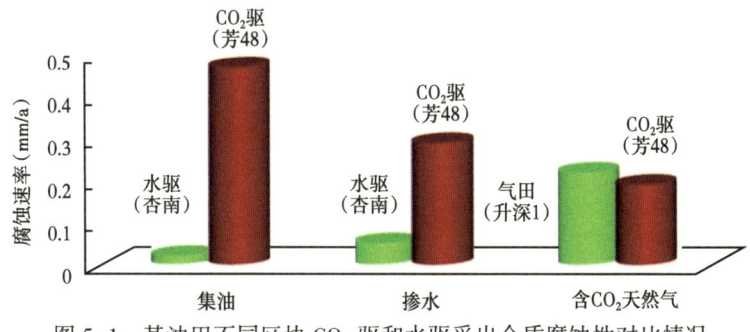

图 5-1 某油田不同区块 CO_2 驱和水驱采出介质腐蚀性对比情况

评价及寿命预测技术体系。

二、在役设施服役时间长、腐蚀老化严重

随着地面设施服役时间的延长，介质综合含水率持续升高，腐蚀性逐步增强，高含水老油田腐蚀老化现象越来越严重，地面设施的安全形势持续恶化。以中国石油为例，截至2019年底，在役油田站场使用年限在10年以上的有6997座，占比55%；油田管道使用年限在10年以上的有$8.8×10^4$km，占比36%；部分油水井、站场、管线处于人口稠密区、工矿企业区和环境敏感地区；部分管道输送H_2S、CO_2等有害物质；管道失效率高，个别管道达到200~500次/(10^3km·a)。

同时，随着国际石油行业竞争越来越激烈，成本控制压力不断上升，地面设施维修维护及更新换代不及时，高含水老油田地面设施被迫"带病工作"现象会越来越普遍，设备设施安全问题将更加突出。因此，需要不断丰富和完善本质安全技术体系，以达到地面设施的安全、经济、环保和高效运行的要求。

三、生产管理体系滞后于数字化及完整性技术的发展

随着各种数字化及完整性管理技术的应用，高含水老油田现有的生产管理体系发展滞后，主要表现在以下两个方面：一是人员技能方面。随着数字化及完整性管理技术的应用，油田操作人员减少，操作技能水平需要大幅提升，才能适应现代化企业管理的需要；二是生产管理体系方面。目前油田地面工程的生产管理包括管道及站场生产管理、HSE管理、完整性管理三个体系，体系之间的管理内容交互重叠，缺乏统一的指导思想及管理目标。

总之，随着中国高含水老油田进入开发后期，经济效益逐渐下降，安全风险逐渐上升，如何保障油田本质安全和经济效益协调发展，是高含水老油田地面设施未来面临的主要问题。目前，国内外油田都趋向于应用一种现代化的安全管理技术——资产完整性管理技术来消除生产设备设施运行过程的安全隐患，实现从传统的"事后处理"向"事前预防"，确保设备设施高效经济运行。

第二节 本质安全技术进展

资产完整性管理技术通过建立设计完整性技术体系，保障设施全流程的工艺安全；通过建立资产运行管理完整性技术体系，保障设施全生命周期的设备安全；通过建立操作完整性管理体系（OI），保障设施全天候的操作安全。该技术已经在国内外油气长输管道生产运行中规模应用，目前的应用领域已经向油气田站场、管道拓展，是解决高含水老油田本质安全和经济效益协调发展问题的最佳途径。

一、设计完整性

设计完整性由工艺合理性设计、耐腐蚀材质及防腐措施选择、危害因素识别与控制三部分组成，是指从设计阶段开始充分考虑可能潜在的各种风险，并采取保护措施降低工艺

安全风险，以达到地面设施的安全、经济、环保和高效运行的要求。

国外管道公司遵循资产完整性管理理念，在设计阶段充分考虑地面设施各种风险，确保风险可控，在过程管理中通过严格的制度程序和技术保障，确保设备的完整性，提升本质安全。例如，壳牌公司遵循资产完整性管理理念，在设计源头综合考虑结构安全系统、工艺流程系统、放空点火系统、火焰检查系统、仪表保护系统、紧急关断系统、应急报警系统、紧急救生系统八大关键系统的完整性，确保生产过程中每一个工艺环节的安全。总体来说，国外工艺完整性管理技术初步形成了管理理念和工作流程，目前正向着形成完整的技术体系和建设配套的标准规范发展。

国内设计完整性技术发展较晚，在工艺合理性设计、耐腐蚀材质及防腐措施选择及危害因素识别与控制等方面各有局部应用，目前仍处于设计完整性的初始阶段，而适合国内高含水老油田的设计完整性原则、策略、方法、流程、技术、标准均未建立健全。

1. 工艺合理性设计技术

工艺合理性设计技术是从合理选择工艺的角度出发，整体考虑装置的本质安全问题，是保障装置工艺安全的基础。

1）塔河油田

塔河油田属于高温高盐含硫油田，污水水质 pH 值低，与溶解氧接触后引起的腐蚀问题，一直是困扰该油田的技术难题。该油田某污水处理系统在设计阶段采用了"预氧化水质改性+配套改性药剂体系"的技术方案[87]（图5-2）。同时，注水系统改变了系统半开放、曝氧环节多的工艺设计，对整个流程，尤其是缓冲罐及罐车开展隔氧、除氧技术，减少溶解氧含量，从工艺源头解决了污水腐蚀严重的问题[88]。

图5-2 水质改性流程图

（1）"预氧化水质改性+配套改性药剂体系"技术。

针对污水 pH 值偏低、Fe^{2+} 含量高、污水含油量高及固体悬浮物高的问题，在一号联污水处理系统采用了"预氧化水质改性+配套改性药剂体系"的技术方案加以解决，污水经处理后水质达标，腐蚀性大幅减弱（表5-1）。

表5-1 水质改性效果

项目	含油量（mg/L）	总铁含量（mg/L）	平均腐蚀速率（mm/a）	点蚀速率（mm/a）
系统来水	28.79	43.14	0.0758	3.9107
pH 值为6.5	0.412	0.384	0.0368	1.0429
对比效果	↘98.6%	↘99.1%	↘51.5%	↘73.3%

（2）全流程密闭隔氧、除氧技术。

一是注入系统在管输流程中，位于井口的敞口缓冲罐是主要的曝氧环节，经过该缓冲罐后水质溶解氧含量快速升高，造成介质腐蚀性大幅增加。因此，对缓冲罐的结构进行改造（图5-3），通过将缓冲罐密闭和增设除氧器以增强水质除氧效果。

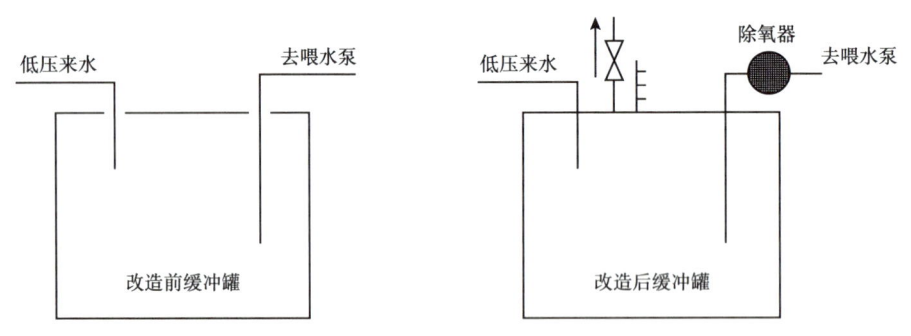

图5-3 缓冲罐改造前后示意图

二是罐车敞口装水时，油田污水与空气可充分接触，携带大量溶解氧进入罐车，大幅提升水中溶解氧含量。为了降低溶解氧腐蚀风险，减少罐车在装车、拉运过程中的曝氧环节，将原先的敞口结构改造成密闭结构（图5-4），形成"单向排气"新型罐车装水方式。

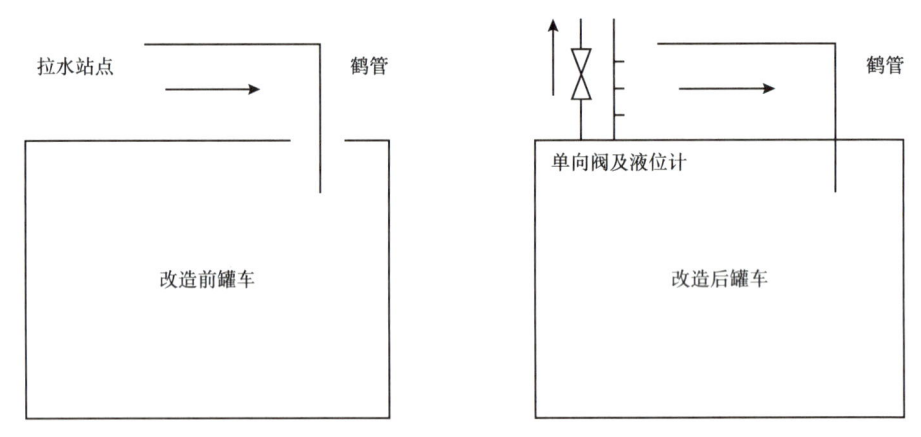

图5-4 罐车改造前后示意图

三是针对间歇式注水、采出水扫线、掺水输送的"动—静—动"生产工况所造成的溶解氧介入问题，除前述"改变曝氧工艺流程"外，还积极推广应用"配套缓蚀剂+除氧剂、研发新型缓蚀剂"的腐蚀控制技术。应用后单井管线腐蚀率降低了50%。

2）塔里木油田

塔里木油田强调要在可研阶段开展包括规范性、完整性、合理性在内的方案评估，在设计期及建设期推进"专章、专案、专监、专检、专验"的"五专"规范实施，加强"设计选标、技术规格书编制、设备监造和出厂验收、入场检验、单点单项验收"的"五控"管理，为地面系统工艺完整性提供保障（图5-5）。

图 5-5　塔里木油田的工艺完整性框架

3）长北气田

中外合资的长北气田从硬件备份到功能应用，广泛采用了冗余设计（表5-2）。长北数字化前端各类输入输出设备、网络通信、数据处理以及保障单元，结合了多样化检测手段、票选机制等多种控制策略，提供多样化的监测、预警和控制手段，有效提高了系统本质安全化水平。

表 5-2　长北气田设备功能冗余化设计

项目	功能冗余	备份冗余
LEVEL0	橇装设备	FF/HART/MODBUS 总线仪表控制阀及关断阀
LEVEL1	CPU、I/O、通信卡、电源	FCS+IPS+FGS 系统协同
LEVEL2	HIS 工作站、数据服务器	UPS 供电保障
通信	光缆通信链路及交换机等网络设备	PA/GA 及无线对讲系统有线及无线链路

4）长庆油田

长庆油田强调将以标准化、模块化、一体化为特征的标准化防腐设计与预防性检测及修复结合起来，实现站场及管道的完整性管理。

一是标准化设计。油田产建工程设备及钢质管道种类繁多，防腐类型也多种多样，经过多年的设计优化，形成了防腐涂层材料标准化、工艺安装防腐结构标准化、保温（保冷）结构标准化、站场涂色标识标准化等标准化防腐设计。通过标准化防腐设计，可以规模推广先进适用的防腐工艺技术，提高防腐工程建设水平，降低防腐工程投资和运行成本。

二是模块化设计。在防腐设计中运用模块化工艺，特点是模块分解独立性、模块组合系统性和模块接口标准化，并对各工艺模块进行单独设计，通过不同工艺站场类型对模块进行调整组合。通过模块化防腐设计，可以实现防腐技术的自由、灵活搭配，减少设计误差（图 5-6）。

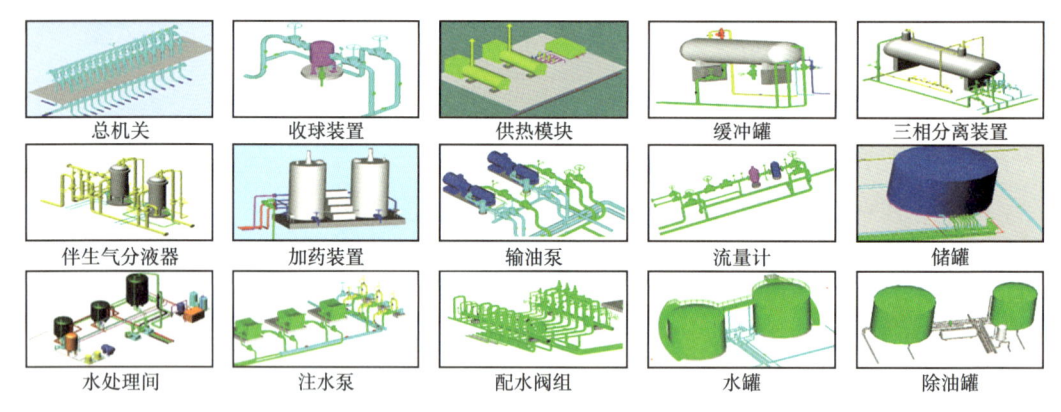

图 5-6　防腐设计工艺模块示意图

三是一体化设计。在一体化集成装置设计中,增加防腐保温设计,使一体化装置的防腐技术措施具备安装灵活、维修方便等功能(图 5-7)。

图 5-7　一体化集成装置防腐保温设计

2. 耐蚀材质及防腐措施优选技术

高含水老油田的腐蚀环境随开采时间延长而变得越来越严苛,同时,各种新的提高采收率技术也带来了新的腐蚀问题,有针对性地优选耐蚀材质及防腐措施是缓解腐蚀问题的首选。

塔河油田针对不同区块、不同环境、不同工况腐蚀存在的差异性,因地制宜的优化选材及配套防腐措施,从"被动治理"向"主动防控"转变。在高 H_2S 气藏的高 9 区,单井管线采用 20#+825 双金属复合管;集输管线采用 L245NS+缓蚀剂。在地势起伏较大的区块,单井管线采用连续增强复合管。高含水老区产建上,塔河 2 区、塔河 8 区、塔河 10 区、塔河 12 区单井管线自主研发了 BX245-1Cr 管材,试验应用后降低点腐蚀 31.59% 以上[89](图 5-8)。

(a) 20#+825双金属复合管　　(b) 连续增强复合管　　(c) BX245-1Cr管材

图 5-8　塔河油田耐蚀材质优选

大庆油田积极探索非金属管道、非金属储罐及功能型防腐涂料在油田介质中的适应范围及技术界限，为新技术的推广应用、优化设计提供基础。例如，针对三元复合驱、CO_2驱系统中非金属管道及储罐材质存在的适应性问题，建立了非金属材料介质适应性评价标准，为三元复合驱应用玻璃钢储罐、管道储运聚合物、二元复合液，CO_2驱应用增强热塑性树脂复合连续管输送采出液等技术难题提供了解决方案。

3. 危害因素识别与控制技术

基于工艺安全的危害因素识别与控制技术主要包括危险与可操作性分析技术（Hazard and Operability Analysis，HAZOP）、保护层分析技术（LOPA）、量化风险评价技术（QRA）等，旨在从设计阶段开展风险分析，制订工艺安全措施。

1）危险与可操作性分析技术（HAZOP）

HAZOP技术是一种对工艺过程中的危险源实行严格审查和控制的定性分析技术（图5-9）。用于针对新的或现有的生产工艺，进行系统性的工艺测试和设计意图测试，识别潜在危害和操作中存在的问题。

如图5-9所示，HAZOP分析由一组多专业背景的人员，以会议的形式，将装置划分为若干小的节点，使用一系列的参数和引导词构建偏差，采用"头脑风暴"的方式对工艺过程中危险和可操作性的问题进行分析研究。它是一个程序化的、正式的、系统的审查过程，可以评估装置潜在的设计失误或误操作，以及对整个装置运行的影响。HAZOP执行通常分为两个阶段，即分析阶段和建议关闭阶段。HAZOP分析阶段的工作内容如图5-10所示；HAZOP建议关闭阶段的工作内容一般根据HAZOP分析报告中提出的建议措施进行跟踪、落实和关闭。

在国外，HAZOP分析方法已被广泛应用于石油、石化等过程工艺危险性分析中。英国BP公司将HAZOP分析方法作为公司识别危险的基本方法之一，要求从项目设计阶段即开展此项工作；德国拜耳公司在"过程与工厂安全指导"中规定，其所属工厂需定期进行HAZOP分析并形成安全评估报告[90]。

在国内，国家出台相关政策加速HAZOP分析工作的开展，如国家安全生产监督管理总局发布了《危险化学品建设项目安全评价细则（试行）》、国务院安全生产委员会发布了《国务院委员会办公室关于进一步加强危险化学品安全生产指导工作的指导意见》。目前，HAZOP作为一种系统化、结构化的危害识别工具，已经应用于西气东输管道、庆铁线、

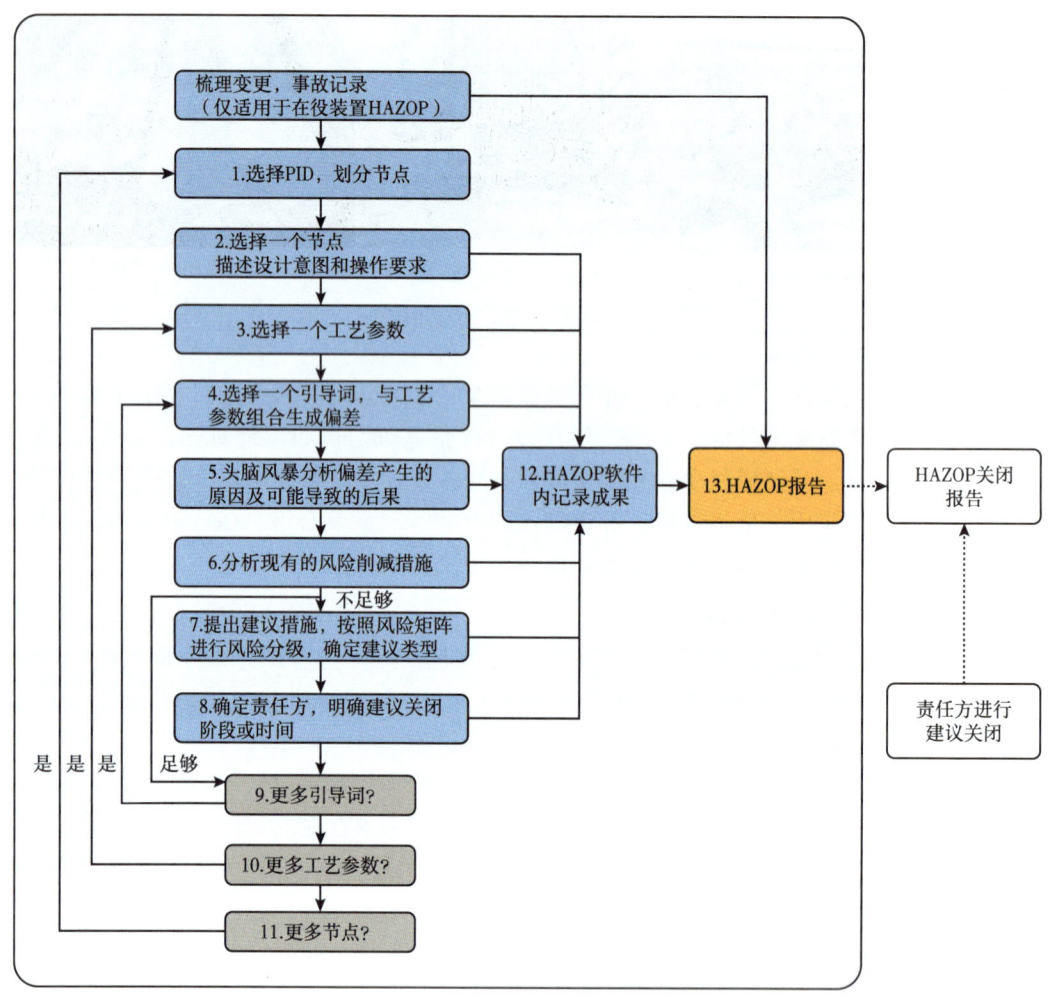

图 5-9 HAZOP 分析流程

陕京线、兰郑长成品油管线、中亚天然气管道等油气集输系统干线、站场、阀室和储气库等工艺系统中，但仍有大量新建管道或在役管道和站场尚未进行 HAZOP 分析。

大庆油田利用 HAZOP 分析技术，将某油气处理厂天然气净化工程划分为 6 个单元，主要包含 MDEA 脱碳吸收单元，MDEA 再生及储存单元，天然气脱水单元，尾气增压、脱硫、脱水单元，尾气液化及储存单元，公用工程单元。分析的主要操作模式为正常运行、开（停）车、检（维）修。HAZOP 风险矩阵如图 5-10 所示。

对于重要场景，判断其后果的严重度和偏差发生的可能性，然后根据所选的风险矩阵和矩阵中的风险评价指数，对由此产生的风险按低风险、中风险、高风险及极高风险进行分类。

本项目共分析了整体装置的 107 个危害场景。表 5-3 列举了对 MDEA 脱碳吸单元某危害场景的 HAZOP 分析情况。

大庆油田HAZOP风险矩阵					
可能性	后果严重性				
^	轻微的	较小的	中等的	严重的	灾难性的
^	1	2	3	4	5
5 发生可能性极大	Ⅰ5	Ⅲ10	Ⅳ15	Ⅳ20	Ⅳ25
4 很可能发生	Ⅰ4	Ⅱ8	Ⅲ12	Ⅳ16	Ⅳ20
3 有可能发生	Ⅰ3	Ⅱ6	Ⅱ9	Ⅲ12	Ⅳ15
2 很少发生	Ⅰ2	Ⅰ4	Ⅱ6	Ⅱ8	Ⅲ10
1 极少发生	Ⅰ1	Ⅰ2	Ⅰ3	Ⅰ4	Ⅱ5
可能性矩阵					
5	发生可能性极大	>0.1次/a		在大多数情况下将发生，或同一场所每年发生几次	
4	很可能发生	0.1~0.01次/a		在大多数情况下可能会发生，或公司每年发生几次	
3	有可能发生	0.01~0.001次/a		在某时很可能发生，或公司已经发生过的事件	
2	很少发生	0.001~0.0001次/a		在某时会发生，或同行业内发生过	
1	极少发生	<0.0001次/a		只在特殊的情况下会发生，或在同行业内从未发生但并不是完全不可能	
后果严重性矩阵					
1	轻微的	生产无中断，经济损失＜10万元；轻伤，现场急救处理(First Aid)，无工日损失；轻微环境影响，作业区内或场界内，泄漏量＜1bbl；公司内部存在公众知情的情况，但不被当地舆论关心，轻微交通影响			
2	较小的	生产无中断，经济损失为10万~100万元；轻伤，送医院处理(MTC)，恢复时间低于105天；较小环境影响，影响周围社区、相邻作业，无持续影响，泄漏量为1~1000bbl；有一些当地的舆论关心，对公司有潜在的不利影响，部分道路封闭			
3	中等的	局部停车，经济损失为100万~1000万元；人员重伤或残疾，恢复时间等于或超过105天；局部的环境污染，影响周围社区、相邻作业，持续影响，泄漏量为1000~10000bbl；小规模疏散，受当地舆论的广泛关注，引发一次全国性报道，对公司有很大的不利影响			
4	严重的	生产装置停车，经济损失为1000万~5000万元；多人重伤或残疾，或1人死亡；重大的环境污染，需要采取显著行动以恢复环境，泄漏量为10000~100000bbl；主要交通封闭超过24小时，大规模疏散，受国内舆论界多次报道			
5	灾难性的	长期停车，经济损失＞5000万元；一人以上死亡；灾难性的环境污染，长时间污染物残留，泄漏量＞100000bbl；受国际舆论关注			

说明：(1)图中红色区域表示为极高风险区，橙色区域表示为高风险区，黄色区域表示为中风险区；绿色区域为低风险区；(2)可能性矩阵定性说明了危险场景发生的可能性等级；后果严重性矩阵定性说明了危险场景造成潜在后果的严重度等级；(3)HAZOP分析小组成员在HAZOP分析开始前，可以对三个矩阵在本项目的适用性进行确认，必要时可以根据分析小组的共同意见更新风险矩阵、可能性矩阵和后果严重性矩阵。

图5-10 大庆油田HAZOP风险矩阵

表5-3 HAZOP分析记录表(部分)

序号	参数	偏差描述	原因/关注	后果	风险可能性	后果严重性	风险分级
1.3.1	流量	净化气与循环冷却水间逆流或错误流向	净化气水冷器E-0204内漏	净化气泄漏至循环水系统，可能导致循环水侧超压泄漏	4	3	Ⅲ12

经初始风险隐患等级分类，整体装置的 107 个危害场景共存在低风险隐患 13 个、中风险隐患 68 个、高风险隐患 26 个（图 5-11）。

初始风险等级	数量
低风险(L)	13
中风险(M)	68
高风险(H)	26
极高风险(E)	0
总数	107

图 5-11 初始风险等级统计

对初始风险隐患采取了削减措施后，24 个高风险隐患降低为低风险隐患，大幅提高了装置安全可靠性（图 5-12）。

削减后风险等级	数量
低风险(L)	37
中风险(M)	68
高风险(H)	2
极高风险(E)	0
总数	107

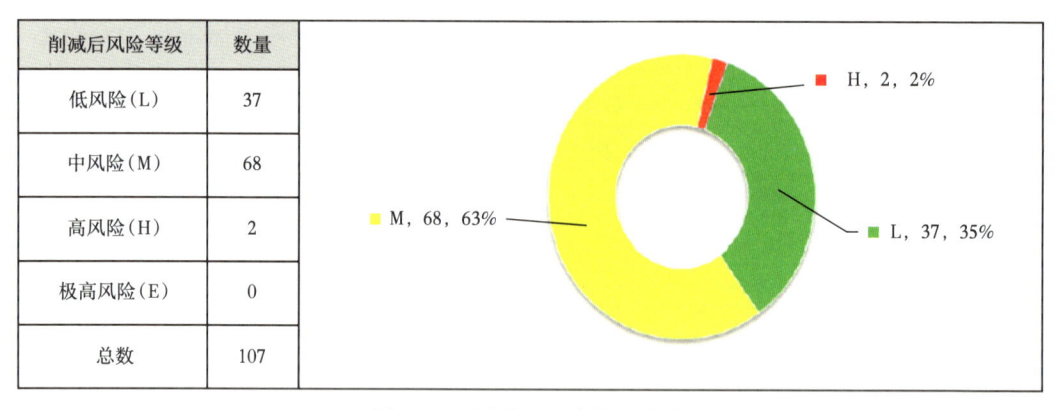

图 5-12 削减后风险等级统计

HAZOP 小组在分析后对整体装置提出了相应的建议措施，总计 25 条，其中总体建议 1 条，各节点具体建议 24 条。需特别关注的建议措施如下：

(1) 建议针对净化工程联锁动作与原有深冷装置联锁控制方案、净化气中 CO_2 含量对原有深冷装置运行影响进行评估，并进一步确认控制方案；

(2) 建议净化气水冷器 E-0204 低压侧采取超压保护措施（根据 API521 提高低压侧设计压力或增设 PSV）；

(3) 梳理本工程超压放空工况，并根据最大放空量工况进一步核算现有火炬系统是否满足最大放空量需求。

实践证明，应用 HAZOP 分析可以从本质安全角度提出项目风险管理控制措施，提高装置安全性和可操作性，促进企业持续稳定发展。然而，目前国内 HAZOP 分析的应用还主要集中于石油炼制领域，在高含水老油田的开发、生产与集输领域处于推广应用阶段，其适用范围和评价结果的有效性需要进一步研究和论证。

2）保护层分析技术（LOPA）

保护层分析技术（LOPA）是一种半定量的工艺危害分析方法，是评估保护层的有效性，并进行风险决策的系统方法。通常使用初始事件频率、后果严重程度和独立保护层（IPLs）失效频率的数量级大小来近似表征场景的风险。

在流程工业中，经常会使用多个保护层来对某一种工艺场景进行保护，每一个保护层包含设备或管理控制，具备和其他保护层一起控制或减缓工艺风险的功能。典型化工装置的独立保护层呈"洋葱"形分布，从内到外一般设计为过程设计、基本过程控制系统、警报与人员干预、安全仪表系统、物理防护、释放后物理防护、工厂紧急响应以及社区应急响应等[91]（图5-13）。

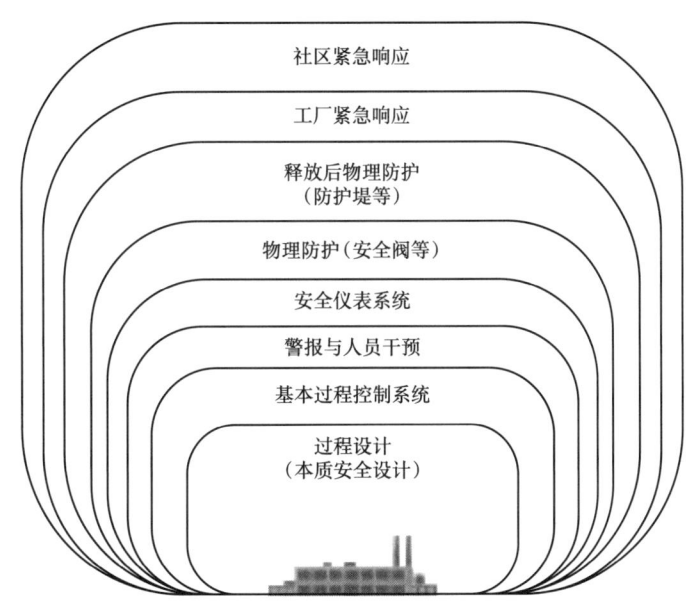

图5-13 化工装置保护层分布形式

LOPA分析通常以HAZOP等定性风险分析识别出的风险场景作为初始事件，进一步对具体的风险进行相对量化（准确到数量级）的研究，包括对场景的准确表述及识别已有的独立保护层，从而判定该场景发生时系统所处的风险水平是否达到可容忍风险标准的要求，并根据需要增加适当的保护层，以将风险降低至可容忍风险标准所要求的水平（图5-14）。

LOPA在20世纪80年代末由美国化学品制造商协会提出，并颁布了《责任关怀——过程安全管理实施准则》，书中建议将"足够的保护层"作为有效的过程安全管理系统的一个组成部分。2003年，国际电工委员会（IEC）发布了《过程工业领域安全仪表系统的功能安全》（IEC61511），将LOPA技术作为确定安全仪表系统完整性水平的推荐方法之一。

中国于2016年颁布了《保护层分析（LOPA）应用指南》（GB/T 32857—2016），目前，该方法在化工领域应用较为广泛，但在油气田站场与管道领域的应用还处于探索阶段。一般在定性的危害分析如HAZOP、安全检查表等完成之后，对结果过于复杂的、过于危险的或提出了SIS要求的部分进行LOPA分析。

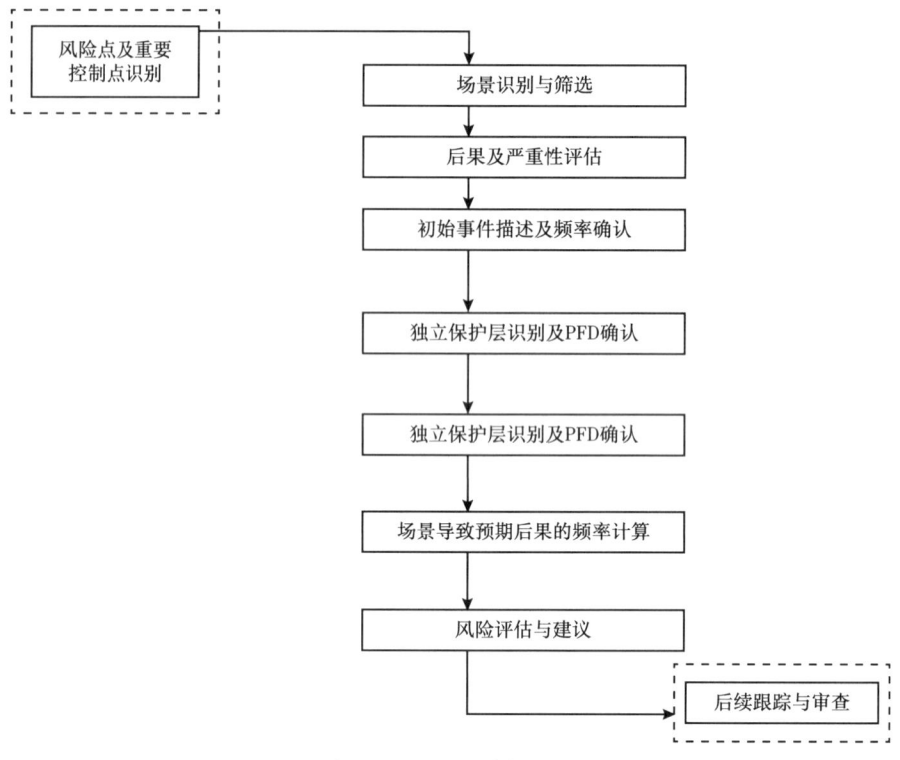

图 5-14 LOPA 分析流程

以国内油田某站场的装置为例，根据站场设施和工艺流程，划分为罐区、过滤区、计量区、泵区、发球流程、排污流程、消防系统和电力供给系统 8 个节点单元。

本例选取过滤区反输流程中过滤器前部管线压力导致管道破损为事故场景，选取过滤器堵塞为初始事件，依次选择已有措施作为保护层，如报警与人员响应（压力监控、人工巡检）、启动备用过滤器、停输。取该站自 2013 年起的数据，并参考数据，其中报警及人员响应失效概率要考虑差压变送器响应失效与人工巡检响应这两方面。

通过计算，可得过滤器堵塞导致管道破损的失效概率为 1.3×10^{-5}。通过计算结果，结合风险矩阵，可以看出因过滤堵塞导致管道破裂的风险属于可接受风险（低风险或符合 ALAMP 原则的一般风险），可不增加新的保护层，但为方便操作和减少人员劳动力，建议备用过滤器阀门改成电动阀。

由表 5-4 可见，与基于"风险对我而言可以接受"的主观或情感上的判断相比，LOPA 提供了更好的风险决策基础；与定性的方法相比，LOPA 提供了更可靠的风险判断，并给定了场景频率和后果的具体数值；与定量风险分析相比，LOPA 花费的时间较少[92]。LOPA 可以提高危害评估会议的效率，以关注于场景的研究方法，可以发现那些已进行过多次危害分析的成熟工艺中存在的未被发现的安全问题。然而，如果 LOPA 的结果仍不足以支持最终的决策，则会进一步考虑 QRA 等定量分析方法。

表 5-4　某石油装置 LOPA 分析结果

LOPA 分析	IPL1	IPL2	IPL3
分析内容	报警及人员响应	启用备用过滤器	停输
发生频率	2.9×10^{-2}	0.1	4.4×10^{-3}
事故场景：过滤器前部管线压力导致管道破损。 初始事件：过滤器堵塞（1 次/a）			

3）定量风险评价技术（QRA）

QRA 技术是采用定量化的概率风险值（如个人风险和社会风险）对系统的危险性进行描述的风险评价方法（图 5-15）。具体来说，就是采用系统的风险分析来识别危害性站场设施潜在的危害，定量描述事故发生的可能性和后果（如损失、伤亡等），计算总的风险水平，评价风险的可接受性，对站场设施的设计和运行操作进行修改或完善，从而更科学、有效地减少重大危害产生的影响，它既适用于设计阶段，又适用于现有生产装置。

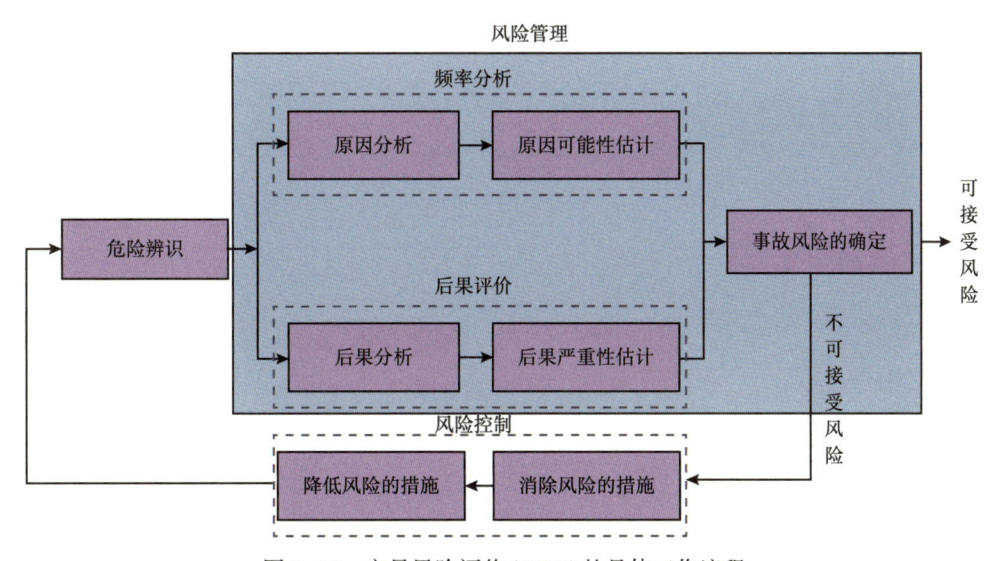

图 5-15　定量风险评价（QRA）的具体工作流程

在工程设计中采用 QRA 的主要目的是确定技术经济合理的设计方案来改进工程设计的安全性。QRA 将有助于工程技术人员识别主要风险因素，在工程技术和投资允许的条件下，进行安全性和风险性的技术经济方案对比和优化，利用较低的费用便可有效地降低风险。因为有的风险即使完全消除也不会对整个风险的降低有很大影响。因此，采取的措施应该针对那些对整个风险影响较大的因素，以最小的投资获取最大的安全可靠性，避免付出不必要的高额费用。

定量风险评价法以 1974 年拉姆逊教授评价美国民用核电站的安全性开始[93]。目前在各行各业特别是石油化工行业的设施、装置的安全性评估得到了广泛的应用。适用于石油化工企业及易燃、易爆、有毒、有害等工业设施的安全评价的定量风险评价方法主要有世界银行的《工业危险评估方法》《基于风险的检验方法》，挪威 DNV 公司 SAFETI 软件、

LEAK 软件及概率危险评价技术等风险评估方法。

2011 年 7 月 22 日，国家安全生产监督管理总局颁布了《危险化学品重大危险源监督管理暂行规定》，规定指出对于毒性气体、爆炸品、液化易燃气体的一级或二级重大危险源，必须委托安全评价机构进行安全评价，要采用定量风险评价（QRA）的方法。

以中国石油唐山液化天然气项目（以下简称唐山 LNG 项目）为例，其利用 QRA 技术对整个站场开展了定量风险评价。

首先，对唐山 LNG 项目存在的风险进行了系统辨识，找出危险单元及失效模式。

其次，依据历史事件对基础泄漏频率进行了分析（表 5-5）。

表 5-5 唐山 LNG 项目泄漏频率分析

序号	危险单元名称	失效模式	基础泄漏频率（次/a）
1	卸船装卸臂	针孔泄漏	1.60×10^{-3}
		微小孔泄漏	8.088×10^{-4}
		小孔泄漏	3.987×10^{-4}
		中孔泄漏	2.584×10^{-4}
		全管径破裂	2.006×10^{-4}
2	卸船返回气相总管	针孔泄漏	2.883×10^{-2}
		微小孔泄漏	1.462×10^{-2}
		小孔泄漏	7.238×10^{-2}
		中孔泄漏	4.712×10^{-3}
		全管径破裂	3.614×10^{-3}
3	栈桥 LNG 总管	针孔泄漏	2.842×10^{-2}
		微小孔泄漏	1.444×10^{-2}
		小孔泄漏	7.175×10^{-3}
		中孔泄漏	4.689×10^{-3}
		全管径破裂	3.550×10^{-3}

最后，分析得出由于 LNG 接收站场外的人员密度较低，工程对社会公众造成的风险基本上是可以承受的。F—N 曲线的大部分落在推荐标准的最低合理可行（ALARP）区，只是在曲线的尾部稍微超出最高可容许风险值。这说明 LNG 接收站面临重大事故的风险仍然较高，主要来自 LNG 储罐、工艺区，最大可造成的潜在事故死亡人数为 40 人（图 5-16）。

QRA 计算的风险值精确度并不重要，重要的是风险的数量级和各种设计方案的相对风险值。将 QRA 计算结果与已有的风险标准进行对比，有助于理解风险的严重性和可接受程度，并确定采取相应措施的必要性。但是，目前国内的 QRA 分析中，尚缺少一致性通用方法[94]。结合国内油气田站场的实际情况，提出一套适合国情的危险辨识方法是国内 QRA 研究人员的当务之急。

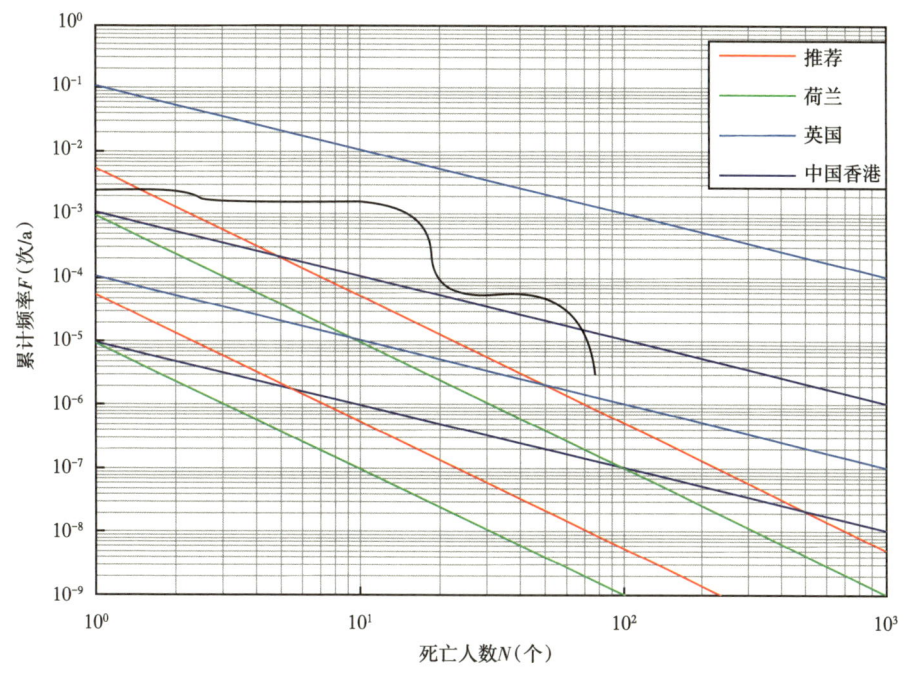

图 5-16 唐山 LNG 项目社会风险分析结果

二、资产运行管理完整性

资产运行管理完整性主要指经过评估、检查、维护、维修，管道和站场设备能够达到其性能要求，并且在其整个生命周期内，发生可能危及人员、环境或资产安全的风险已经降到"最低、合理、可行"。

1. 管道完整性技术

管道完整性管理技术包括数据收集与整合技术、高后果区识别技术、风险评价技术、完整性评价技术、风险减缓技术、效能评价技术共六部分，并形成一个完整的整体（图 5-17）。其目的就是对油气管道运行中面临的风险因素进行识别和评价，通过监测、检测、检验等方式，获取与专业管理相结合的管道完整性的信息，制定相应的风险控制对策，不断改善识别到的不利影响因素，从而将管道运行的风险水平控制在合理的、可接受的范围内，最终达到持续改进、减少和预防管道事故发生，经济、合理地保证管道安全运行。

在国外，油气管道完整性管理已形成较为系统的理论和方法，完整性管理技术也逐步由基于规范预测的完整性管理技术标准向基于风险评价的完整性管理方案决策发展，完整性管

图 5-17 油气田管道完整性管理工作流程

理技术已成为全球石油行业研究的热点。在管理上，国际大型油气管道企业以管道完整性管理为核心，建立起了专业化分工明确、管理职责到位的管理体系与运行机制。

在国内，随着新《中华人民共和国安全生产法》《中华人民共和国环境保护法》的实施，国家对油气管道监管进一步加强。2016年国家发改委等五部委联合签发了《关于贯彻落实国务院安委会工作要求全面推行油气输送管道完整性管理的通知》，就全面推行油气输送管道全生命周期完整性管理提出了四点重要的要求，明确了相关部门及生产企业的目标和责任。同时《油气输送管道完整性管理规范》(GB 32167—2015)在国家层面上，对管道的完整性管理提出了相应的技术要求，使得管道完整性管理逐渐纳入国家监管体系。

在石油行业，上游板块完整性管理体系建设不断完善，在管理层、技术层和操作层相继推出相关的管理规定及体系文件（图5-18）。2017年7月，中国石油勘探与生产公司发布《中国石油天然气股份有限公司油气田管道与站场完整性管理规定》和《中国石油天然气股份有限公司油田管道检测技术导则》《中国石油天然气股份有限公司油田管道检测技术导则》《中国石油天然气股份有限公司油气田集输站场完整性管理技术导则》。2018年12月，中国石油勘探与生产公司发布《中国石油天然气股份有限公司油田管道完整性管理手册》《中国石油天然气股份有限公司气田管道完整性管理手册》，形成了股份公司油田管道和站场完整性管理体系文件架构。中国石油油田管道完整性管理以风险管理为核心，突出低成本理念；以"分类分级""双高管理"为抓手，找出重点管理对象，正在从以泄漏事件处理为主的被动管理模式向基于风险评价主动维修维护为主的完整性管理模式的转变。

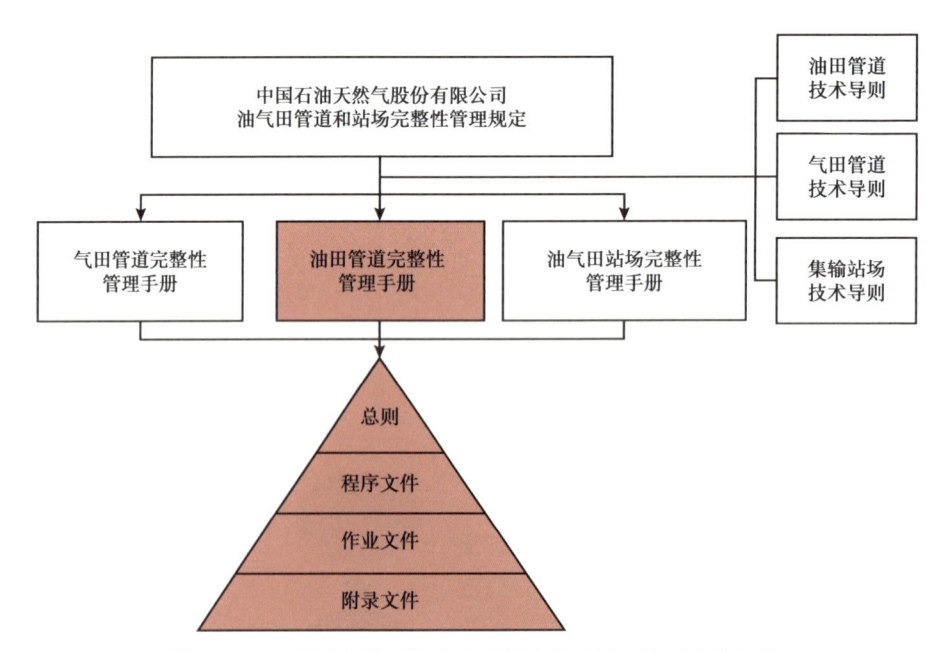

图5-18 中国石油油田管道和站场完整性管理体系文件架构

自2015年起，中国石油连续四年在全国16个油田开展油气田完整性管理试点工程（图5-19），管道失效率明显降低，投入产出比平均超过1:4，治理成效显著。长庆油田的管道失效率由2015年的0.101次/(km·a)降低至2017年的0.045次/(km·a)，降幅达55%；

塔里木油田的管道失效率由 2015 年的 0.033 次/(km·a) 降低至 2017 年的 0.018 次/(km·a)，降幅达 45%；大港油田的管道失效率由 2015 年的 0.484 次/(km·a) 降低至 2017 年的 0.379 次/(km·a)，降幅达 22%。

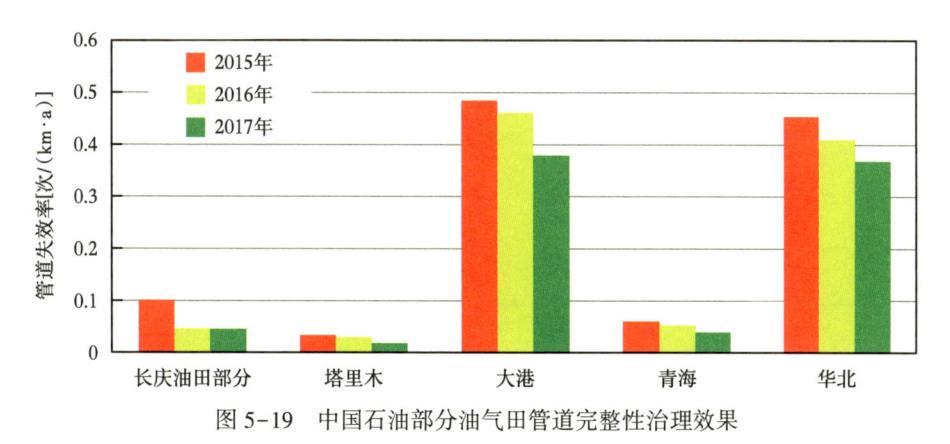

图 5-19　中国石油部分油气田管道完整性治理效果

以西南油气田为例，作为中国石油实施管道完整性管理最早的油田之一，通过采取总体部署、分步实施的推广策略；建立完整性管理体系并持续改进、逐步完善的推进措施；固化制度，逐步与日常生产管理相融合的推行模式，滚动开展完整性管理循环各项具体工作，并取得了较好的成果与效果。

一是通过持续开展管道完整性管理体系的修订，搭建完整性管理技术文件体系，形成总则 1 个、程序文件 16 个、作业文件 46 个；二是通过技术攻关工作，完成管道及站场完整性管理技术领域国家级项目研究项目 2 项、股份公司级 10 项、油田公司级 30 项、院（处）级 24 项；形成七大系列、45 项配套技术，为提高技术应用效能和完整性管理工作深入推进奠定坚实基础；三是不断总结技术应用成效，负责或参与制定完整性管理相关标准 54 项，基本覆盖完整性管理工作各环节；四是完成两轮完整性管理"五步循环"，覆盖率达到 100%，强化了完整性管理工作，提升本质安全保障；五是通过加强和夯实培训工作，打造了一支技术扎实的专业检测队伍和基层管理队伍。

随着完整性管理的全面推进，管理水平不断提高，2016 年管道失效率比 2005 年下降 76%，管道完整性管理审核评级从 2007 年的 3 级上升到 7 级，管道完整性管理水平大幅提升（图 5-20）。

然而，国内目前虽已建立起管道完整性管理的作业程序及方法，并初步形成了管道完整性管理的标准体系，但尚存在诸多不足，如相关的国家标准、行业标准整合程度低，协调性较差；企业自主构建企业完整性管理标准体系能力不强；缺乏对管道完整性管理技术的全面认识；重视管理文件的制定而忽视管理机制的建立，重视国外技术的引进而忽视结合本国实际自主研发，重视硬件技术的配置而忽视员工的技术培训等现象突出；非金属管道的完整性管理体系还没有建立起来等。今后的工作重点应该在整合标准体系、构建特色管理体系、提高整体认识水平、完善管理机制、自主攻关核心技术、加强员工培训，在建立非金属管理体系的基础上，强化日常维护管理，根据管道分类，采取差异性的数据采集、风险管理、检测评价和维修策略，达到提升本质安全和节约资金投入的最佳平衡。

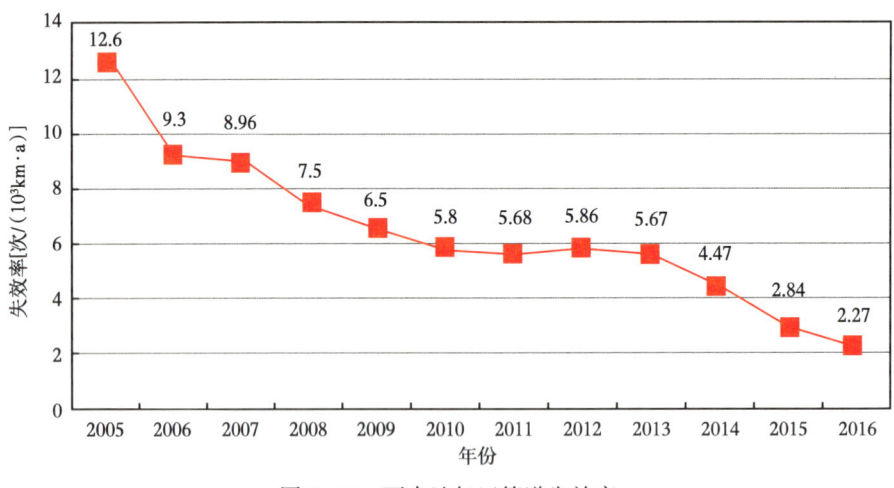

图 5-20　西南油气田管道失效率

1）管道数据采集与整合技术

数据采集与整合技术作为开展管道完整性工作的基础，贯穿于管道的可行性研究、设计、施工、投产和运行等管道整个生命周期。为了进一步实现管道数据的可溯源、可查找，国内各油气田以 GIS 系统和 SCADA 系统为依托，建立了数据采集与分析信息系统。

大庆油田在中国石油地理信息系统（A4）、地面工程生产运行管理与决策支持系统（A5）的基础上，逐步形成一个集完整性数据采集、数据管理为一体的数据支持平台，具备风险评价、完整性评价、维护维修管理、效能评价等主要分析功能，确保了完整性管理技术的有效开展（图 5-21）。

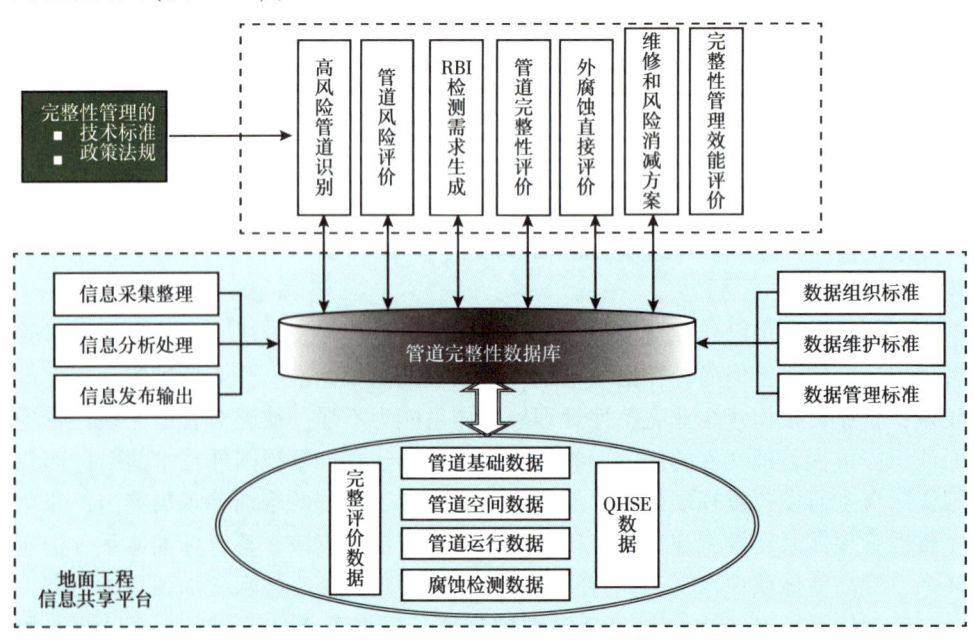

图 5-21　大庆油田管道完整性数据库体系结构

第五章 高含水老油田地面设施本质安全技术

西南油气田在 GIS 系统基础上建立管道和场站数据管理系统[95]（图 5-22），实现了以管道、场站为核心的地面基础数据的采集、存储、处理、报表、查询访问；系统现有 32 类静态数据、35 类完整性管理数据、17 类工程月报数据，实现了数据的网上填报、修改、审批等功能；截至 2019 年底，该系统共收录超过 20000km 管道、3000 余座场站、90000 余台设备的基础数据。

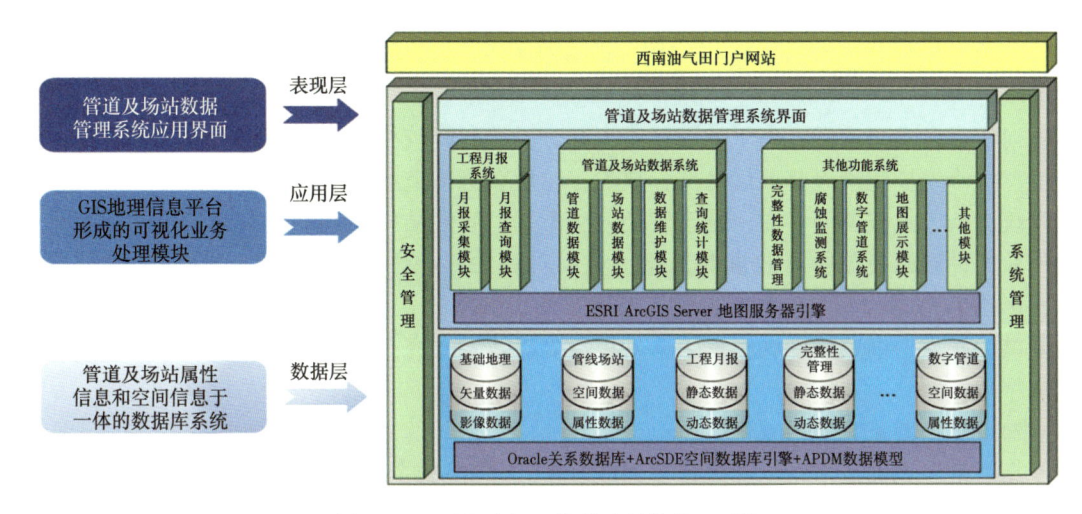

图 5-22 西南油气田管道及站场管理系统

塔里木油田搭建统一的管道与站场完整性数据库（图 5-23），包含管理体系模块、管道完整性管理模块、站场完整性管理模块；所有新建管道信息化建设与工程建设同步开展，实现数字化移交；已入库管道 51760 条，数据项达 6865.3 万项，PID 图 1094 幅，管

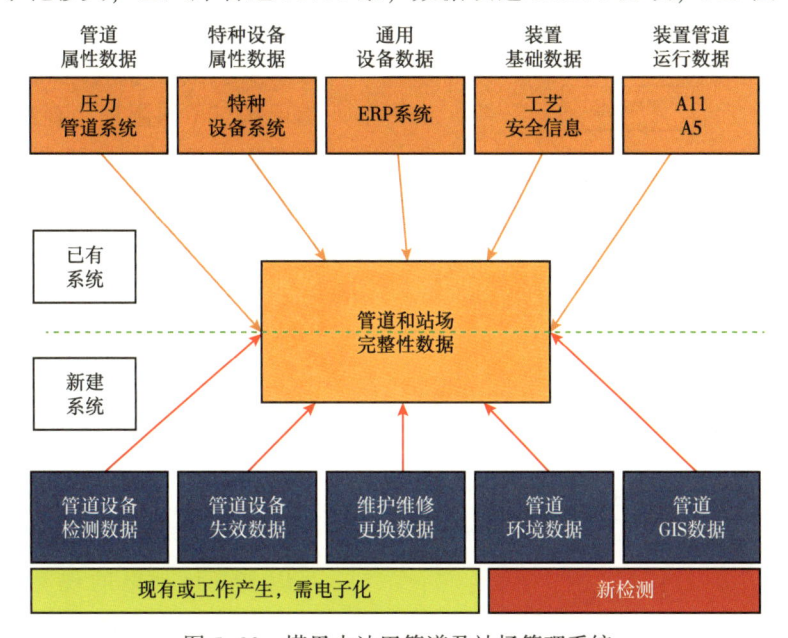

图 5-23 塔里木油田管道及站场管理系统

道空视图57039幅,管道照片36596张,实现油田管道全覆盖。

管道数据采集与分析技术在管道完整性管理工作中的规范化、标准化及智能化方面发挥着越来越重要的作用。国内外管道管理者在信息化的技术标准、系统架构、决策支持等方面开展了大量研究与应用,取得了丰富的成果。系统阐述了管道完整性管理信息化技术的发展现状及发展方向,并重点研究了数据管理信息化技术,基于完整性数据库的管道应急信息化技术、信息化系统的构建等方面。今后需要进一步提升数据应用水平,发挥数据整体价值,加强新技术的研究与应用,改变传统的生产方式,优化工作流程,使管理更智能。

对于高含水老油田,由于地面管线大部分投产时间较早,地面管道的设计施工、敷设环境、维修维护记录等基础信息部分缺失,给后期管理造成了一定的困难;由于油气田管道系统庞杂,材质类型多样,管道管径大小不一,管网结构复杂,统一的管道的数据采集的作业文件难以覆盖所需的重要信息;难以对腐蚀影响因素追根溯源,构建腐蚀评价模型,影响了地面设备数据库的构建,阻碍了油田数字化、信息化的进程。针对上述困难,需要继续深入、细致地开展管道数据采集与分析技术研究,力争早日实现高含水老油田管道数字化。

2)管道高后果区识别技术

高后果区识别技术用于确定重点管段(道),并根据主控风险因素对重点管段(道)开展有针对性的检测评价工作,根据评价结果采取相应的维修维护措施,降低管道运行风险,通过上述过程的不断重复循环,逐步提高完整性管理水平。

在高后果区识别工作中,除管道经过四级地区、三级地区这一判据外,集输油管道的关注区域范围门槛值分别为50m和200m,集输气管道的关注点则为潜在影响半径的计算与特定场所的识别。由于集输油管道发生泄漏或失效后易对人类居住、自然环境、水源、交通运输设施、易燃易爆场所等产生不利影响,因此集输油管道两侧200m范围内存在户数不少于50户的村庄和乡镇、国家自然保护区(如湿地、森林、河口等)、水源、河流、大中型水库;两侧50m范围内存在高速公路、国道、省道、铁路及易燃易爆场所等;以及经过四级地区、三级地区时被识别为高后果区(图5-24)。

塔里木油田以GIS系统为基础,在根据《管道完整性管理规范 第2部分高后果区识别》(QSY 1180.2—2014)明确了识别间隔应不大于12个月;同时当一个地区的长期发展规划足以改变该地区的现有地区等级时,应按发展规划划分管道地区等级等原则(图5-25)。

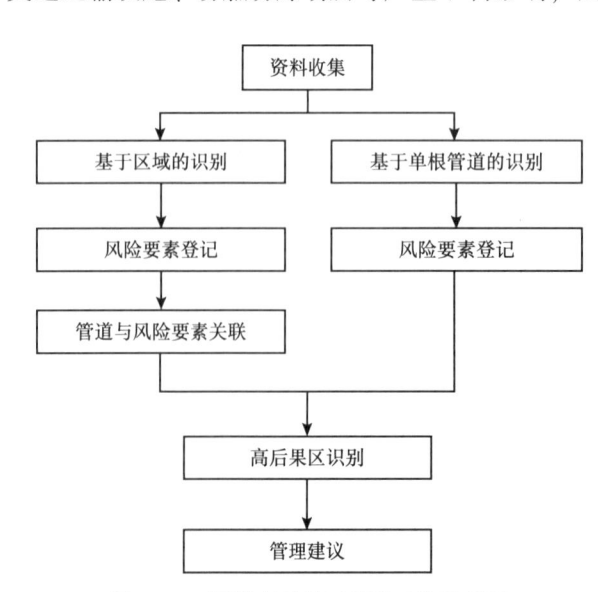

图5-24 管道高后果区识别工作流程图

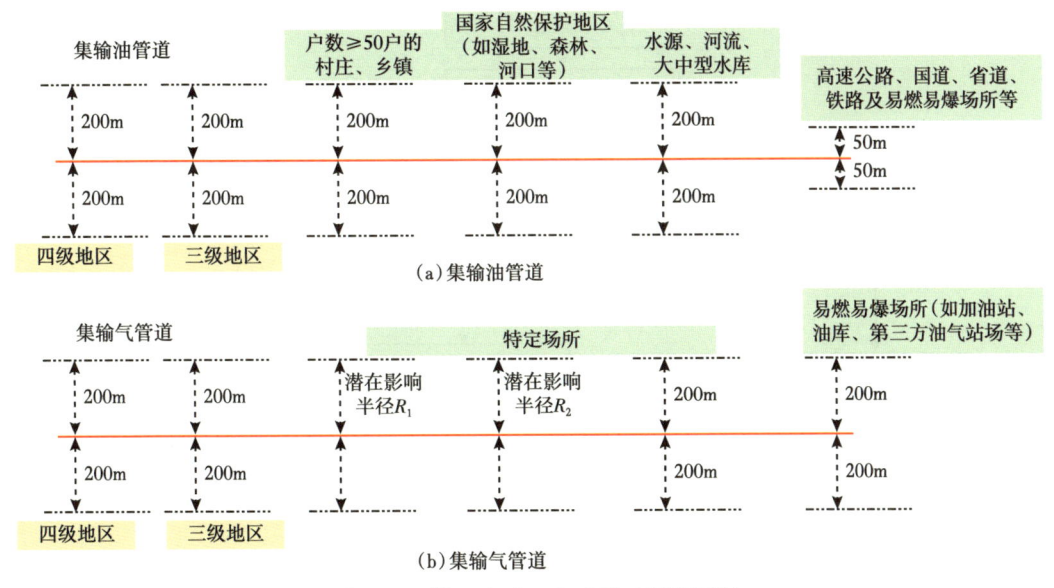

图 5-25 塔里木油田高后果区识别原则

西南油气田为了提高高后果区识别的工作效率，在龙王庙西干线高后果区建立视频智能分析平台，升级了管道第三方危害行为的处置模式，由"问题出现—原因确认—现场解决"转变为"行为预警—现场解决"，有效解决了人工巡护无法全天候覆盖的难题，提高了工作时效的同时，加快了完整性管理数字化进程。

大庆油田针对 200m 高后果区识别准则扩大了油田管道高后果区范围，增加了建设成本和管理成本的问题，基于油田集输管道泄漏过程分析，构建了模拟油品泄漏—扩展—燃烧过程的管道事故数学模型，综合数值模拟和现场调查，将油田管道高后果区边界距离由 200m 降到 120m。实施该准则后高后果区管道减少 20%，减少高后果区管道建设成本（管道壁厚、防腐等级及监测设备等增加）和管理成本（风险评价、检测修复及巡检等频次的增加）。

目前，高后果区识别原则在不断细化，有利于提高高后果区识别的准确性和减小事故影响的能力，符合国家对人身安全和财产安全的保护政策。同时，结合无人机设备开展具体的识别工作，可有效提高地面识别效率。但是，由于国家工业发展迅速，地面建筑及居民区在短时间内就会发生很大的变化，因此给高后果区的识别工作带来了很大的压力，因此各油田探索开展基于 GIS 系统和无人机结合的方式进行识别。

3）管道风险评价技术

管道风险评价技术是指识别对管道安全运行有不利影响的危害因素，评价失效发生的可能性和后果大小，综合得到管道风险大小，并提出相应风险控制措施的分析过程。按照风险评价结果的量化程度可以将管道风险评价分为定性风险评价技术、半定量风险评价技术、定量风险评价技术三种[96]，在实际应用过程中，依据管道重要程度，选择不同的评价技术（图 5-26）。

```
            ┌─────────────────────┐
            │明确风险评价的目的   │
            │       与范围        │
            └──────────┬──────────┘
                       │
            ┌──────────┴──────────┐
            │    危害因素识别     │
            └──────────┬──────────┘
                       │
            ┌──────────┴──────────┐
            │      管段划分       │
            └──────────┬──────────┘
          ┌────────────┴────────────┐
┌─────────┴────────┐       ┌────────┴────────────┐
│  定性风险评价技术 │       │ 半定量风险评价技术和│
│                  │       │   定量风险评价技术  │
└─────────┬────────┘       └────────┬────────────┘
          │                 ┌───────┴────────┐
┌─────────┴────────┐ ┌──────┴──────┐ ┌──────┴──────┐
│     分析评价     │ │失效可能性分析│ │ 失效后果分析 │
└─────────┬────────┘ └──────┬──────┘ └──────┬──────┘
          │                 └───────┬────────┘
┌─────────┴────────┐        ┌───────┴────────┐
│     风险等级     │        │   管段风险计算  │
└──────────────────┘        └────────────────┘
                       │
            ┌──────────┴──────────┐
            │    风险评价结论     │
            └──────────┬──────────┘
            ┌──────────┴──────────┐
            │    风险削减措施     │
            └──────────┬──────────┘
            ┌──────────┴──────────┐
            │      风险再评价     │
            └─────────────────────┘
```

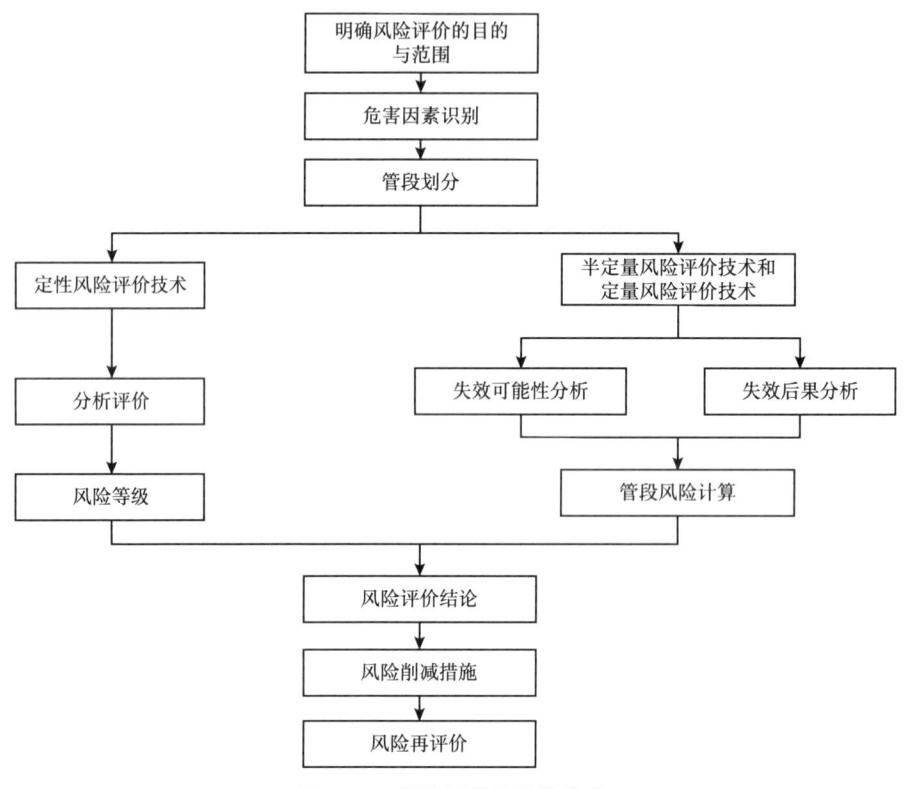

图 5-26 风险评价的总体流程

(1)定性风险评价技术。

定性风险评价技术是指用分级的方法对管道失效的可能性及后果进行估计，其理论基础是决策科学与贝叶斯统计理论，利用事件树和故障树的概率进行风险评估。定性的风险评价以专家评分法为主，通过对管道参数和管道沿线属性情况进行分析，对管道的风险情况做出判断。常用的方法有安全检查表(SCL)、预先危害性分析(PHA)、故障类型和影响分析(FMEA)、事故树分析(FTA)、危险与可操作性分析(HAZOP)等。

安全检查表是为检查管道系统的安全状况而事先制订的问题清单，它将一系列项目列出检查表进行分析，以确定系统的状态。为了使检查表能全面查出不安全因素，又便于操作，根据安全检查的需要、目的及被检查的对象，可编制多种类型的相对通用的安全检查表。

预计危险分析法又称为初步危险分析、预备事故分析，是定性分析、评价系统内危险因素的危险程度的方法。该方法在管道设计、施工和投产之前，对管道系统存在的危险性作预评价，以判别系统的潜在危险并确定危险等级，对危险类别、出现条件及其后果作宏观、战略分析。

故障类型和影响分析采用系统分割的概念，根据实际需要分析的水平，把系统分割成子系统或进一步分割成元件，然后逐个分析各个子系统或元件可能发生的故障和故障类型，分析故障类型对子系统及整个系统产生的影响，最后采取措施加以解决，在西部输气管道中有所应用。

事故树分析技术采用逻辑的方法，形象地进行危险的分析工作，特点是直观、明了，思路清晰，逻辑性强，可以做定性分析，也可以做定量分析。体现了以系统工程方法研究安全问题的系统性、准确性和预测性，它是安全系统工程的主要分析方法之一。

危险与可操作性分析既能用于管道设计阶段，又能用于运行阶段。在设计完整性相关章节已有详细介绍，此处不再赘述。

（2）半定量风险评价技术。

半定量风险评价技术以风险的数量指标为基础，对事故概率和事故后果损失进行按比例分配指标，再对事故概率和后果损失严重程度的指标进行加权运算，得出相对风险评价结果。半定量风险评价技术以指数法为代表，通过对管道各种属性的不同情况分别赋予分值，计算管道的总分值，从而得出管道的风险情况，通过比较不同管道或不同管段的相对风险而给出风险排序。目前，最具代表性的指数法是肯特打分法（图5-27）。

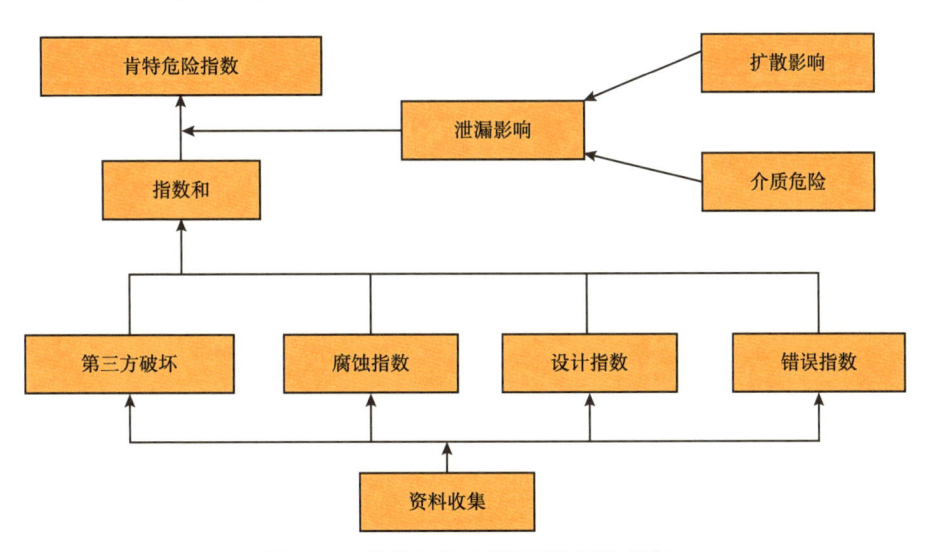

图5-27 肯特打分法管道风险评价程序

肯特打分法由 Muhlbaner W. Kent 提出，该方法普遍应用于管道的安全管理和风险评价中，很多风险评价软件的编制也是基于该方法的基本原理。肯特法是在求取管道相对风险数大小的基础上，确定管道危险程度[97]。也就是说，相对风险系数越大，风险越小，管道越安全。而相对风险系数的大小由指数和与泄漏影响系数的比值确定。指数和是在分析各段管道独立的影响因素后获得，泄漏影响系数则可通过分析介质的危险性和影响系数得到。

肯特打分法是基于美国运输部的实际运行经验和其他部门研究结果的基础上建立起来的，因此国内通常将其评分原则进行适当修改并调整分值，以更适用于国内管道实际运行状况。中国石油管道公司经过多年的技术积累，根据国内石油管道运行的实际情况对肯特打分法指标进行了修改完善，逐步形成了较成熟的管道半定量风险评价方法，并开发了管道风险评价软件 RiskScore。在软件中没有采用预先分段，而是采用动态分段技术对管道划分评价单元，提高了管道各属性数据的精确程度，全面反映了属性沿管道里程的变化，减小了管道属性数据处理的工作量。目前，改良后的肯特打分法已在中国石油进行了大范围推广应用。

以西气东输二线管道为例，利用肯特打分法，通过失效可能性计算、失效后果计算、风险结果评价、风险等级划分四个步骤对其进行半定量风险评价（图5-28）。

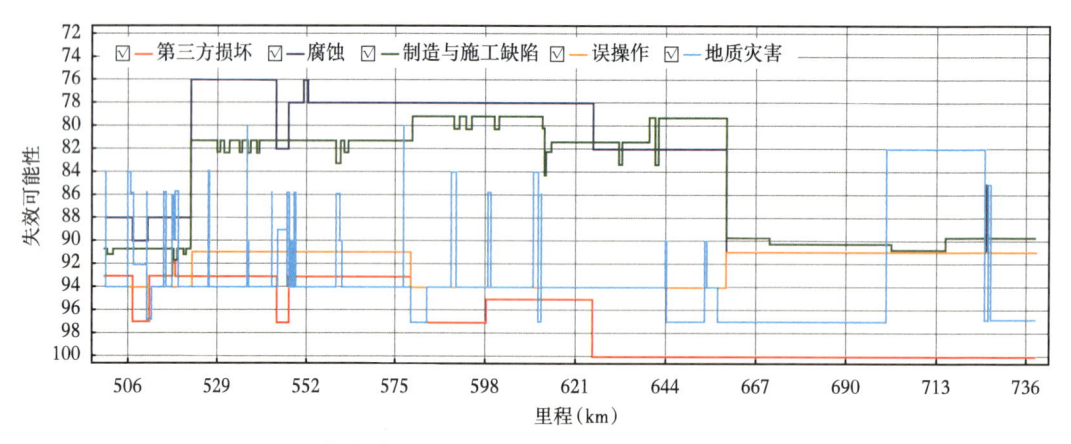

图5-28 西气东输二线管道失效可能性综合分析图（肯特打分法）

首先，进行失效可能性计算。根据风险评价指标体系进行数据的采集，对腐蚀、第三方损坏、误操作、制造与施工缺陷、地质灾害等指标进行失效可能性计算，得到各类指标沿管道里程变化时的管段失效可能性分值，分值越高表示管道失效可能性越小。根据评价结果，绘制各类指标导致管道失效可能性的综合对比图。

从失效可能性折线图（图5-28）可知，第三方损坏指标得分在91~100分之间，失分的主要原因在于几处管段上方存在重车碾压现象，其他管段得分较高是由于管道活动水平为中；腐蚀指标得分在76~91分之间，失分的主要原因是从未进行过外检测，管道腐蚀状况不明；误操作指标得分在91~94分之间，分数波动与各站场的压力变化程度有关，失分主要原因是分散储存，没有将所有数据资料纳入数据管理系统中，导致部分数据丢失；制造与施工缺陷指标得分在79~92分之间，失分原因主要是管道设计压力为12MPa，而目前正常运行压力为11.5MPa，运行压力较高，分值波动的因素还包括试验压力系数、设计系数及管道是否进行了内检测；地质灾害指标得分在80~97分之间，失分的主要原因是管道穿跨越季节性河流、水渠，易发生河沟道水毁，且有季节性降雨，水土流失严重；另外，管道周边地形地貌及土体类型、管道敷设方式、人类工程活动都影响地质灾害失效的可能性。综上分析，影响西气东输二线管道失效的主要因素为地质灾害指标和腐蚀指标。

其次，进行失效后果计算。管道泄漏后的潜在影响区域是指如果管道发生事故，其周边公众安全和（或）财产可能受到明显影响的区域。输气管道发生事故的潜在影响范围可根据下列公式进行估算：

$$r = 0.69 d \sqrt{p} \tag{5-1}$$

式中　d——管道外径，in；

p——管道最大允许操作压力(MAOP),psi(1psi=0.007MPa);
r——受影响区域的半径,ft(1ft=0.3048m)。

计算可知,西气东输二线管道(K500—K738):管道直径1219mm,设计压力12MPa,潜在影响半径为418m(图5-29)。

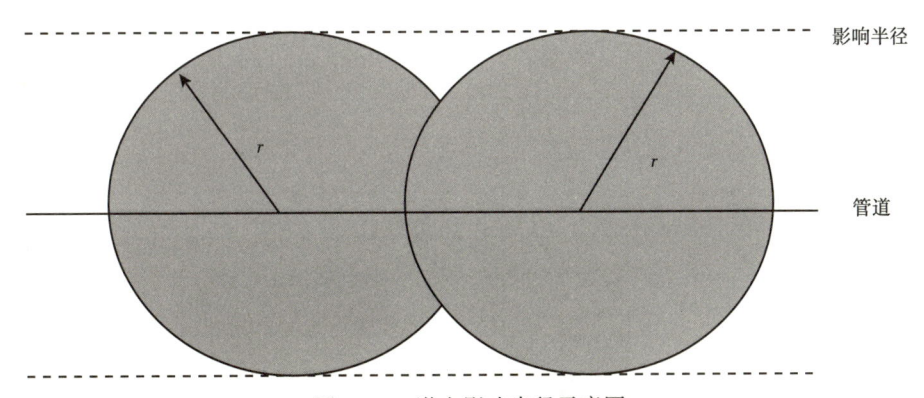

图5-29 潜在影响半径示意图

再次,进行风险结果评价。根据计算得到的各个管段的失效可能性结果与失效后果结果,综合考虑失效可能性大小与失效后果影响大小,得到各个管段的相对风险值,从而得到全线的风险分布情况。通过对各管段相对风险值的大小进行风险排序,为接下来的管道完整性评价工作的开展确定优先顺序提供了依据。

从西气东输二线管道相对风险折线图(图5-30)可知,西气东输二线管道风险值主要集中在55~63分,最小值为37.324分,最大值为107.403分。

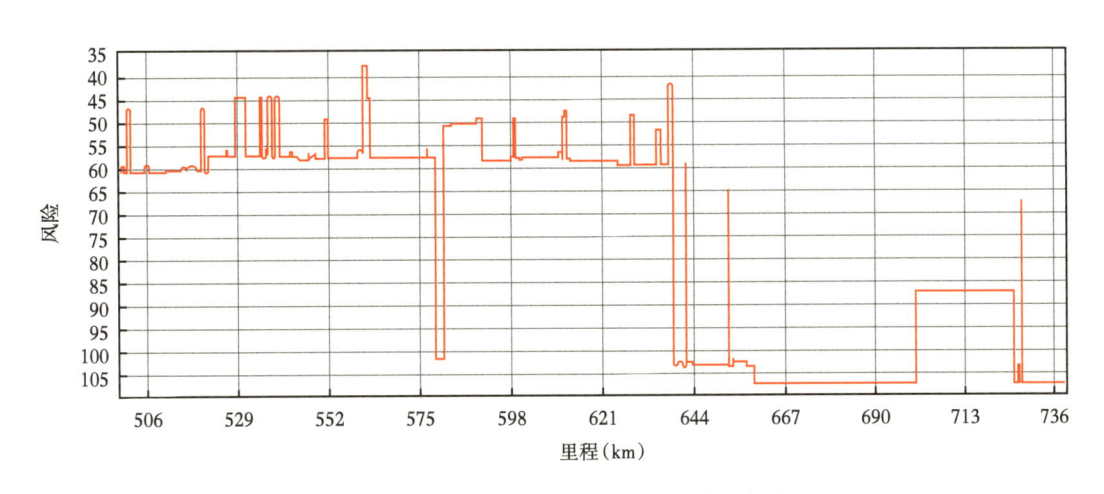

图5-30 西气东输二线管道相对风险折线图

最后,进行风险等级划分。由于风险评价的最终结果是具有相对意义的风险分值,不能量化管道事故率和后果严重程度,因此,在实际操作中还需结合专家经验,利用风险矩阵再进行风险等级判定,确定管段风险是否可接受。

结合西部输气管道的实际情况，制订了5×5管道风险矩阵（图5-31），图中可能性是指未来一年内发生的可能性大小，后果考虑6个方面的影响：人员伤亡、财产损失、环境影响、停输影响、声誉影响和法规影响，当同时存在多个方面的后果且等级不同时，取其中等级最高者。图5-31中不同颜色分别表示风险的高、中、低三个等级。通过风险值对管道风险管段进行初步筛选，再结合管道风险矩阵分析，采用风险分值和风险等级最终展示风险计算结果，从而满足投资决策的需求。

可能性	等级	后果				
		一般	中等	较大	重大	特大
		1	2	3	4	5
非常高(5)	5	中 5	中 10	高 15	高 20	高 25
高(4)	4	低 4	中 8	中 12	高 16	高 20
中等(3)	3	低 3	中 6	中 9	中 12	高 15
低(2)	2	低 2	低 4	中 6	中 8	中 10
非常低(1)	1	低 1	低 2	低 3	低 4	中 5

图5-31 管道风险矩阵

（3）定量风险评价技术。

定量风险评价技术利用结构力学、有限元方法、断裂力学、可靠性与维修技术和各种强度理论，对管道的风险进行定量评价和决策。定量风险分析一般是在定性分析的基础上进行的，它主要是对定性风险分析中已识别出的风险水平较高的故障类型进行详细的定量评价。但它与定性风险分析的不同之处则在于必须建立完善的数据库管理系统，并掌握裂纹缺陷的扩展规律和管材的腐蚀速度，由此应用确定性方法或不确定性方法来建立数学模型，以便分析压力管道风险。其准确性取决于原始数据的完整性、数学模型的精确性和分析方法的合理性。根据定量结果类型的不同，定量风险评价方法可分为破坏范围评价法、危险指数评价方法、概率风险评价法；其中，以概率风险评价法最具代表性。

破坏范围评价法是根据事故的数学模型，求得事故对人员或物体破坏范围的风险评价方法。可用于系统的危险性分区，计算事故的直接和间接损失。包括多种模型——液体泄漏模型、气体泄漏模型、池火火焰与辐射强度模型、火球爆炸伤害模型、爆炸冲击波伤害模型、蒸气云爆炸破坏模型、管道泄漏扩散模型等。破坏范围评价法对模型的初值和边界条件要求较高，若选择不合理则容易导致评价结果不准确。

危险指数评价方法以系统中的危险物和工艺为评价对象，将影响事故频率和事故后果的各种因素指标化，再利用一定的数学模型处理这些指标，从而评价系统的危险程度。该方法的主要代表有美国道化学公司火灾、爆炸危险指数评价法，英国帝国化学公司的蒙德火灾爆炸毒性指数评价法（简称蒙德方法）及中国的重大危险源的评价技术等，其中以蒙德方法最具特色。道化学公司方法的评价结果以火灾、爆炸指数来表示，蒙德方法则在此基础上根据化学工业的特点，扩充了毒性指标，并在采取安全措施的基础上，进一步把单元的危险度转化为最大可能损失。危险指标评价方法的缺陷是不够重视系统设备及工艺安全保障设施的功能、水平及其重要性对安全的影响程度，灵活性及敏感性较差。

概率风险评价法是运用数理统计，分析危害因素、事故后果之间的数量关系及其变化规律，对事故的概率及系统的风险进行定量评价。此方法需建立在大量实验及事故统计分析的基础上，结果的准确性由原始数据、资料完整及准确性以及数学模型的精确性和分析计算方法的合理性决定。该方法的主要代表有概率理论分析、马尔可夫模型分析、可靠度分析等；该方法的缺陷是对原始数据的完整和准确性要求较高，不太适用于复杂系统。

（4）小结。

在选用风险评价方法时，应考虑评价目的、经济投入、数据基础及评价方法的可行性。定性风险评价方法操作比较简单，适用于数据较少，要求快速得出评价结果的情况；半定量风险评价方法适用于数据基础较好的情况，常用于对管道进行全面评价；定量风险评价方法适用于数据基础较好且有大量失效统计数据的情况，常用于对重点管段和特殊地段的风险评价。通过风险评价方法的分类和介绍可以看出，定性风险评价方法、半定量风险评价方法和定量风险评价方法有各自的适用范围及优缺点，汇总见表5-6。

表5-6 三种风险评价方法优缺点对比表

风险评价方法	适用范围	优点	缺点
定量	数据资料全面且准确的系统	评价结果是定量指标，非常精确	对原始数据及资料的完整性和精确性要求较高，成本高
半定量	简单系统或基础数据不是很全面的复杂系统	既避免了定性风险评价的主观性较强的特点，又减少了定量风险评价中大量数据和资料收集造成的麻烦	某些事故概率指标和风险因素还不适用于中国实际情况，因此常需进行分值权重的调整
定性	基本方案的风险评价，初始阶段的风险评价，为进一步制订定量风险评价方案提供依据	评价过程较为简便，成本低，便于推广应用	对系统危险性的描述缺乏深度，主观性较强

由于管道危害因素多、评价方法多、标准规范较少、数据支持少，管道风险评价经常出现评价缺少依据、过度依靠经验等问题。另外，风险评分指标体系是依据理论和实践经验建立的，但随着环境的发展变化及人们认识水平的提高，现有的指标体系可能会存在缺陷。例如，管道某一方面的单项得分很低（即风险很高），但综合各方面危害因素之后，该管段的风险得分却不低；这样，评分结果就掩盖了管道面临的较大风险。当然，这种不

利情况可以通过对管道面临各危害因素进行分类分析来弥补,但是,对于某个会产生累计效应的危害因素而言,目前的评价指标体系还无法对其进行适当的分析评价。

4)管道完整性评价技术

管道完整性评估技术体系(图5-32)包括管道内检测(含基线评估)、管道压力试验、管道直接评价(含内腐蚀直接评价、外腐蚀直接评价、应力腐蚀开裂直接评价)。利用这些评价方法,可以获取管道系统数据,进一步开展管道剩余强度评估、管道剩余寿命预测及缺陷发展的敏感性预测分析,明确管道状态,进而提出风险减缓方案。

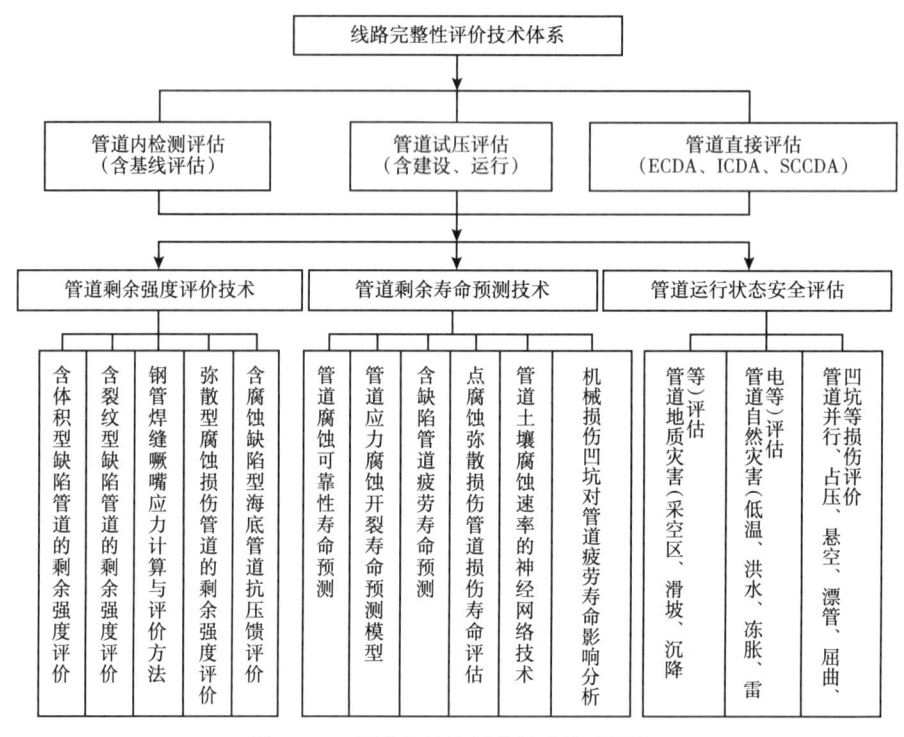

图5-32 管道完整性评估技术体系框架

在管道完整性管理实施过程中,需要根据管道风险评价技术确定的风险值选择检测范围,根据主控风险因素选择检测技术。一般来说,Ⅰ类管道以内检测为主,具备智能内检测条件时优先采用智能内检测;无法开展智能内检测和直接评价的管道选择压力试验;必要时可开展河流穿越管段敷设状况、公路铁路穿越和跨越等专项检测。Ⅱ类管道以直接评价为主,具备条件时优先推荐内(外)腐蚀直接评价,无法开展直接评价时进行压力试验。Ⅲ类管道结合区域法的理念开展内(外)腐蚀直接评价,无法开展内(外)腐蚀检测的管道可进行压力试验。

(1)管道内检测评价技术。

管道内检测评价技术是指在管道内部使用智能内检测器进行的在线检测,也称智能清管。通过内检测器在管道内部的运行来获取管道沿程的腐蚀信息,包括腐蚀缺陷的位置、长度、宽度、深度和时钟方位等,对管道局部的剩余强度和剩余寿命提供真实且可靠的数据。内检测的评价步骤包括开展内检测、收集评价数据、统计分析缺陷数据、确定缺陷评价方法、开展适用性评价、确定缺陷评价方法、开展适用性评价、确定再检测周期、给出结论与建议。

目前，应用最广泛的内检测技术是变形内检测、漏磁内检测（MFL）、超声波内检测（UT）等。由于裂纹检测是管道内检测技术的难点，因而衍生了电磁超声内检测（EMT）。在实际检测工作中，一般基于收集整合的评价数据，根据缺陷性质和材料力学性能，充分考虑缺陷处管道承受的各种载荷与可能的失效模式，选择合适的内检测评价技术。

中国石油管道研究所研发了三轴高清漏磁内检测器，由于三轴漏磁内检测器在同一位置记录了磁场的三维矢量，通过专门的漏磁数据读取工具分析管道缺陷处三个方向的漏磁分量，可以判断出缺陷的深度、长度、宽度等特征信息，清晰地回归出缺陷的几何变化特征，提高了根据缺陷信号特征回归缺陷几何尺寸的精度。相比于传统漏磁检测技术，三轴高清漏磁检测可以通过三维方向的磁场变化，在一次检测中准确地测量出不同方向分布的狭长类裂纹缺陷；同时增加了对不同缺陷的检测能力，提高了检测范围，可以相对准确地回归出缺陷尺寸，提高了检测精度和置信度（图5-33）。

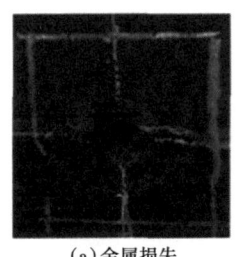

(a)金属损失 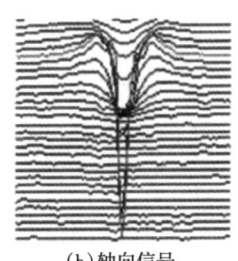　　(b)轴向信号 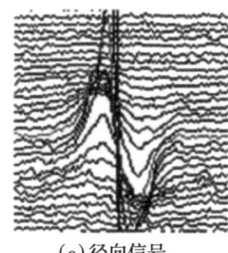　　(c)径向信号 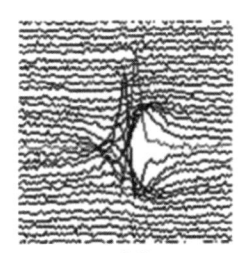　　(d)环向信号

图5-33　金属缺失与三轴信号

在国外，研发高精度、高分辨率的检测产品是国外发达国家内检测公司（例如美国GE公司、英国GAS公司、加拿大库珀公司和德国罗森公司）的优势技术。随着电子、通信和计算机技术发展，涡流检测、磁记忆法、弱磁法和阴保电流内检测成为新兴的技术，但仍处于验证阶段，尚未大规模成功应用于工业管道。

总体来说，国内外管道内检测技术主要存在以下四方面问题：一是对于不规则缺陷的探测、描述、定位及表征的可靠性仍较低；二是高温、高压、严寒等特殊工作环境影响检测器的精度，甚至造成内检测器运行受损；三是检测结果分析过程受到人员经验、技能水平高低的影响；四是缺少分析缺陷三维特征的研究方法。同时，对中小口径管道占绝大多数的高含水老油田来说，内检测方法费用很高；而且检测工具还对管道的结构有极高的要求，例如对收发检测器的装置和空间有一定的要求（小口径管道无法开展内检测），对管道的弯头曲率和变径阀口等物理结构同样有严格的要求等，因此智能内检测技术在实际工程应用中存在一定的局限性。

（2）管道直接评价技术。

管道直接评价技术是一种采用结构化过程的完整性评价方法，通过整合物理性质、管道系统的运行记录或检测、检查和评价结果的管段等信息，给出预测性的管道完整性评价结论，通常用于评价内腐蚀、外腐蚀、应力腐蚀等与时间相关的缺陷对管道完整性的影响。

①内腐蚀直接评价技术。

对于由于管径较小、结构复杂等因素无法进行智能内检测的管道来说，一般需要开展内腐蚀直接评价[98]。

内腐蚀直接评价流程主要包括资料收集、预评价、间接评价（多相流模型、腐蚀速率预测）、直接评价（超声导波检测、超声波C扫、超声波测厚）和后评价（图5-34）。通过确定出目标管线内腐蚀风险最大的位置并进行开挖，来了解管道其余位置的完整性情况，从而实现降低开挖投入，减少停产损失。

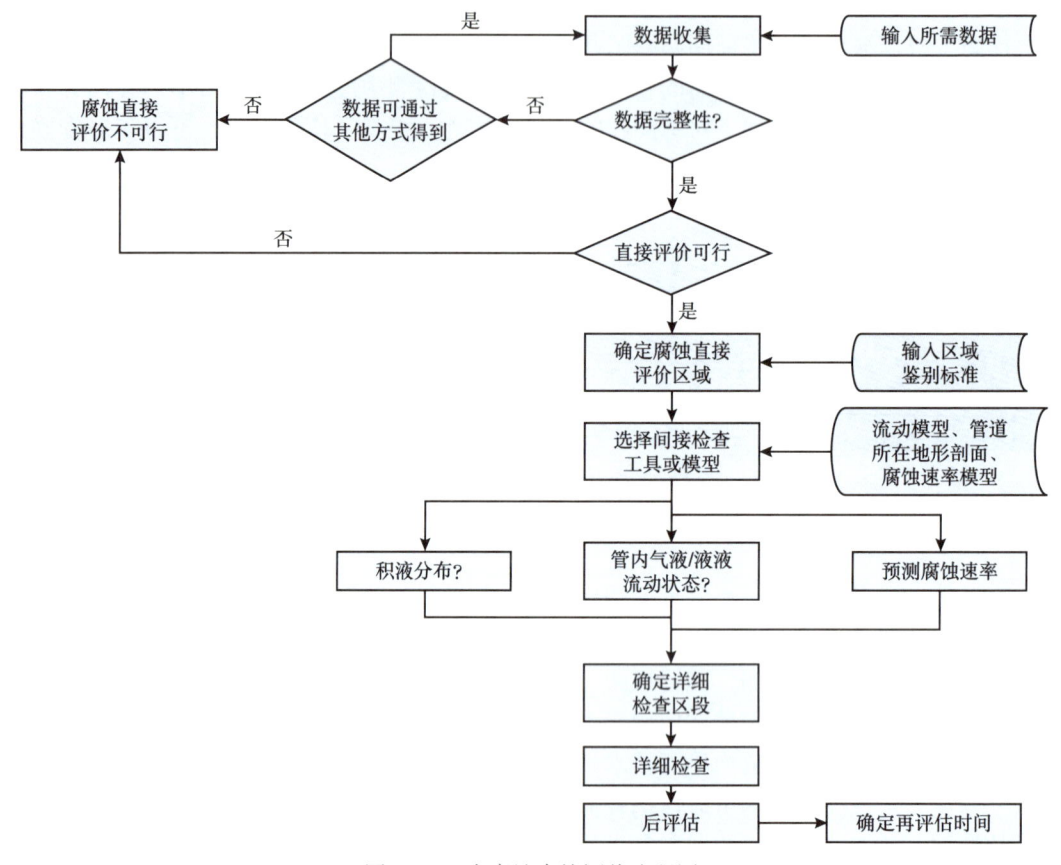

图5-34 内腐蚀直接评价流程图

从整个流程来看，数据收集是内腐蚀直接评价的基础，收集来的信息可用于ICDA可行性分析和管段划分，而整个评价过程的技术核心则在于间接评价部分，该过程需要识别出管道最有可能或者已经发生腐蚀的主要区域，尽可能地通过最小数量的开挖点来对整条管道的完整性进行确认。在《钢质管道及储罐腐蚀评价标准 第2部分：埋地钢质管道内腐蚀评价》（SY/T 0087.2—2020）的间接评价部分，推荐瞬变电磁检测、超声导波检测两种地面检测方法判定腐蚀严重位置，但对于这两种方法标准中也给出了明确的应用界限（表5-7）。

表 5-7 间接评价检测方法及要求

检测方法	管体金属损失量检测	
	瞬变电磁检测	超声导波检测
推荐适用范围	单根或间距大于两倍埋深的平行管道管壁减薄率的检测，不适用于点蚀检测	管道横截面积损失率的检测；不适用于非液体介质检测
检测方法的特点	不需开挖，检测方便快捷	需开挖探坑，检测效率较低，一般检测距离为几十米，需去除探头安装处防腐层，可较准确地测定横截面积损失率
仪器要求	接收机分辨率：不大于 $1\mu V$； 最小采样间隔：$1\mu s$； 发射机电流测量精度：±1%	缺陷轴向定位精度：±100mm； 缺陷环向定位精度：±22°； 管壁横截面损失量的检出灵敏度：3%

由于考虑到现有检测技术能力的限制，现行标准中也明确指出了对于不具备间接检测评价条件的管道，可根据收集的目标管道数据对内腐蚀的主要影响因素进行分析，判断内腐蚀发生严重的位置。因此，在《中国石油天然气股份有限公司油田管道完整性管理手册》中"集输管道内腐蚀直接评价作业规程"中注明了可以采取"多相流模拟、内腐蚀速率预测"的方式进行管道内腐蚀间接评价。

在国外，根据管道内输送介质类型的不同，美国腐蚀工程师协会（NACE）依次组织编制了《干天然气管道的内腐蚀直接评估方法》（NACE SP0206）、《液体石油管道的内腐蚀直接评估方法》（NACE SP0208）、《湿气管道的内腐蚀直接评估方法》（NACE SP0110）、《多相流管道的内腐蚀直接评估方法》（NACE SP0116）。这些方法的评价步骤是一致的，即预评价、间接评价、直接评价和后评价四个步骤，在间接评价部分也都写明了以模型分析和计算的方式判断腐蚀严重位置。区别在于不同类型输送介质导致内腐蚀的敏感因素有所不同，例如：对干气管道的评价是基于"水的存在是内腐蚀发生的必备条件"，指导思想是通过计算临界倾角，判断易积水部位来确定易发生内腐蚀的位置；对于湿气管道，水是处处存在的，因此就要更多地考虑流动效应、腐蚀速率模型及其他腐蚀影响因素，并对管段发生内腐蚀的可能性进行排序。

在国内，由于西南油气田管道服役环境大多处于高含硫强腐蚀性环境中，不具备漏磁检测的条件，因此内腐蚀直接评价（ICDA）技术的应用较为成熟（表 5-8）。对于其内部集输管道，特别是无法开展内检测的管道，已建立了临界积液分析、多相流模拟、腐蚀概率分析的内腐蚀敏感区域预测方法，形成了基于腐蚀数据库的内腐蚀直接评价流程，并能够根据输送介质条件进行分类，不同条件采取不同的直接评价方法，内腐蚀直接评价符合率可达 70%。

表 5-8 内腐蚀直接评价方法

分类	气质	含水量	认识与适用范围
高含水合格气管道	H_2S 含量小于 $20mg/m^3$，CO_2 含量小于 3%	水气比大于 5000	仅能采用多相流管道内腐蚀直接评价方法，技术不成熟，计算量极大，应用与研究中
低含水合格气管道	H_2S 含量小于 $20mg/m^3$，CO_2 含量小于 3%	水气比小于 5000	目前均采用湿气管道内腐蚀直接评价

续表

分类	气质	含水量	认识与适用范围
高含水非合格气管道	H_2S 含量大于 $20mg/m^3$	水气比大于 5000	仅能采用多相流管道内腐蚀直接评价方法
低含水非合格气管道	H_2S 含量大于 $20mg/m^3$	水气比小于 5000	目前均采用湿气管道内腐蚀直接评价
干气管道	H_2S 含量小于 $20mg/m^3$，CO_2 含量小于 3%	水露点低于集输温度 5℃	采用干气管道内腐蚀直接评价，使用条件苛刻，输送条件基本不符合标准要求
高含水油管道	液体及固态杂质体积分数大于 5%		采用多相流管道内腐蚀直接评价
低含水油管道	液体及固态杂质体积分数小于 5%		采用液体石油管道内腐蚀直接评价

为了能够更加科学、全面地分析管道内腐蚀影响因素，如管材、温度、压力、流速、流型、CO_2/H_2S、pH 值、Cl^- 含量、流体组分等，获得准确的内腐蚀预测结果，国外一些科研院所积累了大量的实验室、现场腐蚀数据，并对标准中引用的计算公式、模型进行整合和修正，建立了不同的内腐蚀预测模型及相应的软件，主要分为经验型、半经验型、机理型（表 5-9）。通过实例验证，半经验型的预测结果更为准确。

表 5-9 常用内腐蚀预测模型

类型	模型	简介	缺点
经验模型	Norsok M-506 模型	(1) 由挪威三家公司共同建立，挪威石油工业抗 CO_2 腐蚀材料选择和腐蚀裕量设计标准； (2) 重点考虑不同温度下碳钢的腐蚀速率，对 pH 值变化敏感； (3) 低温下与 DW 模型预测结果比较接近，但高温下比 DW 模型更接近实际	对流速、腐蚀产物膜、管壁切应力和油润湿性的影响考虑不充分，预测结果通常偏高
	Ohio 模型	(1) 由 Ohio 大学腐蚀系统研究中心提出，包含三个模块计算腐蚀速率； (2) 着重考虑腐蚀产物膜和油的润湿性	认为腐蚀产物膜不受温度的影响。当 pH 值大于 5 时，预测结果偏低
	Corpos 模型	(1) CorrOead 公司在 Norsok 基础上开发； (2) 考虑了油的润湿性	低含水情况下计算的腐蚀速率值偏低
半经验模型	De Waard 模型（DW 模型）	(1) 1995 版本已经具有较高的准确度； (2) 考虑了反应动力学过程和物质传递过程； (3) 低温（小于 80℃）环境下，预测结果与大部分实验数据一致	高温（100~150℃）、高 pH 值条件下预测结果误差较大
	ECE 模型	(1) Intetech 公司在 DW 模型的基础上开发而来，适用于油井和油管线； (2) 考虑了油浸润状态，以及少量 H_2S、有机酸的影响	对 pH 值计算不敏感，未考虑地形起伏变化的影响
	Predict 模型	(1) 美国 Inter CorrInternation 公司基于 DW 模型开发，现归为 Honeywell 公司； (2) 考虑了油的润湿状态、H_2S、腐蚀产物膜的影响	在含水率小于 50%、pH 值大于 4.5 的情况下预测的腐蚀速率很小

续表

类型	模型	简介	缺点
机理模型	Nesic 模型	(1) 由 Nesic 基于 CO_2 腐蚀动力学过程提出； (2) 综合考虑化学、电化学及传质过程对腐蚀的影响，修正后的模型还考虑了腐蚀产物膜的影响	高温高压下没有足够的可靠数据支持，低温低 pH 值条件下缺乏对表面膜的充分考虑，均不能得到精确的预测结果
机理模型	Tulsa 模型	(1) 由 Tulsa 大学提出，充分考虑电化学反应过程和传质动力学过程； (2) 重点考虑腐蚀产物膜的作用，对 pH 值和流速的变化敏感	没有考虑油的润湿性

国内各油田根据自身生产特点，结合各个预测模型的能力范围，对不同的预测软件进行了综合的应用：长庆油田在进行评估管段划分中，应用了 OLGA 软件（De Waard 模型），对运行工况进行模拟，通过 OLGA 软件可以得到管道任意时刻任意位置的状态参数，包括压力、温度、持液率、流型、CO_2 分压、水膜与管壁之间的剪切应力等。这些参数为后续腐蚀速率预测及判断风险点提供了重要依据（图 5-35）。

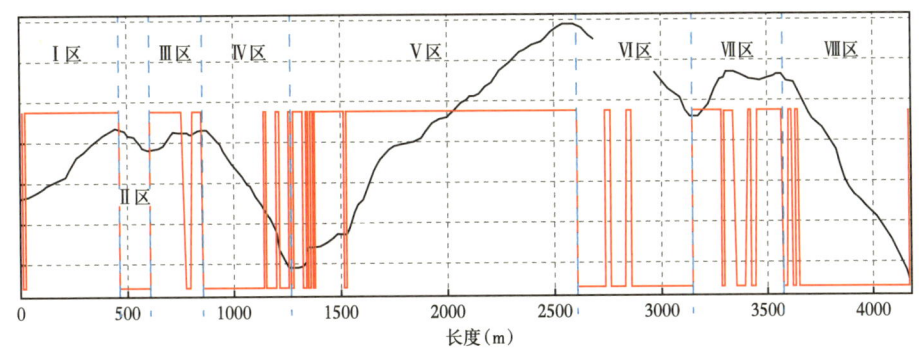

图 5-35 ICDA 子分布区

对于介质中含有 H_2S 和 CO_2 的管道，采用 ECE 模型和 De Waard 模型相结合的预测方式，通过将两模型的预测腐蚀速率取平均值来判断腐蚀风险点，使得最终结果在考虑到 H_2S 影响的同时，又考虑了地势起伏的影响。

新疆塔河油田考虑到其生产过程中较为复杂的腐蚀影响因素，尤其是温度、压力、流速、CO_2/H_2S、Cl^-，利用 Predict 模型对 TK611 井开展了 $L_{16}(5^4)$ 正交试验。预测结果表明上述五种因素对腐蚀均有贡献，温度对于电化学腐蚀影响最大，其次是流速、CO_2/H_2S，Cl^- 虽然影响较小，但是在研究范围内呈现出了腐蚀速率随着浓度先增大后减小的趋势，表明其腐蚀机理较为复杂。为了验证预测结果的准确性，同时开展了实验室挂片试验。得到的室内模拟试验腐蚀速率结果略低于软件模拟结果，但是整体规律趋势是吻合的，从而也证明了软件预测的可行性，认为可以利用软件模拟先确定重点研究目标，再进行具体研究，从而有效节省时间及资金投入。

大庆油田以 ECE 模型为基础，综合考虑了结垢、H_2S、原油、冷凝物、乙二醇及缓蚀剂等对腐蚀速率的影响，同时结合 Predict 模型，对多相流流态进行简单的模拟和计算，使其腐蚀速率预测中既能够考虑管道的实际起伏状况对腐蚀速率的影响，又能考虑 CO_2/H_2S 共存状况下的竞争与协同效应，并将模拟出的腐蚀速率突变位置列为开挖验证和监、检测的重点位置（图 5-36 和图 5-37）。

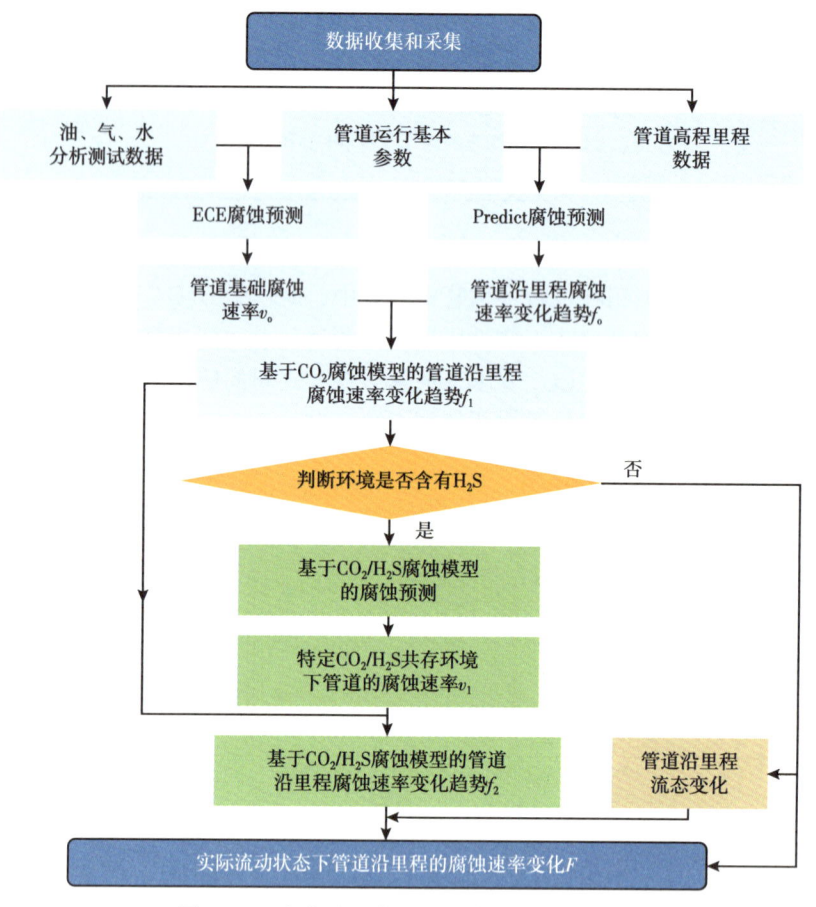

图 5-36　大庆油田多相流内腐蚀模拟流程

虽然通过内腐蚀模拟方式对地面管道开展 ICDA 工作可以大幅降低检测、人工及时间成本，提高工作效率，符合地面工程降本增效的要求，得到了较为广泛的应用和认可，但是仍存在两方面的问题。

一是模拟结果的准确性。主要包括腐蚀速率大小的准确性和开挖点确认的准确性。目前，无论哪一种模型的计算结果都与管道真正的腐蚀情况有着一定程度的偏差，以西南石油大学对 20 钢管道内腐蚀模拟结果来说，几种模型腐蚀速率预测值与真实值差距在 70%~100%之间，远超过《中国石油天然气股份有限公司油田管道完整性管理手册》集输管道内腐蚀直接评价作业规程中±5%的要求；西安交通大学对目标管道同时开展腐蚀模拟和管道检测，各确定的开挖点中只有两处重合。产生这种现象的原因一方面可归结为地面管道数据的准确性，目前的内腐蚀预测软件需要输入评价管道的关键信息，再进行下一步

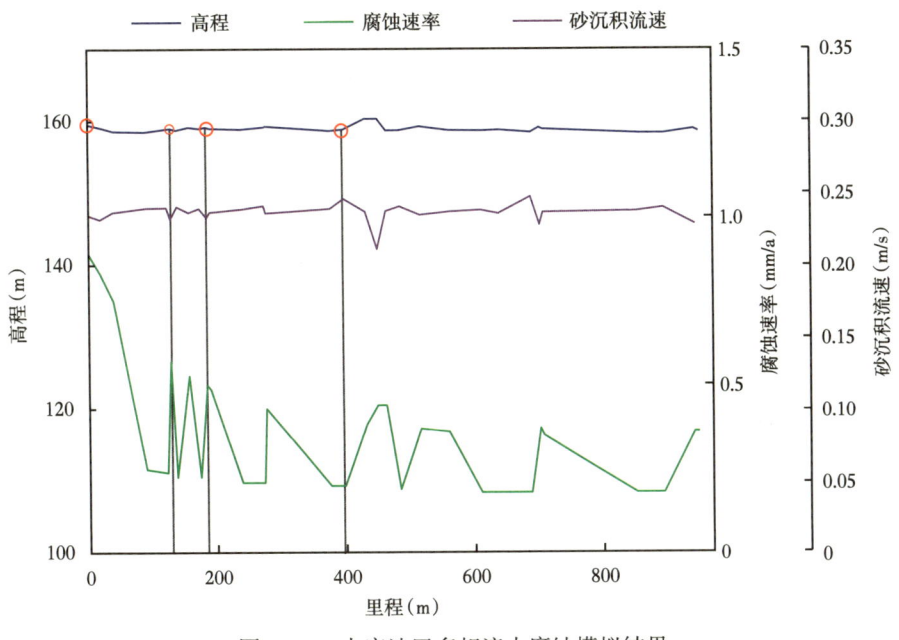

图 5-37　大庆油田多相流内腐蚀模拟结果

计算。但由于早期地面设备管理中缺乏完整性的意识，很多数据采集缺失，对评价结果造成很大的影响。

二是评价模型的适用性。一方面，现有模型是以国外实验室和现场应用情况建立的，各腐蚀因素的权重和修正因子与国内的生产情况有所差别，这也会导致预测结果偏离真实值；另一方面，高含水老油田在开发的中后期，驱油介质的成分逐渐复杂，地下开采环境逐渐苛刻，不同成分的驱油介质、环境介质腐蚀性各不相同，现有的评价模型对于介质的成分区分并没有考虑完全，以 ECE 为例，它主要针对含 H_2S、CO_2、Cl^- 的介质腐蚀评价，关于国内复合驱用的一些表面活性剂、有机助剂的影响没有进行考虑。同时，ICDA 技术不适用于有内涂层的管道，而对于高含水老油田来说，地面管道的主要防腐方式即为涂层；如何能将涂层在输送介质中性能衰减情况溶入腐蚀预测模型中仍具有较大的困难。

②外腐蚀直接评价技术。

外部腐蚀直接评价（ECDA）技术是指对管道土壤腐蚀条件、管道外防腐层、阴极保护情况、管体腐蚀损伤全面检测后，结合管道的运行历史，对管道腐蚀状况进行评价的过程。外腐蚀检测评价技术主要有密间隔电位检测法（CIPS）、电压梯度检测法、皮尔逊检测法、多频管中电流检测法（PCM）等。

密间隔电位检测法是沿管道以一定的间隔采集电位数据，绘制成连续的管道电位图，反映管道沿线阴极保护电位的情况。该方法的原理是当防腐层某处遭到破坏时，电流密度变大，保护电位偏移，通过检测到的偏移值来确定管道是否腐蚀。当检测值低于-850mV时，管道就会发生腐蚀。受测量技术限制，该方法存在偏差和误判现象。根据 NACE 的建议，应将密间隔电位检测法与电位梯度法结合使用，对管道的腐蚀情况进行综合评价。

电压梯度检测法是通过测量阴极保护管线上方地面上的电位梯度与土壤中的电流方向

来确定腐蚀破坏点的位置。工作原理是在阴极保护站的阴极上串接一个中断器,当管道存在缺陷时,缺陷周围地面将形成一个直流电位梯度场,接近破损点时电位差增大,远离时减小,在正上方为0,通过测量这个电位差,可以判断破损点的位置和大小。将电压梯度检测法通过GPS同步技术校正,可准确判断缺陷位置和级别。该方法的优点是可计算缺陷大小,可判定缺陷的严重程度,可判断管道在防腐层破损点处是否有腐蚀发生;缺点是当土壤电阻率高时,测量结果不稳定,误差较大,不能准确指示管道阴极保护效果,不能判断破损点面积的大小,不能指示涂层剥离,测量劳动强度大、杂散电流等环境因素会造成误差。该方法一直被国内检测公司所推崇,已被成功应用于埋地管道的测量中。

皮尔逊检测法是在金属管道上施加一个交流信号时,防腐层发生破损的地方就会有电流泄漏到土壤中,管道破损处和土壤之间会形成电压差,并且越接近破损点的位置电压差越大,通过仪器检测埋地管道地面上方的电位差即可发现管道防腐层破损点。皮尔逊检测法在国内使用比较普遍,具有检测速度快,定位精度高(0.5m),适用范围广(可在沥青、水泥路上检测),适用于检测没有阴极保护装置的管道等优点。目前大庆油田对于单井管道、无阴极保护或牺牲阳极保护的站间及以上管道的外腐蚀检测主要采用皮尔逊法。

多频管中电流检测法又称电流梯度法,检测系统主要由发射机、接收器和A字架组成。其主要原理是发射机将检测信号电流施加到管道上,电流沿着管道两侧传输,在地面上沿管道测量电流值。管中电流信号随管道距离的增加而减少。当管道防腐层完好时,电流衰减率与管道距离成线性关系,当管道发生腐蚀破损时,电流衰减异常。通过配套的A字架能准确定位防腐层缺陷位置。该方法具有定位准确,抗干扰能力强,可以一次性完成防腐层绝缘电阻检测和确定防腐层缺陷漏电位置,节省开挖时间和投资;具操作简单的优点,适用于大多数管网的检测,尤其适用于长距离输送管线腐蚀层的检测和评价。与其他检测方法相比,在针孔等很小的防腐层缺陷定位方面,还有很大差距。

上述几种方法在实际应用过程中往往需要根据实际情况配合使用,如:对于无阴极保护的单井及站间管道的外腐蚀检测技术可采用交流电位梯度法+PCM法(交流电位梯度法进行破损点定位和评估破损大小,PCM法评估整体防腐层质量情况);对于有阴极保护的站间管道采用直流电位梯度法+CIPS法(直流电位梯度法进行破损点定位、评估破损大小、评估管体腐蚀活性,CIPS法评估阴极保护有效性)。以陕京管道为例,外腐蚀评价采用CIPS与电位梯度组合测量的方式,考虑到测试期间杂散电流的影响,测试时在测试区域两侧的测试桩安装智能记录仪,同步记录管地电位,用于消除管地电位中的杂散电流干扰。然后根据外检测确定的缺陷位置,运用GPS、测距仪和雷迪等工具确定缺陷位置和管道埋设深度;条件允许时测试距离缺陷位置最近的测试桩处的管地电位,进行开挖验证。

总体来说,常规外腐蚀评价技术以检测为基础,通过多种测试方法相结合的模式可有效提高评价的准确性和适用范围。同时,应用数据模型开展评价可以为决策者提供合理的参考,智能调控也可有效地缓解人工压力和环境障碍。现有的信息化评价手段具有很好的借鉴意义,应当在此基础上进一步完善,根据生产单位各自的特点细化评价项目,同时对现场应用情况进行校正,提高评价的准确性。

(3)压力试验。

压力试验是以液体或气体为介质,对管道逐步进行加压,达到规定压力,以检验管道强度和严密性的试验。压力试验适用于直接验证管道当前状态的承压能力，评价结果不适用于试压后长期运行的承压能力。

在没有泄漏发生的稳定状态下，管道内的压力沿管线基本呈斜直线分布。当有泄漏发生时，泄漏点处的压力变化将改变整个管道的原有压力梯度分布趋势。泄漏点上游流量加大，压力梯度变陡；泄漏点下游流量减小，压力梯度变平，形成以泄漏点为交叉点的两条新的压力梯度曲线，通过计算压力曲线交叉点可以计算出泄漏点位置。

实际管道中的压力梯度由于各种原因并非是理想的线性分布，所以压力梯度法定位能力较差。如果泄漏不明显，泄漏点处压力变化较小，该方法检测效果不佳。

5) 管道风险减缓技术

管道风险减缓技术是指在完整性管理过程中，不断采取针对性的风险减缓措施，将风险控制在合理、可接受的范围内，使管道和站场始终处于可控状态，预防和减少事故发生，为其安全经济运行提供保障。管道风险减缓技术主要包括管道修复技术、外防腐层大修技术、局部修复技术、巡检技术。

（1）管道修复技术。

目前，国内外高含水油田腐蚀事故频发，腐蚀穿孔严重的集油和掺水管道普遍采用整体更换的方法进行维修，这种方法虽然能一次性解决问题，但也存在着各种不足。如管道开挖工程量大，施工周期长；若单换集油或掺水管线会破坏温度场；会产生较高的土地费；对于穿越村屯、居民区、绿地和厂区的管线更换难度大甚至无法更换。近年来管道修复技术较好地克服了上述开挖更换的不足，越来越得到重视。

①软管翻转法。

利用软管翻转法修复旧管道时，首先对旧管道进行清洗，然后把具有防渗膜和浸透树脂的纤维软管作为翻衬材料，把要修复的旧管道作为翻衬通道。采用水压或气压翻转的工艺，把翻衬材料翻转后紧贴在旧管道内壁上，从而使带有树脂的纤维层一面黏贴在修复管道的内壁上，防渗膜层成为新管道的内壁，加热固化后形成新型的复合管道。新旧管道共同承受压力，从而完成对旧管道的修复（图5-38）。

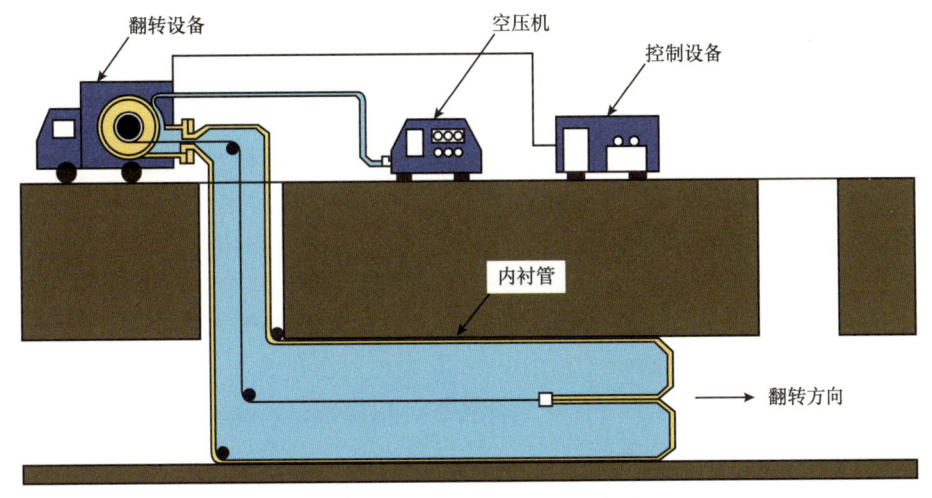

图5-38 软管翻转法技术示意图

采用软管翻转法修复旧管道的管径范围为48~600mm，施工长度适宜在300~500m之间。可对不同材质，有一定变形的管道进行修复，可以通过90°弯头。该技术修复费用是重建费用的50%左右，修复后管线使用寿命可大幅延长。

该技术具有修复强度高、耐受温度高、衬层黏合效果好、无夹层等优点。但是，衬层不能进行熔焊、需采用法兰连接方式连接修复段，端头处理需采用档圈加密封胶的方法，同时，对旧管道清洗要求较高，要达到《涂装前钢材表面锈蚀等级和除锈等级》（GB/T 8923—2011）中的标准。

塔里木油田在注水管道旧管道修复工程中应用该技术并获得成功。自从1992年12月投产以来，所应用管道出现过多次腐蚀穿孔现象。2000年8月，该条管道应用此技术进行了修复，施工周期仅25d；投产后，该条管道运行正常，没有再出现腐蚀穿孔现象。

②塑料管穿插法。

利用塑料管穿插法修复旧管道时，应用塑料管变形后能自动恢复到原始物理形状的特点，用专用设备对塑料管进行缩径或折叠，使塑料管外径临时性地小于目标管道的内径，缩径或折叠后在一定的牵引力作用下，将塑料管拉入修复管道内，然后撤销拉力，再利用气压使塑料管恢复到原来的直径，从而与原管道内壁紧紧地贴合在一起，完成对旧管道的不开挖修复（图5-39）。

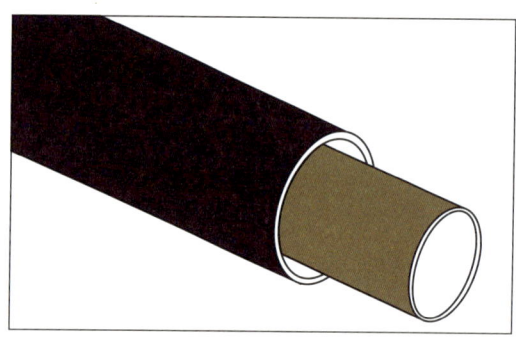

(a) 缩径法 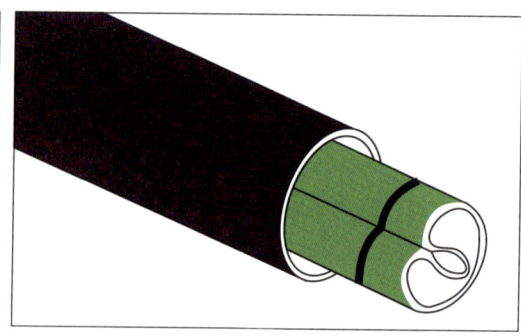　　　　　　　　　(b) 折叠法

图5-39　塑料管穿插法技术示意图

塑料管穿插法技术修复管径范围为DN500以下，施工长度最长可达1km。连接方式采用复合法兰（钢法兰—热容压制法兰—密封垫—钢法兰）。该技术具有施工周期短（1km的管线，一般1~2周即可完工）、重建费用低（维修管道投资为新建管道的40%~60%）、使用寿命长（修复后管线可延长20年以上）、承压能力高（内衬4mm塑料管后其强度试压可达4MPa以上）等优点。同时，修复后的管道拥有了钢管和塑料管的双重特性，对原管线的清洗要求低，没有突出的毛刺、圆滑的焊瘤、平滑的积垢即可。

吐哈油田通过在金属管道内穿插HDPE，有效地克服了传统开挖更换管道方式的缺陷，避免了对环境的破坏，有力地保护了环境和公用设施，大幅缩短了施工周期；同时，改造成本仅为新建管线的30%左右。

胜利油田在集油管道应用该技术并获得成功。所应用管道规格为ϕ273mm×7mm，由于是油、气、水三相混输，固相泥砂含量较高。1998年投用后仅半年时间，因管内腐蚀而发生穿孔。1999年7月，该条管道应用塑料管穿插法进行了修复，完工投产后运行无异常。

③风送挤涂法。

利用风送挤涂法修复旧管道时，首先对所要修复的旧管道进行清洗，以便除掉管内沉积的垢，使管道的金属本体露出来，然后以空气为动力源推动挤涂器，来完成涂层的涂敷，经过多次涂敷使涂层达到设计的涂层厚度，从而完成对旧管道防腐及修复的目的。目前，风送挤涂法内衬采用的是三层结构，由外到内依次是聚合物水泥砂浆、环氧胶泥、环氧玻璃鳞片。这三层结构黏结在一起、形成牢固的复合衬里，从而完成对旧管道的修复（图5-40）。

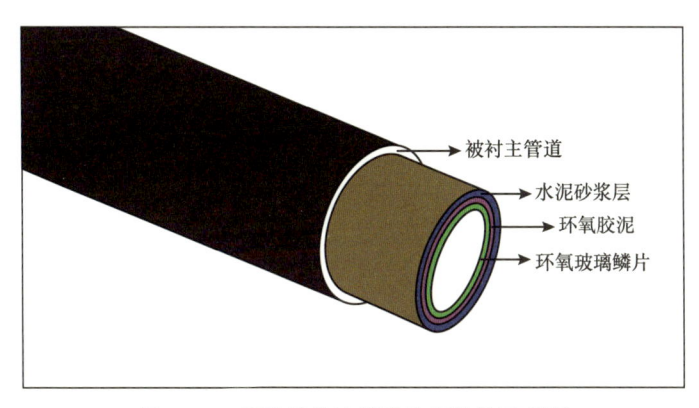

图5-40 风送挤涂法管道防腐结构示意图

风送挤涂法的涂敷厚度为4~6mm，修复管径范围为DN600以下，施工长度最长可达2km，修复费用是重建费用的40%~50%，修复后可大幅延长管线使用寿命。

该技术的优点为可对管线防腐薄弱点进行加强（例如焊口），可对管段中的90°弯头防腐层进行修复。但是，其对旧管道清洗要求较高，须达到《涂装前钢材表面锈蚀等级和除锈等级》（GB/T 8923—2011）标准，同时，聚合物水泥砂浆需涂2~3次，每次养护时间在24h以上，整体砂浆层养护干燥时间在7d以上，干燥后才能进行其他两层的涂敷。

塔河油田首先创新添加绢云母和蒙脱土提升无溶剂环氧涂料性能，涂层阻隔性提高20%，抗渗性能达到2.4MPa。同时为了解决涂层针孔和流挂问题，建立涂层风送挤涂正、反双向挤涂工艺；通过挤涂球和封堵球携带涂料，在空压机推动下，在管内壁形成连续均匀的聚合物砂浆加强层、无溶剂环氧过渡层和无溶剂环氧防腐层的三层防腐涂层结构，达到修复管线的作用（图5-41）。

胜利油田输油管道应用风送挤涂法获得成功，所应用管道内部腐蚀非常严重，穿孔现象频繁发生，1998年被迫停用。1999年初，该条管道应用此技术进行了修复，经验收质量合格，试压一次成功，使待报废的管道重新获得了重生，完工投产后没有再出现腐蚀穿孔现象。

从现场实际应用情况看，虽然目前管道修复方法已经较为成熟，但是由于各方法的技术适用性（表5-10），在维修方法选择和维修方案制订过程中还是需要决策者有一定的现场管理经验和事故分析能力才能保证选择方法的合理性，因此主观性较强。

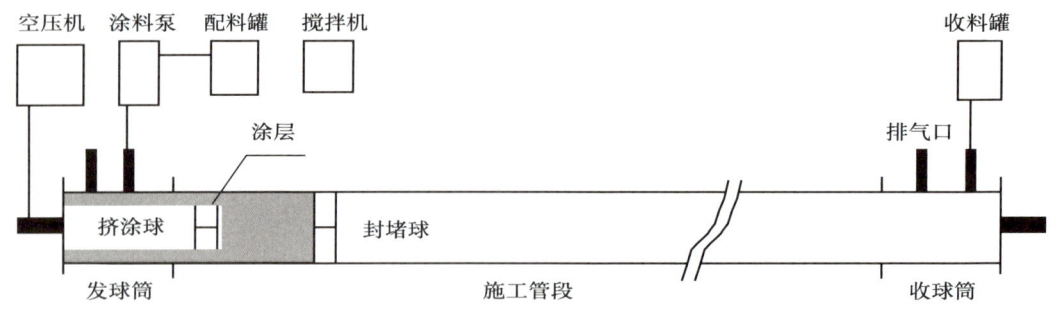

图 5-41 风送挤涂法技术示意图

表 5-10 三种技术对比

序号	对比项目	软管翻转法	塑料管穿插法	风送济涂法
1	使用管线	全部	大部	金属
2	一次施工长度(m)	300~500	≤1000	≤2000
3	使用管径	DN40~DN600	≤DN500	≤DN600
4	通过 90°弯头	能	不能	能
5	与原管壁黏合	不黏合	不黏合	黏合
6	支管和泄漏点封闭处理	不需要	不需要	需要
7	变径	不变	10%或不变	不变
8	对清管要求	不严格	不严格	严格
9	需要用能设备	少	多	少
10	最高耐受温度(℃)	90	70	80
11	修复强度	高	中	低
12	与整体更换比节约费用(%)	50	40~60	50~60
13	主要优点	强度高，耐高温	耐腐蚀，寿命长	长度长，费用低
14	主要缺点	长度短，费用高	耐温低，不过弯	强度低，寿命短

管道修复方法选择和方案制订应逐步向智能化的方向发展，建立管道修复数据库，将修复方法与修复效果有效关联、整合，形成维修方案决策平台，从而根据管道各项参数自动给出维修方法及方案建议，便于决策者参考。同时，根据现场经验制订合理的效果检测周期，对维修管道进行长期跟踪，确保其本质安全。

(2)外防腐层大修技术。

各油田根据外防腐保温层类型、缺陷类型和施工条件，确定了外防腐保温层修复技术❶。目前，管道外防腐层修复技术已经建立相关的标准和操作规范(表 5-11)，现场修复流程明确，修复技术也较为成熟。但是，在外防腐层维修过程中，标准中对于管道表面除锈处理要求达到 Sa2.5 级，锚纹深度要达到 40~90μm。而这一标准对基层生产单位的维修部门来说工艺要求过高，在技术上和设备上很难达到规定要求。如降低表面处理的标

---

❶ 中国石油天然气股份有限公司勘探与生产分公司 KT-OIM-ZY-0603《油田管道防腐(保温)层缺陷修复作业规程》，2018 年。

准，就会影响补口质量；同时，除锈过程耗费时间较长，也会影响恢复生产的时效性。需要开展管体表面快速处理技术研究，主要针对管体表面锈层开发适用于防腐层修复的锈转化底漆，在确保其与剥离强度和与材料黏结力的基础上，节约除锈时间，减少维修工作量。

表5-11 埋地管道外防腐（保温）层的修复技术方案推荐表

原防腐涂层类型	局部修复方案			大修方案
	缺陷直径不大于30mm	缺陷直径大于30mm	补口修复	
石油沥青 煤焦油瓷漆	聚乙烯胶带 沥青防腐胶带	聚乙烯胶带 沥青防腐胶带	聚乙烯胶带 沥青防腐胶带	聚乙烯胶带 沥青防腐胶带
溶解环氧 液态环氧	无溶剂液态环氧	无溶剂液态环氧	无溶剂液态环氧	无溶剂液体环氧
三层聚乙烯 二层聚乙烯 聚乙烯夹克	黏弹体+外防护带	黏弹体+外防护带	黏弹体+外防护带	无溶剂液体环氧 冷缠胶带
聚乙烯胶带 沥青防腐胶带	聚乙烯胶带 沥青防腐胶带	聚乙烯胶带 沥青防腐胶带	聚乙烯胶带 沥青防腐胶带	聚乙烯胶带 沥青防腐胶带
玻璃钢防腐管	树脂+玻璃布	树脂+玻璃布	树脂+玻璃布	树脂+玻璃布
聚氨酯泡沫	现场发泡	预制泡沫管壳	现场发泡	预制泡沫管壳

（3）局部修复技术。

国内各油田通过总结相关标准规范，根据管道本体缺陷类型，确定了适宜的修复技术❶（表5-12）。通过综合考虑技术、经济、安全等因素，油田埋地管道实施管体修复技术的原则为：对于输送介质风险较小或可以停产的管道，可以采用焊接、套筒修复技术；对于输送介质风险大、且不可停产的管道，可采用环氧套筒或复合材料修复技术；对于较长距离的腐蚀管段，当维修成本高、管道可停产时，可采用局部更换管段的方式。

表5-12 不同管体缺陷的修复技术方案推荐表

缺陷类型	打磨	环氧套筒	套筒	复合材料	补焊	补板
穿孔	×	√	√	×	√	×
缺陷深度<$0.125t_n$	√	√	√	√	√	√
$0.125t_n$≤深度<$0.8t_n$	×	√	√	√	√	√
深度≥$0.8t_n$	×	√	√	×	×	×
焊缝缺陷	×	√	√	×	√	×
裂纹	×	√	√	×	√	×
凹坑	×	√	√	√	×	×
适用管道类型	所有管道			非气烃管道		

注：t_n为壁厚。

目前，国内的修复工程承包者技术水平参差不齐，工程质量难以保障，因此，存在管道修复处短期内重复破损的现象。应开展维修现场智能监控技术研究，例如，可以采用辅

---

❶ 中国石油天然气股份有限公司勘探与生产分公司 KT-OIM-ZY-0604《油田管道本体缺陷修复作业规程》，2018年。

助机器人和遥控闭路电视(CCTV)结合的方式,对修复队伍的施工情况进行有效监督,对于不符合操作规程和修复规范的动作及时示警提醒,最终可及时获取管道修复质量和效果的反馈,确保修复质量。

(4)管道巡检技术。

随着油田开采规模和范围的不断扩大,管道保护及矿区的地质环境保护成为迫在眉睫的工作。传统巡检方式是开放式的巡检工跑线模式,而对于穿越河流、沟壑、水塘、铁路、公路,经过农田、矿区、城镇、乡村等途径复杂地形地貌时,人工巡线就显得极为不便利。因此,西南、大庆、塔里木等油气田开展了无人机巡检技术研究。

无人机巡检系统由飞行控制系统、信息采集系统、地面控制系统三部分构成,各部分组成如图 5-42 所示。

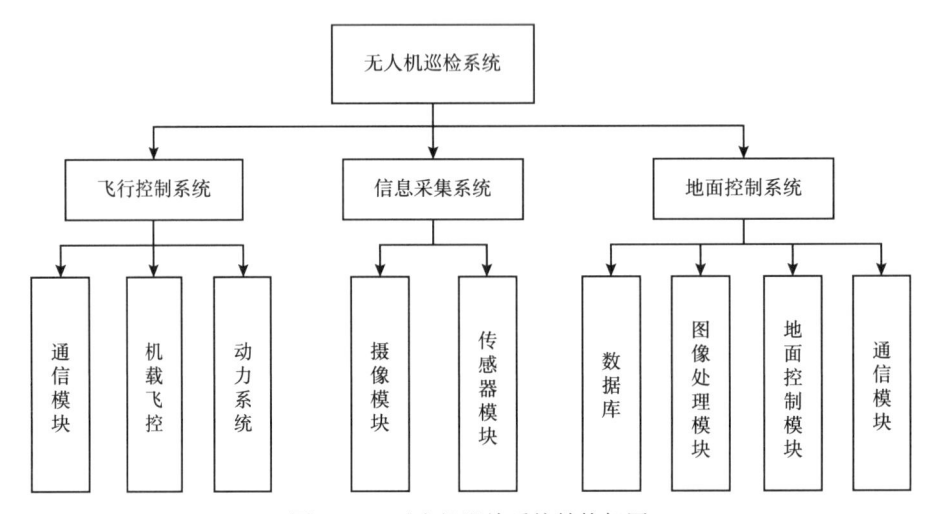

图 5-42 无人机巡检系统结构架图

对于常规巡检,工作人员可以设定固定频次、固定的飞行高度、固定的监测内容对管道沿线的地貌、跨越设施、违章作业"三桩一牌"水工保护等目标进行图像收集作业,使工作人员通过实时查看巡检图像信息,监测管道沿线情况。对于紧急情况,如发生管道漏气、第三方违章作业、山体滑坡等威胁管道安全的紧急情况时,可根据事故发生段的坐标,制订应急巡检任务,控制无人机直接飞往事故发生地段,通过低空飞行,从不同的拍摄角度对事故现场进行近距离拍摄,为应急抢险提供第一手信息,并针对现场图像信息做好前期应急抢修准备。

采用自动化测巡检设备可不受地形地貌限制,尤其适用于险峻山区、沼泽水网等道路不便的区域。机载高清摄像设备和报警设备可对管道沿线状况进行实时定位和监控,地面控制人员可根据地面站回传实况及时发现管道存在的重大隐患,不仅巡线效率得以大幅提高,节省了人力、物力,还可大幅提高巡线人员工作安全系数。

但是,无人机受气候及地貌影响较大,如大雨、大雪及六级以上大风天气时无人机无法工作,无人机探头在森林覆盖较好的地区无法探测。今后应在提高长距离续航能力和探头像素的基础上,探索克服恶劣气候及视线受阻能力。

6）管道效能评价技术

在美国，完整性管理效能评价被当作一项法律法规进行要求，如美国国家法规《管道安全改进法案（H. R. 3609）》《管道检测、保护、实施及安全法案（H. R. 5782）》，联邦法规《管道运输天然气和其他气体的联邦最低安全标准（49CFR192）》等，但均未明确效能评价具体方式和指标。管道完整性管理标准《燃气管道的管理系统完整性》（ASME B31.8S—2018）及《危险液体管道的管理系统完整性》（API 1160—2019），明确提出效能评价和指标建立要求，将指标分为过程/活动指标、动态指标和直接完整性指标三类，同时还提出基于系统内部和系统外部的效能评价方法。加拿大 Enbridge 公司一般从泄漏率、计划成效、衡量进步几个方面衡量管道完整性效能情况。美国 Pahandle Energy 公司将效能评价定义为验证目标是否达到的衡量方法，并根据关键绩效指标对完整性管理效能进行衡量。美国 Williams GAS 公司将效能评价分成了 3 个层次，首先是法律法规强制要求的工作执行情况及效果度量，其次是针对管道所有危害因素实施工作情况的度量，此外还有其他情况的效能度量。

国内完整性管理效能评价研究目前主要集中于两种评价模式：一种基于投入—产出模型，一种基于完整性管理方案。前者将完整性管理系统视为多投入、多产出的综合系统，从完整性管理主要业务模块出发，建立投入和产出指标体系，其中产出指标包含过程控制及结果指标两大类。

图 5-43 采用数据包络分析法（DEA）进行效能分析与评价，考察完整性管理过程中实际工作与完整性管理方案的符合度，并通过考察实施过程中实际工作量、管道系统风险水平、事故情况及操作合规性等管理难度和管理水平因素，对评价结果进行修正。中国石油企业标准《管道完整性管理规范》（Q/SY 1180.8—2013）提出效能测试和综合效能评价两种方法，其中效能评价基于不同危害因素建立指标体系（表 5-13），根据历年指标数据的变化情况分析各种危害因素的风险削减和预控措施效果，综合效能评价采用上述投入—产出模型。

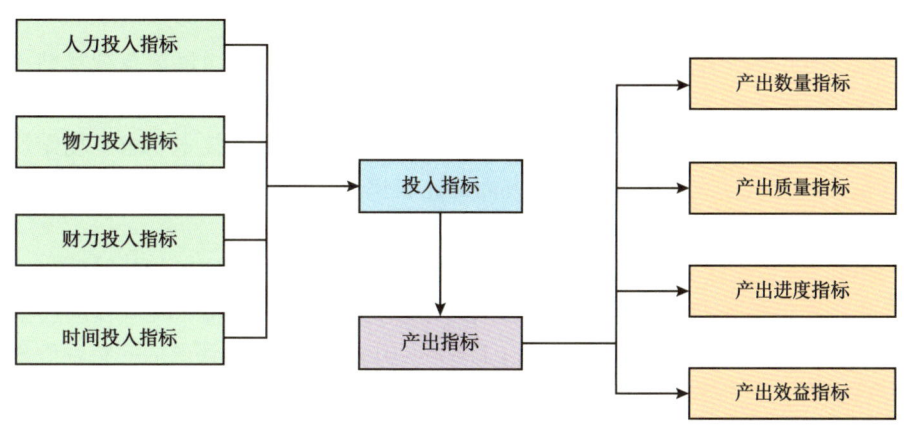

图 5-43 数据包络分析法（DEA）

表 5-13 主要效能评价（KPI）参数

方法	评价范畴	主要评价参数
效能测试	完整性管理方案	完整性管理覆盖率
	风险管道初选	风险管道初选覆盖率
	风险评价	初选管道风险评价覆盖率
	管道评价	高风险管道检测评价覆盖率
		内检测完成率
		直接评价完成率
	维修维护	管道缺陷修复计划完成率
		管道阴极保护率
	数据采集	数据采集及信息化计划完成率
	效能测试	工作开展前后管道年失效率比
综合效能评价		投入产出比

从投入与产出两个方面建立管道高后果区管理效能评价指标体系，采用基于 DEA 的效能评价方法对管道高后果区管理效益进行评估，为管道管理者提供了决策依据，提高了管理资源转化率。然而，目前投入指标体系和产出指标体系确定的科学性、合理性难以保证，这也直接关系到效能评价的准确性和可信度。

2. 站场完整性技术

站场完整性技术通过不断识别风险和采取风险减缓措施，降低设备运行风险，将站场运营的风险水平控制在合理可接受的范围内，逐步实现站场设备设施本质安全。站场完整性管理是一个持续循环和不断改进的过程。应根据不同的资产类型和状态，采用系统的、基于风险的方法，制订站场完整性管理计划，通过各种风险管理技术的应用，可对站场资产进行风险排序，了解和掌握关键性资产，明确造成风险的原因和薄弱环节，及时制订并采取预防措施减缓风险。

在国外，近年来场站发生的事故逐渐增加，国外大型管道公司逐渐重视场站完整性管理工作，管道研究学会（PRCI）为此设立了科研项目对场站完整性进行专题研究。场站完整性管理的推进需要建立场站完整性管理体系，开发场站完整性技术。由于场站设备种类繁多，技术要求复杂，各国在推广应用方面都比较慎重，都在考虑与传统管理的结合，使之适应现场的管理和技术需求。

欧洲和北美管道公司采用设备资产完整性管理技术进行油气站场的风险管理。将设备分成静设备、动设备和安全仪表三类，采用不同的标准和方法进行风险管理。主要遵循《危险液体管道的管理系统完整性》（API 1160—2019）提出液体管道的完整性管理技术路线和要求（图 5-44），管道泵站和终端的风险管理模式与干线管道相似，适合管道的风险评估方法适用于泵站和终端，但未明确具体方法和步骤。《燃气管道的管理系统完整性》（ASME B31.8S—2018）对天然气管道的完整性管理提出可执行的标准要求，未提及天然气站场的完整性管理。《中转油站和油箱设施的液化石油的泄漏危险管理系统整合性》规定了地面储罐设施的危害识别与风险评价方法。

欧洲和北美地区的管道公司采用设备资产完整性管理技术进行油气站场的风险管理，初步形成了管理理念、工作流程，但是，其技术体系不健全，相关的标准及规范比较匮乏。

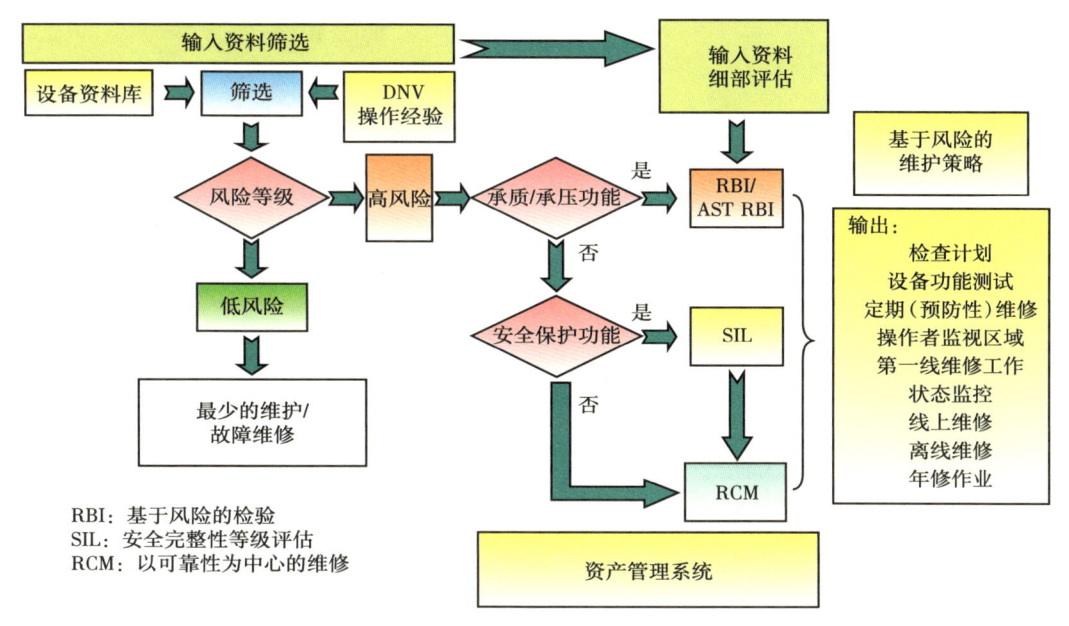

图 5-44　DNV 站场设备完整性管理典型流程

在国内，各油田已经基本明确了以基于风险管理为核心的油田站场完整性管理思路，中国石油制定了《股份公司油气田管道和站场完整性管理规定》，规定了站场完整性管理的原则、策略、流程、分级分类方法、保障措施等工作内容。

首先，建立站场分级分类管理的策略，明确不同类别站场完整性管理的内容❶（表5-14）。

表 5-14　油田站场分级分类评价项目表

站场分类	油田站场类型	评价项目	检测项目
一类	集中处理站、伴生气处理站、矿场油库等	静设备 RBI 动设备 RCM 安全仪表系统 SIL	静设备：定期检验、腐蚀检测、超限压力容器检验
二类	脱水站、原稳站、转油站、放水站、配制站、注入站、污水处理站等	静设备 RBI 动设备 RCM	动设备压缩机的状态监测
三类	计量站、阀组间、配水间等	静设备 RBI	SIL：安全联锁仪表的校核

其次，进一步细化管理流程和工作内容，借鉴管道完整性管理工作流程，将站场完整性管理分为五步循环（图 5-45）。按照站场的工艺流程，动静设备及安全仪表的功能分析，

---

❶ 中国石油天然气股份有限公司勘探与生产分公司《中国石油天然气股份有限公司油气田管道和站场完整性管理规定》，2018 年。

进行风险分析与评价，然后进行风险检测与评价（图5-46）。

最后，依据检测评价结果，确定维修维护方案，减缓风险。

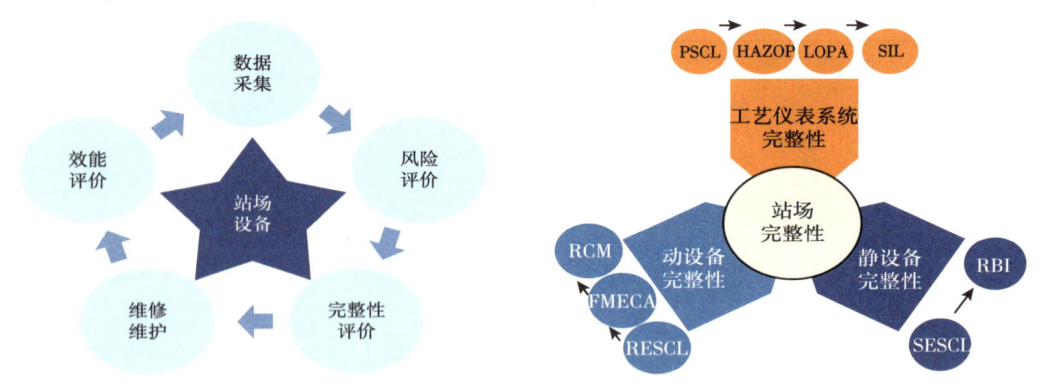

图5-45　站场完整性五步循环法

图5-46　站场完整性设备风险评价方法

大庆油田已形成油田站场完整性管理技术体系框架和标准体系框架（图5-47）。以某联合站为对象，采用HAOZAP技术和QRA技术开展风险评价；采用超声相控阵检测

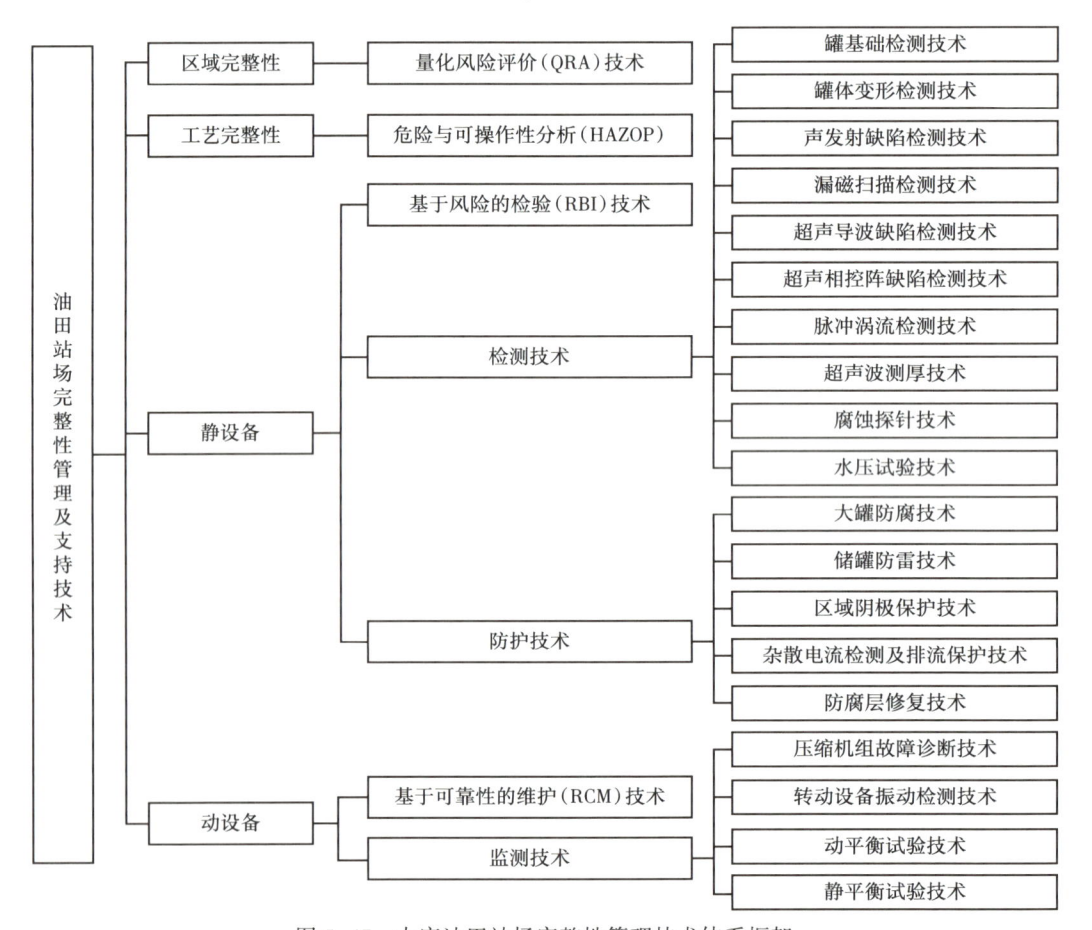

图5-47　大庆油田站场完整性管理技术体系框架

技术、高频导波检测技术、脉冲涡流检测技术和 TOFD 探伤技术开展储罐检测工作。

长北气田遵循国外（荷兰壳牌公司）资产完整性管理理念，在现场实施过程中，采用基于 SAP 系统建立的综合性设备维修管理体系开展工作。它以生产设施的预防性维修和矫正性维修为核心，实现生产设施的安全、可靠运行，确保设备的完整性（图 5-48）。

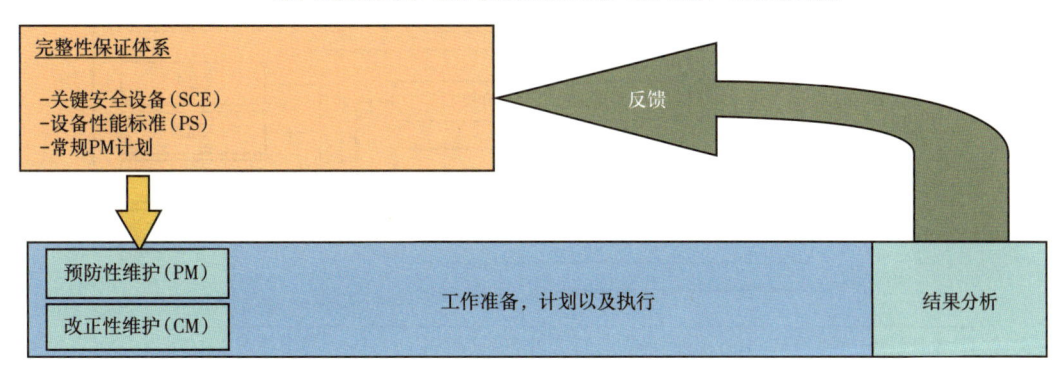

维护及完整性保障体系=完整性保证体系+工作准备、计划以及执行

完整性保证体系
-关键安全设备（SCE）
-设备性能标准（PS）
-常规PM计划

预防性维护（PM）
改正性维护（CM）

工作准备，计划以及执行

反馈

结果分析

图 5-48　长北气田站场完整性管理工作流程

具体来说，站场完整性管理首先要分析站场管理的特点，建立一套场站完整性管理文件，文件覆盖场站的主要设备设施，然后从风险的识别开始，按照设备设施、人员误操作、工艺管线的风险进行识别，再通过场站风险管理的技术方法，如基于风险的检测（RBI）、基于可靠性的维护（RCM）、安全仪表系统分级（SIL）等技术进行风险分级和排序，确定设备设施、管线的维护周期和时间。通过维护周期和时间的确定，进行风险预防和控制，实施场站设备设施的检测、完整性评估，基于此开展场站设施的维护维修，整个过程中，建立场站基础数据库，使数据与管理的各个环节紧密结合。最后，通过效能评价，持续改进站场完整性管理。站场完整性管理流程如图 5-49 所示。

1）基于风险的检验技术（RBI）

基于风险的检验（RBI）技术是目前国外发达国家通用的一种满足经济性和安全性的评价管理手段[99-100]。RBI 技术起源于美国（20 世纪 70 年代），广泛用于石油炼化装置的风险评估和检验，20 世纪 90 年代扩展应用到油气管线及设备的风险管理上。RBI 技术主要用在储罐、静设备与工艺管道等方面。RBI 技术对在役设备不采用常规的全面和定期检验方法，而是在风险分析的基础上，对高风险设备针对其特点进行重点检验。采用此方法，可提高设备的可靠性，降低设备检修费用，具有在保证设备安全性的基础上降低成本的效果。

RBI 技术的执行步骤：RBI 技术评估的计划→数据和信息的采集→识别退化机理和失效模式→评估失效的概率→评估失效的后果→风险识别和评价和管理→通过检测实施风险管理→其他风险减缓措施→再评价和更新→任务/责任/培训和资格→文件和记录的保存。图 5-50 是 RBI 技术执行流程，描述了基于风险分析检测计划的关键要素。

国外的 RBI 技术相对成熟，超声检测技术和漏磁检测已广泛应用于石油、化工领域，代表性的产品有 Floormap VS2i 罐底板腐蚀扫描器和 Scanmap VS 远程超声 C 扫描成像系

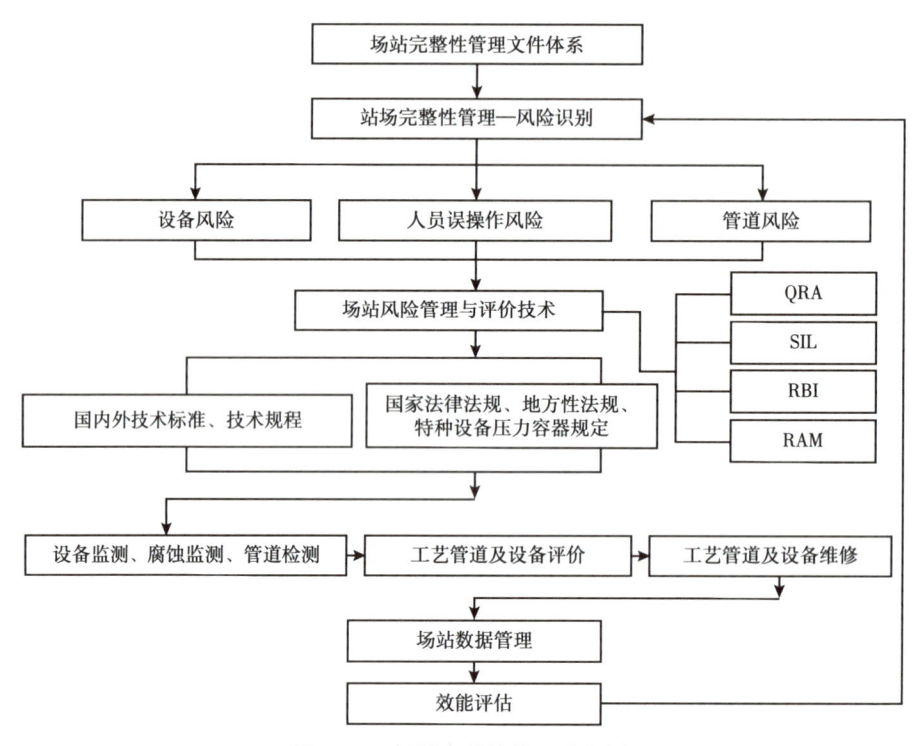

图 5-49　场站完整性管理流程图

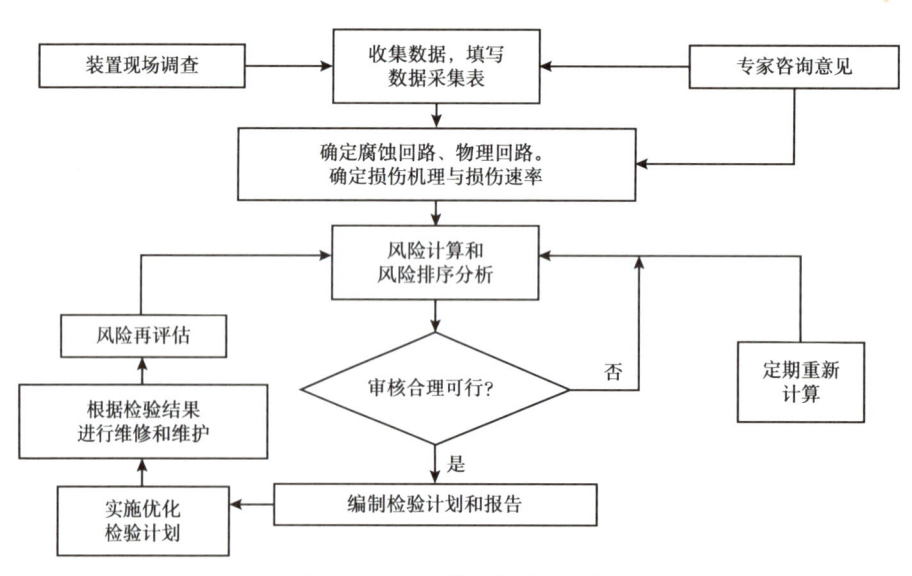

图 5-50　RBI 技术的执行流程

统。同时，在评价技术和评价标准方面已经形成了相对完整的方法和相应的技术标准，并广泛用于石油化工装置，如《基于风险的检验》（API 580—2016）、《基于风险的检验方法论》（API 581—2016）、《炼油厂设备损伤机理》（API RP 571—2020）、《合于使用》

(API RP 579—2009)。

在国内，储罐检测技术相对落后，基本处在引进和研发阶段。如清华大学、哈尔滨工业大学等都在进行储罐检测设备的开发，但目前尚未形成产品。在检测评价技术标准上，国内还没有针对储罐大修或更新的技术标准。标准《油罐的检修修理、改造及翻建》(SY/T 6620—2014)是油罐检验、修理、改建和翻建是从《储油罐检验、维修、改造和重建》(API STD 653—2001)标准翻译过来的，实际应用中一般是参照《钢质管道及储罐腐蚀评价标准　钢制储罐腐蚀直接评价》(SY/T 0087.3—2010)，但该技术标准仅限于腐蚀缺陷的检测和评价，未给出储罐特殊部分(底板焊缝和角焊缝)的缺陷缺少检测和评价方法，并且缺少判定储罐是否能够继续服役及需要修复或报废的技术界限。

总体说来，储罐缺陷检测主要由超声相控阵检测技术、高频导波检测技术、脉冲涡流检测技术、TOFD 检测技术、声发射缺陷检测技术、漏磁扫描检测技术、红外缺陷检测技术等技术组成。其检测原理无外乎声、光、热、电、磁五种物理量在设备中传导时，遇到焊接裂纹、腐蚀、应力开裂、外力损伤、气孔、夹渣等缺陷时传导发生变化而被仪器探测到；储罐的基础检测及变形检测都由全站仪完成，检查储罐是否有结构损坏，是否受到地基沉降、风载及运行工况等因素影响发生罐体倾斜变形，引发泄漏、火灾、爆炸等安全事故。

2) 以可靠性为中心的维修技术(RCM)

RCM 方法是建立在风险和可靠性方法的基础上，并应用系统化的方法和原理，定量地确定出设备每一失效模式的风险和失效原因、辨识危险因素和失效后果，制订基于此的维护策略(图 5-51)。RCM 方法主要用在转动设备和电器与仪表方面(RCM 分析记录表见表 5-15)。

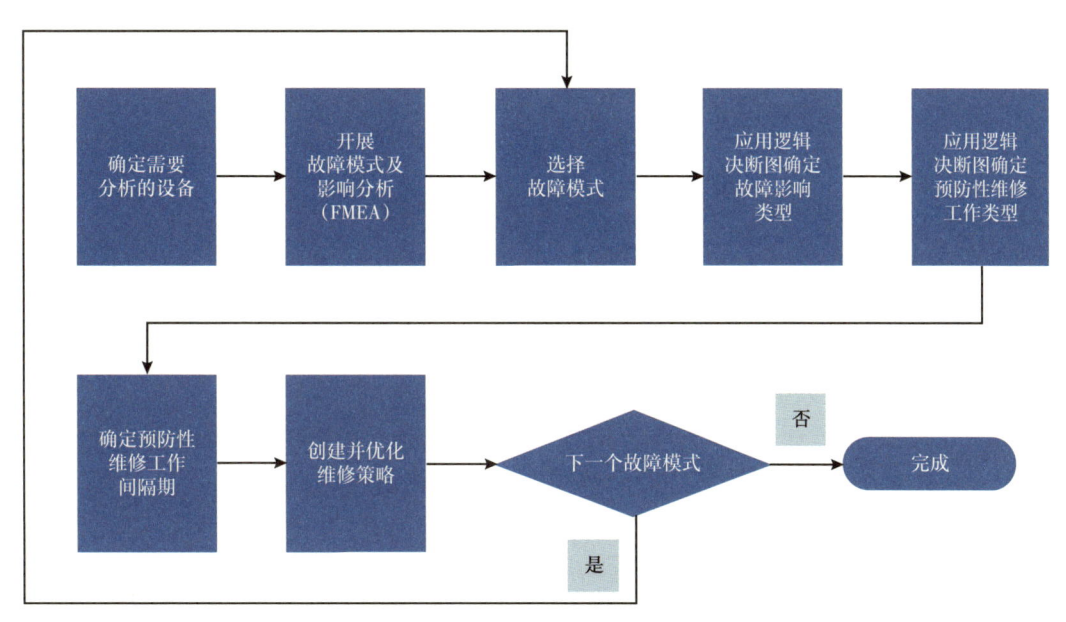

图 5-51　RCM 方法工作流程

设备的检修缺乏针对性，容易造成欠修或过修，在故障率高的阶段检修不及时，降低了设备的可靠性和可利用率；在设备的稳定运行阶段进行计划检修，造成了人力、物力、财力的浪费，更糟的是有一些设备检修后运行工况反而更差。具体体现在以下三方面：

（1）设备在生命周期内各个阶段的故障特点并不相同，但在现行检维修策略下确定的检修周期与检修项目大都一成不变；

（2）同设备各有自身特点，其故障类型和故障周期也各不相同，而现行体制要求很多设备的大修同时进行；

（3）在制订检修项目时，未对设备故障周期进行研究，未对设备工况进行检测和定量分析，只是机械地按照相关标准执行。

以某油气处理厂稳定气压缩机为例，基于逻辑决断图的确定结果，二级排气阀故障对系统的影响属于明显的任务性影响，适用的维修工作类型为操作人员监控，建议采取便携式红外线测温仪检测气阀压盖温度的手段对二级排气阀进行维护管理。

表 5-15　油田站场 RCM 分析记录表

系统	子系统	模块	会议日期	分析人员	记录人
稳定气压缩机	压缩机本体	压缩部分			

部件：缸体、进气阀、排气阀、气缸余隙阀、活塞、活塞支撑环、活塞密封环、活塞杆、活塞杆填料密封

分析项目	功能	故障模式	故障影响 1 2 3 4 5	安全性影响 A B C D E F	任务性影响 A B C D E F	经济影响 A B C D E	故障影响类别	建议的维修工作类型	维修工作内容	维修间隔期	维修级别
进气阀	吸入新鲜气体，气体被压缩时关闭	气阀漏气	是否是		否是		明显的任务性影响	操作人员监控			
		气阀零部件损坏落入缸体内	是是	否是			明显的安全性影响	操作人员监控			

根据现场收集到的历史更换和检维修信息，统计、分析得到二级排气阀的可靠性数据共 10 个（表 5-16）。

表 5-16　历史更换及检修信息

时间间隔（h）	数据类型	时间间隔（h）	数据类型
10384	右截尾数据	8026	右截尾数据
7247	右截尾数据	8482	右截尾数据
6037	故障数据	2666	故障数据
8585	右截尾数据	7613	右截尾数据
7903	右截尾数据	9027	右截尾数据

注：故障模式为排气阀漏气。

根据现场实际情况确定二级排气阀定期更换的费用 C1（包括气阀费用和人工费用等）、事后维修更换的费用 C2（包括气阀费用、人工费用、故障损失等）、检测费用 C3（包括人工费用、检测设备费用等）以及失效检测率 λ。

根据可靠性数据，筛选确定二参数威布尔分布模型拟合最好，并得到失效率曲线和可靠度曲线。

基于已经创建好的二级排气阀可靠度模型，模拟仿真出的最优检测时间间隔为 12d。

综上所述，建议现场每隔 12d 使用便携式红外线测温仪对稳定气压缩机二级排气阀压盖温度进行检测，当检测出的温度值偏离标准范围时进行维修或更换。

优化后的维修策略与现场通过每天两次巡检的方式检测气阀压盖温度相比，在保证压缩机可靠性的前提下，延长了检查时间间隔，减少了维修成本及工作量（表5-17）。

表 5-17　系统维修策略表

序号	系统	部件	现有维修策略	优化后的维修策略
1	稳定气压缩机	二级排气阀	(1) 每天两次检测气阀压盖温度；(2) 每4000h 清洗并检查进（排）气阀，按需要修理或更换气阀零件	每隔12d，用便携式红外线测温仪检测稳定气压缩机二级排气阀压盖温度，当温度值偏离标准范围时进行维修或更换
2	稳定气压缩机	润滑油油滤器	(1) 每天两次查看润滑油油滤器压差；(2) 每2000h 检查油过滤器，根据实际情况确定是否更换	每隔11d，巡查润滑油油滤器的压差，当压差偏离标准范围时进行清洗或更换

3）安全完整性等级评价技术（SIL）

安全完整性等级（SIL）是指在一定时间、一定条件下，安全仪表系统能成功地执行其安全功能的概率，其数值代表着安全仪表系统使过程风险降低的数量级。安全完整性等级（SIL）评价技术是对油气田站场仪表系统安全等级的一种第三方评估、验证和认证方法。SIL 是描述安全仪表系统功能可靠性的一种表征，按照《电气/电子/可编程电子安全系统的功能安全》（IEC61508）标准规定，将 SIL 分为 4 级，即 SIL1、SIL2、SIL3、SIL4，其中 SIL4 等级最高。SIL 等级越高，安全仪表系统失效的风险概率越低，同时意味着构成的安全仪表系统投资越高。

SIL 分级是建立在风险评估的基础上的。对一个确定受保护的设备，首先要用 HAZOP 分析等方法进行危害辩识，然后用 LOPA 等方法进行风险评估。如果风险超过可接受范围，则需要确定 SIL 等级来判断所需要采取的风险降低措施（图 5-52）。

国际上已经依据 SIL 评价技术制订了一系列标准，并应用于不同领域，如《电气/电子/可编程电子安全系统的功能安全》[IEC 61508（GB/T 20438—2017）]、《过程工业领域安全仪表系统的功能安全》[IEC 61511（GB/T 21109—2007）]、《核动力厂　安全重要的仪表和控制系统　系统总要求》（IEC 61513）、《机械安全　控制系统中与安全相关的部分》（IEC 13849）、《机械安全　安全相关控制系统的功能安全》（IEC 62061）、《可调速的电动设备　第 5-2 部分　安全要求功能》（IEC61800-5-2）等。这些标准由国际电工委员会（IEC）首先颁布制定，由 IEC/TC65 的"全国过程工业测量控制及自动化"标准化技

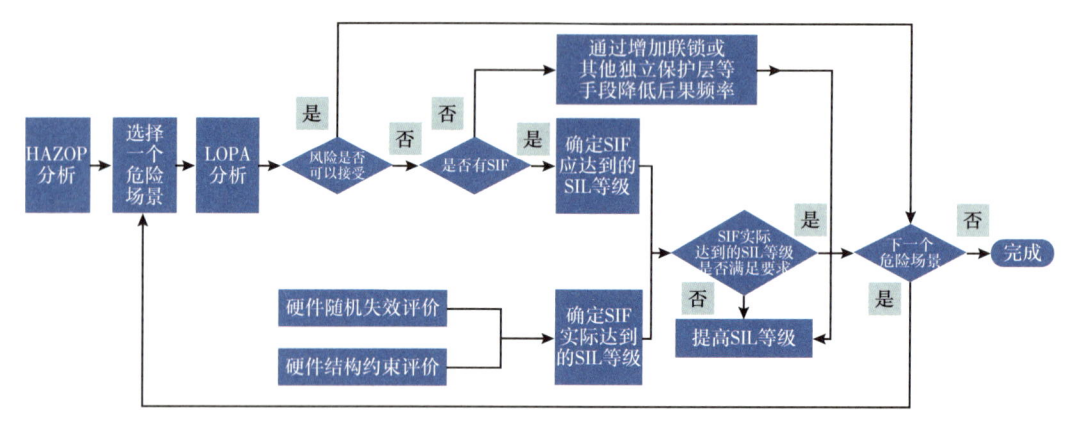

图 5-52 安全完整性等级(SIL)评价技术工作流程

术委员会(SAC/TC124)归口颁布实施。在国内也同步翻译了这些标准，并将其广泛应用于化工生产厂的设计、施工及运行阶段。

大庆油田利用 HAZOP 分析，识别出某油气处理厂天然气净化工程的高后果场景，再利用保护层分析方法(LOPA)的方法，结合设计单位提供的联锁逻辑图及因果表等，确定 SIF 回路安全仪表功能的 SIL 等级要求等级。其中，LOPA 主要分析工艺系统是否需要安全仪表功能(SIF)安全回路作为保护层，如需要，则提出相应的 SIL 等级要求。本次 SIL 定级分析主要工作内容如下：

(1)根据 HAZOP 分析得出的风险分析结果，审查本项目安全相关系统的安全功能要求、安全完整性要求；

(2)确认安全仪表功能，并利用 LOPA 分析将安全仪表系统的每个安全仪表功能进行安全完整性等级评定；

(3)编制 SIL 定级分析报告，作为进一步编制各个 SIF 回路的 SRS 安全要求规范的输入文件。

表 5-18 列出了本项目 SIL 定级分析的 13 个 SIF 回路。表 5-20 列举了 SIL 定级分析的部分结果。

表 5-18 SIF 回路统计表

序号	单 元	SIF 回路数	SIL1	SIL2	SIL3	无安全要求
1	MDEA 脱碳吸收	7	0	5	2	0
2	MDEA 再生及储存	2	0	1	0	1
3	天然气脱水	2	0	0	0	2
4	尾气增压、脱硫、脱水	2	0	0	0	2
	总 计	13	0	6	2	5

表 5-20 SIL 定级分析清单（部分）

单元	SIF 名称	SIF 描述	后果描述	关键执行机构	SIL 环境	SIL 财产	SIL 人员	SIL 等级要求
MDEA 脱碳吸收	吸收塔 T-0201 液位低 02LALL-201/201A/201B（2oo3）联锁	吸收塔 T-0201 液位低 02LALL-201/201A/201B（2oo3）联锁，关闭 02LZV-201，02LV-101	吸收塔液位降低，液位过低时，窜气至胺液闪蒸罐 D-0202，超压泄漏，潜在火灾爆炸风险，人员伤亡	02LZV-201, 02LV-101	—	A	1	1

在本次分析中共产生了两条建议：

（1）鉴于处理厂现有火炬能力，吸收塔液位低低工况下，胺液闪蒸罐上 PSV-0203 泄放可能对全厂火炬造成叠加影响，如不考虑 PSV-0203 独立作为保护层，同时叠加工况为原有装置与新建装置同时放空对火炬的影响，考虑使能条件为 0.1，则该回路 SIL 等级为 SIL2；

（2）若执行 HAZOP 建议措施"P-0201 一段贫胺液泵及 P-0202 二段贫胺液泵应采用双端面机械密封型式"，则该 SIF 回路 SIL 等级降为 SIL1。

三、操作完整性

操作完整性指装置按照设计运行，有合格的人员、良好的沟通等，没有环境风险、安全风险和资产风险。主要从 HSE 等各项规章制度的角度阐述人的因素在本质安全中的作用。操作完整性的核心是：知道设备的运行范围，并且始终将设备控制在运行范围内。主要包括 7 个方面的内容：（1）高效"工作许可"系统；（2）旁路管理；（3）运行参数范围管理；（4）员工技能管理；（5）有效沟通；（6）文档及数据；（7）报警信息管理。在现场作业中，从操作角度去保证一切按规范运行，保证运行安全。

美国石油协会认为石油和天然气行业的安全必须重视员工的行为，以往风险管控都是主要集中在设备本身而忽视了人员本身的重要性。他们的行为可能会受到一些因素的影响，如设备的设计、组织、工作环境及个人的能力和态度。因此，安全管理必须考虑评估人为因素，必须充分认识到人为因素对安全的影响，这涉及神经科学和社会科学。

壳牌公司强调作业区的生产操作遵循操作完整性体系（OI），将企业资产的操作运行完全与企业《HSE 设计手册》和《HSE 作业手册》保持一致，从而使企业能够做到实现生产目标的同时，风险的控制措施都能够得到全面的贯彻执行。其中 OI 管理中的七个关键要素相互关联、相互协调，针对关键要素制定相应规章制度并监督执行，定期进行审核评定（图 5-53）。

国内油田针对站内设备设施，从安全、生产、成本等多方面建立了相关管理制度，并以企业标准的形式进行固化。

1. 塔里木油田

塔里木油田站场完整性管理全生命周期流程如图 5-54 所示。加强"一个管理"：配备专业人员，加强人员培训，人员持证上岗；夯实"三个基础"：规范技术档案，完善历

图 5-53　OI 管理体系

图 5-54　塔里木油田站场完整性管理全生命周期流程

史信息，搭建信息平台；把好"六道关口"：理清管理程序，把握关键环节，确保本质安全。总结经验，提炼内防腐施工管理方案（图 5-55）。

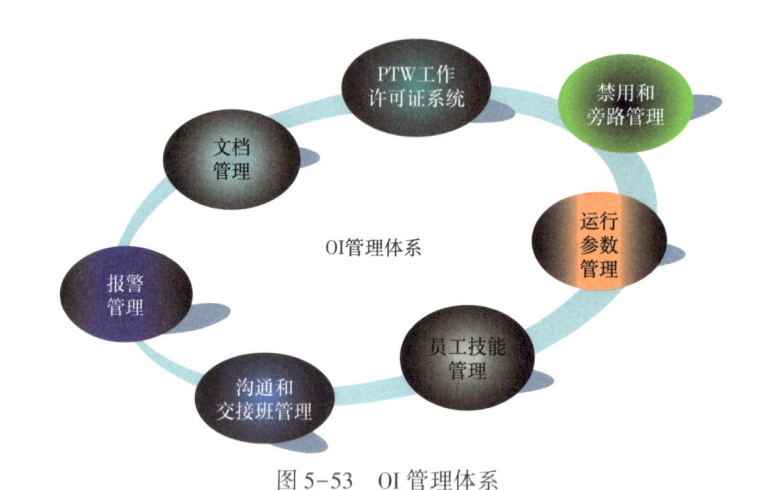

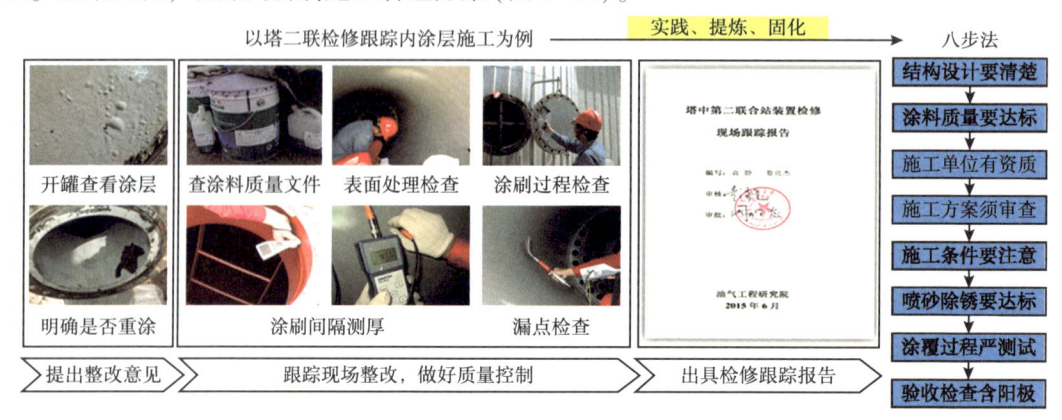

图 5-55　塔里木油田内防腐涂层施工管理八步法

· 240 ·

2. 大庆油田

大庆油田加强常态化检查考核，提升完整性管理水平。按照股份公司管道完整性管理要求，在组织技术与管理人员调研和研讨基础上，下发了《大庆油田生产管道完整性管理监督检查评比细则》，明确了指标管理、资料管理、运行管理、安全环保等四方面、二十七条内容；明晰了公司、厂、矿、队的分级检查方式和频次。并将完整性管理工作纳入效益型三牌（站）队评比、岗位生产责任制检查、QHSE体系审核中，加快完整性管理工作推进进程。

（1）纳入效益型三牌（站）队评比中。完整性管理权重占参评站队总分15%，完整性检查低于80分为否定指标，取消评优资格。2020年有56支效益型金（银）牌站队的完整性工作得到了提升，为全油田基层站队起到了很好的引领与示范作用。

（2）纳入岗位生产责任制检查中。在年度岗位生产责任制检查中，将管道巡检、"双高"治理、泄漏监测、运行监控等完整性管理环节纳入岗检，让完整性管理工作得到扎实推进。

（3）纳入QHSE体系审核中。将完整性管理体系与QHSE体系进行紧密结合，加快了完整性管理工作的建设步伐。同时，两种体系的有机融合，既减轻了基层工作负荷，又提高了工作质效。截至2020年，完整性管理工作已累计检查2089次，查出问题1547处，已整改1344处，剩余问题已列入整改计划，持续跟踪进展，形成闭合管理。

3. 吉林油田

吉林油田完整性管理已经融入成为地面管理的一部分，形成了"年初布置、年中检查、年底验收"的管理节奏（图5-56）。

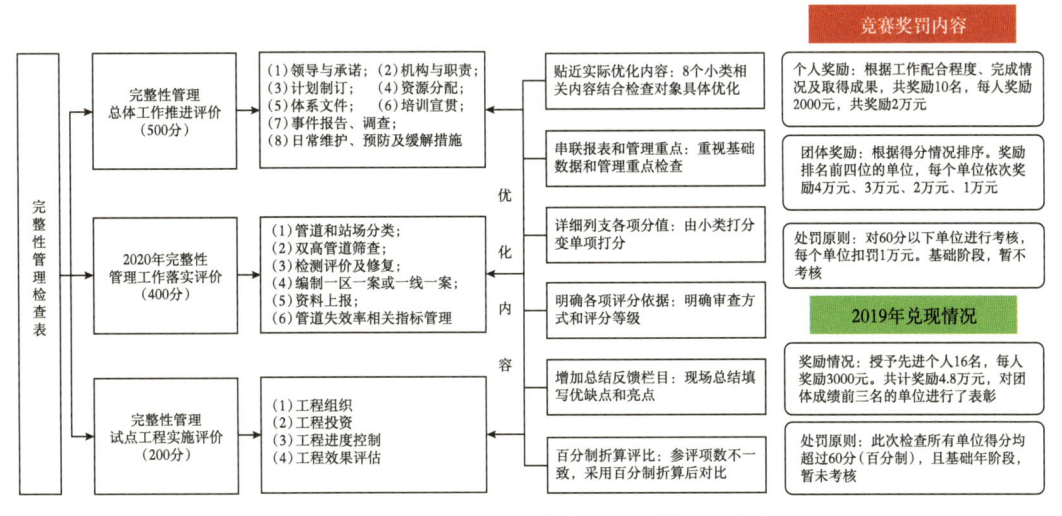

图 5-56　吉林油田内防腐涂层施工管理八步法

制订了《吉林油田完整性管理检查工作方案》，打造了标准统一、贴近实际、内容明确、重点突出的检查标准，通过打分评比，促动各单位完整性管理不断总结和提升。

第三节 本质安全技术发展方向

一、设计完整性技术发展方向

设计完整性概念起源于国外管道公司,适用于国内高含水老油田的设计完整性理念、原则、策略、方法、流程、技术、标准均未建立健全,相应的智能辅助工艺优化设计技术未能开展,阻碍了设计完整性的发展。具体为:

(1)设计完整性的理念(原则、策略)需要探索。面对高含水老油田地面工艺优化简化的大趋势,应从设备全生命周期的角度管理资产、控制成本,建立基于本质安全的一体化设计理念、原则、策略,平衡安全与投资之间的关系;

(2)设计完整性的方法(流程)需要创新。设计阶段规范性审查、完整性审查、合理性审查的对象、内容需要进一步丰富、完善,设计端审查方法及流程需要进一步创立、创新,充分发挥多专业协同优势;

(3)设计完整性的技术(标准体系)需要完善。面对经济适用的新材料应用带来的工艺安全问题,需要有针对性地建立健全设备风险评价、材料适应性评价、设备设施寿命预测在内的设计完整性技术体系及标准体系;

(4)设计完整性的智能辅助工艺优化设计需要发展。风险管控重心前移,必定对设计端造成巨大压力,要利用人工智能、大数据等信息化手段,结合安全专家知识库、风险识别数据湖等数据资源,开展辅助智能工艺优化设计。

二、资产运行管理完整性技术发展方向

完整性管理技术的发展需要借助信息技术发展的推动,提升资产对象的数据感知能力与传输效能;需要借助人工智能的发展动力,使风险评价、完整性评价决策等模型向快速定量精细化方向发展。此外,传统的完整性评价技术与系统可靠性评价技术相融合,也必然是主要的发展方向。具体发展方向如下。

1. 管道完整性管理技术

以风险管理为核心,突出低成本理念,以"分类分级""双高管理"为抓手,找出重点管理对象,实现从以泄漏事件处理为主的被动管理模式向基于风险评价主动维修维护为主的完整性管理模式的转变。目前,油气田管道完整性管理技术体系尚未健全,涵盖的31类技术中,引用技术7类,已攻克技术6类,在研技术6类,还有12类技术待攻关(图5-57)。

1)数据分析与整合技术

一是加强完整性数据质量管控,重点从制度规范、数据治理等方面巩固完整性管理基础。包括:健全制度规范,推进完整性数据管理规范化;开展数据治理专项活动,对地面管道早期数据进行修复,对缺失的数据进行补录,提升完整性管理数据质量;二是开展压力管道管理信息系统升级,整合现有的数据资源和现场最新测试结果,建立关键数据信息库,为地质灾害评价、检测周期选择、维修(维护)方案选择、效能评价等尚未建立评价模型的环节奠定基础,力争实现完整性管理全智能化。

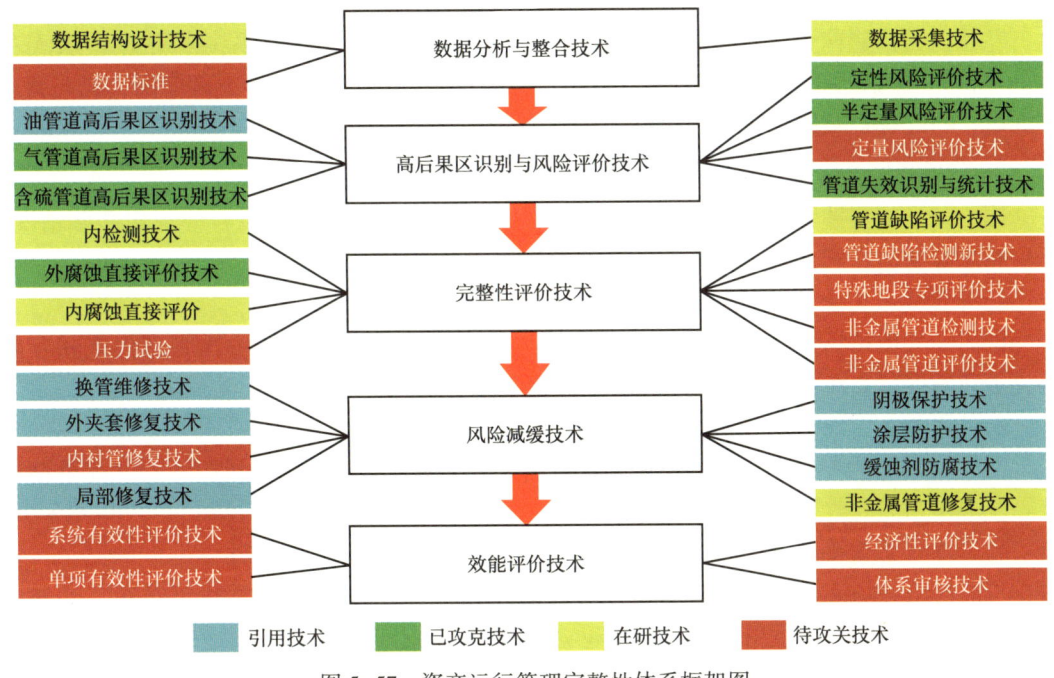

图 5-57 资产运行管理完整性体系框架图

2) 高后果识别与风险评价技术

在高后果识别技术方面，探索 GIS 系统和无人机结合的方式，开发智能化高后果识别技术。在风险评价技术方面，建立完善的管道腐蚀数据库和失效案例库，形成适合各地实际情况的风险矩阵与风险可接受标准，攻关基于人工智能、大数据的管道风险监测与预警，突出"提前预防"的思想。

3) 完整性评价技术

在内检测技术方面，由单纯的缺陷检测向集高清晰度、GPS 和 GIS 技术于一体的高智能检测器方向发展；由单一的检测技术向一体化组合检测技术方向发展（如研发可同时检测腐蚀、应力腐蚀开裂及凹痕缺陷的多功能内检测器）；由大口径管道检测器向中小口径检测器发展。在管道腐蚀直接评价技术方面，外腐蚀评价着重于发展多种测试方法相结合的模式，提高评价的准确性和适用范围；建立合理的数据模型，实现辅助决策，缓解人工压力和环境障碍。内腐蚀评价的发展趋势是根据实际情况，不断修正已有的评价模型，提高其合理性与适用性。

4) 风险减缓技术

在管道修复技术方面，应建立管道修复数据库，将修复方法与修复效果有效关联、整合，形成维修方案决策平台，从而自动给出维修方法及方案建议，便于决策者参考。在外防腐层大修技术方面，需要发展管体表面快速处理技术，在确保外防腐层与材料黏结力的基础上，节约除锈时间，降低修复门槛，减少维修工作量。在管道巡检方面，应大力发展无人机巡检技术，在提高长距离续航能力和探头像素的基础上，探索克服恶劣气候及视线受阻能力。

5）效能评价技术

从投入与产出两个方面建立管道高后果区管理效能评价指标体系，采用基于 DEA 的效能评价方法对管道高后果区管理效益进行评估，为管道管理者提供决策依据，提高管理资源转化率，提高效能评价的准确性和可信度。

2. 站场完整性管理技术

国内站场完整性管理处于探索性阶段，管理理念还不完善，要结合油气田实际情况，开展相关方法的探索，推动站完整性管理工作的开展。

1）管理体系需要创新

国内油气田站场形成了独特的管理体系，外来管理理念需要与中国管理模式相互融合，创新发展建立在本土管理模式之上的管理体系。

2）技术体系需要改进

油气田站场生产工艺与化工装置工艺差别大，来源于化工装置的风险评价、完整性评价等技术体系需要改进。

3）标准体系需要建立

与油气田站场完整性管理技术相关的标准/规范非常匮乏，建立在化工装置、油气田管道基础上的标准并不适用，需要逐步建立健全。

4）核心技术需要攻关

基于物联网的损伤预测方法、基于大数据的事故预警技术、基于 AI 的风险识别与评价技术等核心技术需要攻关研究。

三、操作完整性技术发展方向

随着完整性管理工作全面深入推进，需要建立健全完整性管理工作机制，将完整性管理理念与两个"三化"、基层站队 QHSE 标准化建设、日常生产管理相融合，逐步达到全领域、全生命周期、全流程完整性管理。

参 考 文 献

[1] 汤林,等. 油气田地面工程关键技术 [M]. 北京:石油工业出版社,2014:1-600.
[2] 梁月玖,郭峰,张维智. 油气田地面工程提质增效工作成果与展望 [J]. 石油规划设计,2020,31(2):14-16.
[3] 白晓东,王常莲,王念榕,等. "十三五"油气田地面工程面临的形势及科技攻关方向 [J]. 石油规划设计,2017,28(5):8-11.
[4] 穆剑. 油气田节能 [M]. 北京:石油工业出版社,2015:1-805.
[5] 邹军华. 锦州油田注聚采出液处理方法研究 [D]. 成都:西南石油大学,2013:8-70.
[6] 赵雪峰,冷冬梅,曹万岩. 已建水驱原油处理系统对含聚采出液的适应性研究 [J]. 油气田地面工程,2020,39(3):35-37.
[7] 张军,贾悦,蔡贤明. 油气集输过程中含油污泥减量化 [J]. 化工进展,2020,39(S2):372-378.
[8] 曲延,杜强. 含油污水站提温反冲洗工艺改造 [J]. 油气田地面工程,2015,34(5):30-31.
[9] 李娜,李学军,王梓栋,等. 海外目标油气田地面工程技术研究 [J]. 油气田地面工程,2020,39(9):12-17.
[10] 曾树兵,王振伍,周鹏. 新型稠油电脱水器的适用性研究 [J]. 石油和化工设备,2018,21(1):11-15.
[11] 王明信,张宏奇,于曼. 油田地面工程基础知识 [M]. 北京:石油工业出版社,2017:1-222.
[12] 严艳玲,吴小英,鲁文静,等. 油田注水系统过滤器适用性分析 [J]. 长江大学学报(自科版),2015(4):58-60.
[13] 闫伦江,邓皓,钟太贤,等. 低碳关键技术 [M]. 北京:石油工业出版社,2019:1-450.
[14] 冯舒初,郭揆常,等. 油气集输与矿场加工 [M]. 2版. 东营:中国石油大学出版社,2014:1-600.
[15] 赵雪峰,李福章,等. 大庆低渗透油田地面工程简化技术 [M]. 北京:石油工业出版社,2014:1-122.
[16] 郭万奎,赵永胜. 国外油田提高采收率新技术 [M]. 上海:上海科学技术出版社,2002:1-434.
[17] 李杰训,等. 聚合物驱油地面工程技术 [M]. 北京:石油工业出版社,2008:1-293.
[18] 程杰成,吴军政,罗凯,等. 三元复合驱油技术 [M]. 北京:石油工业出版社,2019:1-312.
[19] 李嘉,彭云,蔡德超,等. 全球油气生产弃置现状及趋势 [J]. 国际石油经济,2018,26(9):77-82.
[20] 刘尧军,靳秀田. 利用油田废井开采深层卤水试验研究 [J]. 中国井矿盐,1995,121(3):11-13.
[21] 李杰训,赵雪峰,王明信,等. 美国陆上油田地面工程建设的启示 [J]. 石油规划设计,2016,27(1):18-22.
[22] 郑立稳,张闻,孔学,等. 废弃钻井液处理技术研究 [J]. 油气田环境保护,2017,27(2):11-13.
[23] 汤超,邓皓,蓉沙,等. 废弃钻井液处理技术 [J]. 石油化工腐蚀与防护,2010,27(2):21-24.
[24] 隋殿杰,孙玉学,孙伟,等. 废弃钻井液处理方法发展研究 [J]. 环境科学与管理,2017,42(9):117-121.
[25] 朱迪斯,冯美贵,翁炜,等. 废弃钻井液处理技术进展 [J]. 地质装备,2018,19(4):15-18.
[26] 田永岗. 浅谈废弃钻井泥浆处理技术分析研究 [J]. 中国石油和化工标准与质量,2018(19):189-190.
[27] 仇长宝,卢金金. 废弃钻井泥浆的固化处理技术探析 [J]. 中国石油和化工标准与质量,2017(12):173-174.
[28] 张超. 复杂能量系统的热经济学分析与优化 [D]. 武汉:华中科技大学,2006:7-8.
[29] 李芬容. 地源热泵系统的热经济性分析 [D]. 武汉:华中科技大学,2006:14.
[30] 吕亳龙,林冉,魏江东,等. 油田低效电动机高效再制造技术研究 [J]. 石油石化节能,2017,7

(1)：12-13.

[31] 辛锋，张均，文如泉．电机高效再制造系统研究［A］//2017年冶金企业管理创新论坛论文集［C］．南京：香港新世纪文化出版社有限公司，2017：206-207.

[32] 梁疆岭．浅谈新疆油田稠油热采热注系统节能潜力［J］．中国石油和化工标准与质量，2019(8)：102-103.

[33] 习尚斌，李泽伟，钱崇林，等．新疆油田天然气压缩机余热利用技术研究与应用［J］．油气田地面工程，2016(5)：9-12.

[34] 马强，娄银环．浅谈辽河油田高温余热利用［J］．石油工业技术监督，2013(1)：58-60.

[35] 李智伟，杨克清．天然气发电机烟气余热利用技术在安塞油田的应用［J］．华章，2014(24)：372.

[36] 何仲，刘希洁，何纶．日本废弃固体钻井物处理技术的发展新动向［J］．钻井液与完井液，2009，26(2)：115-116.

[37] 苏勤，何青水，张辉，等．国外陆上钻井废弃物处理技术［J］．石油钻探技术，2010，38(5)：106-110.

[38] 杨金荣，张鑫．厄瓜多尔Tarapoa地区钻井废弃物综合处理新技术［J］．中国安全生产科学技术，2017，13(增刊1)：140-144.

[39] 黎钢，朱墨，钱家麟．固液分离法处理废弃钻井液的技术与现状［J］．工业水处理，1997，17(1)：13-17.

[40] 周迅．废钻井液的处理技术综述［J］．油气田环境保护，2001，11(4)：10-12.

[41] 王冲敏，齐从温，刘晓瑜．废弃钻井液处理技术研究进展［J］．内蒙古石油化工，2014(22)：102-106.

[42] 刘佳，邓明毅，石玲．废弃钻井液处理技术新进展［J］．重庆科技学院学报(自然科学版)，2012，14(5)：123-125.

[43] 沈燕宾．废弃钻井液处理研究［J］．当代化工研究，2017(3)：98-99.

[44] WILLIAM T S, JEREMY K D, MARY K C, et al. Physical, chemical, and biological characteristics of compounds used in hydraulic fracturing [J]. Journal of Hazardous Materials, 2014(275): 37-54.

[45] 宋磊，张晓飞，王毅琳，等．美国页岩气压裂返排液处理技术进展及前景展望［J］．环境工程学报，2014，8(11)：4721-4725.

[46] 刘文士，廖仕孟，向启贵，等．美国页岩气压裂返排液处理技术现状及启示［J］．天然气工业，2013，33(12)：158-162.

[47] BLAUCH M E. Developing effective and environmentally suitable fracturing fluids using hydraulic fracturing flowback waters [C]// SPE Unconventional Gas Conference. Society of Petroleum Engineers, 2010.

[48] HAYES T D, HALLDORSON B, HORNER P, et al. Mechanical vapor recompression for the treatment of shale-gas flowback water [J]. Oil and Gas Facilities, 2014: 54-62.

[49] SHAFFER D L, ARIAS CHAVEZ L H, BENSASSON M, et al. Desalination and reuse of high-salinity shale gas produced water: Drivers, technologies, and future directions [J]. Environ Sci Technol, 2013, 47(17): 9569-9583.

[50] GE Q, LING M, CHUNG T S. Draw Solutions for Forward Osmosis Processes, Developments, Challenges, and Prospects for the Future [J]. Journal of Membrane Science, 2013(9): 225-237.

[51] SAGIV A, AVRAHAM N, DOSORETZ C G. Osmotic Back wash Mechanism of Reverse Osmosis Membranes [J]. Journal of Membrane Science, 2008(1): 225-233.

[52] GAUDLIP A W, PAUGH L O, MARCELLUS S. Water management challenges in pennsylvania-shale gas production conference [C]. Society of Petroleum Engineers, 2008, 119898: 1-12.

[53] Office of research and development us environmental protection agency Washington, D C. Proceedings of the

technical workshops for the hydraulic fracturing study: water resources management[R]. Washington, DC: Environmental Protection Agency, 2011(5)600/R-11/048.

[54] 卜有伟, 郝以周, 吴萌, 等. 红河油田压裂返排液回用技术研究[J]. 石油天然气学报, 2014, 36(6): 139-142.

[55] 王婷婷. 压裂返排液生物处理实验研究[J]. 油气田环境保护, 2012, 22(4): 41-44.

[56] 张方元, 李松棠, 单煜巽. DQS设备在压裂返排液处理中的应用[J]. 油气田环境保护, 2013, 23(2): 37-39.

[57] 张建忠, 李涛, 李辉, 等. 油田钻修井废水处理工艺技术研究及应用[J]. 油气田环境保护, 2021, 6(3): 42-46.

[58] 贾生中, 王云昆, 陈杰, 等. 油田外排污水处理技术及研究进展[J]. 资源节约与环保, 2013(10): 70-71.

[59] 袁波, 管硕, 马霄慧. 美国油气田采出水的处置与利用[J]. 油气田环境保护, 2019, 4(2): 8-11.

[60] PRIGENT S, AL-HADRAMI A, HEADLEY T, et al. The Reuse of Wetland-Treated Oilfield Produced Water for Saline Irrigation[ED/OL]. (2016-11-05).

[61] 乔振勇, 徐凤月, 屈建华. 苏丹1/2/4油田污水生物/植物处理简介[J]. 华北石油设计, 2003, 4(74): 1-3, 13.

[62] 彭圣武, 王书良. 冀东油田含油污水生化处理应用及优化措施[J]. 中国高新技术企业, 2011(2): 98-100.

[63] 刘晓瑜, 王文斌, 尹先青, 等. 含油污泥处理技术研究[J]. 中外能源, 2013(9): 86-91.

[64] 陈忠喜, 魏利. 油田含油污泥处理技术及工艺应用研究[M]. 北京: 科学出版社, 2012: 38-41.

[65] 黎城君, 邰洪文. 我国含油污泥处置技术研究现状分析[J]. 山东化工, 2018(23): 77-81.

[66] 黄静, 刘建坤, 蒋廷学, 等. 含油污泥热解技术研究进展[J]. 化工进展, 2019(38): 232-239.

[67] 王玉华, 陈传帅, 孟娟, 等. 含油污泥处置技术的新发展及其应用现状[J]. 安全与环境工程, 2018(5): 103-110.

[68] 解起生, 马骏. 大庆油田含油污泥处理工艺技术现状及发展方向[A]//全国油气开发与炼化行业污水污泥处理处置及油田注水技术推广交流研讨会论文集[C]. 西安: 中国石油企业协会, 2021: 122-126.

[69] 杨海, 黄新, 林子增, 等. 含油污泥处理技术研究进展[J]. 应用化工, 2019(4): 907-912.

[70] 王飞飞, 屈璇, 张欢, 等. 含油污泥处理现状及新的研究进展[J]. 广州化工, 2018(1): 27-29.

[71] 周强, 陈琴. 油田含油污泥处理调剖技术的研究预应用[J]. 技术应用与研究, 2018(1): 63-64.

[72] 石仲, 李玉江, 张玉明, 等. 废弃钻井液固化处理的研究[J]. 辽宁化工, 2013, 42(12): 1409-1411.

[73] 王丽, 董娅玮, 王文科. 废弃钻井液固化处理技术研究[J]. 应用化工, 2015, 44(12): 2186-2192.

[74] 赵雄虎, 王风春. 废弃钻井液处理研究进展[J]. 钻井液与完井液, 2004, 21(2): 43-48.

[75] 方永春, 刘新, 卢新兵. 钻井完井液固化处理技术[A]//环保型钻井液技术及废弃钻井液处理技术成套设备研讨会[C]. 成都: 中国石油学会, 2011: 95-115.

[76] 沈青云. 泥浆转化为水泥浆技术综述[J]. 西部探矿工程, 2011, 11(4): 73-75.

[77] 马骉, 蒲晓林, 张舒. 废弃钻井液处理技术研究进展及发展趋势[J]. 现代化工, 2017, 37(4): 42-47.

[78] 王学川, 胡艳鑫, 郑书杰, 等. 国内外废弃钻井液处理技术研究现状[J]. 陕西科技大学学报, 2010, 28(6): 169-174.

[79] 陈立荣，黄敏，蒋学彬，等．微生物一土壤联合处理废弃钻井液渣泥技术［J］．天然气工业，2015，35（2）：100-105.

[80] 李杰训，赵雪峰，田晶．高含水期大庆油田油气集输系统地面规划的做法与认识［J］．石油规划设计，2017，28（4）：8-11，34.

[81] 汤林．"十三五"油气田地面工程面临的形势及提质增效发展方向［J］．石油规划设计，2016，27（4）：4-6，18.

[82] 安杰，韩伟，晋琨，等．油田数字化建设存在的问题及应对措施［J］．化学工程与装备，2019（8）：184-185.

[83] 马志一．油田数字化建设中存在的问题探讨［J］．中国新通信，2019（7）：156.

[84] 王浩毅，何小斌，黎恒．油田数字化的发展研究［J］．现代工业经济与信息化，2016（17）：86-87.

[85] 汤林．油气田地面工程技术进展及发展方向［J］．天然气与石油，2018，36（1）：1-5.

[86] 汤林，云庆，张维智．近年油气田地面工程高质量发展建设成果与展望［J］．天然气与石油，2019，37（1）：1-5.

[87] 王娜，唐晓东，石秀秀．电化学预氧化在一号联污水处理中的应用［J］．广东化工，2019，46（6）：82-83.

[88] 王娜，卢志强，石鑫，等．塔河油田氧腐蚀防治技术［J］．全面腐蚀控制，2013，27（8）：50.

[89] 羊东明，葛鹏莉，朱原原．塔河油田苛刻环境下集输管线腐蚀防治技术应用［J］．表面技术，2016，45（2）：61-61.

[90] 梁爽，孙文勇，姜拥军．HAZOP 分析方法在石油工业上游业务中的应用［J］．中国安全生产科学技术，2012，8（6）：153-153.

[91] 姜好，张鹏，王大庆．保护层分析研究综述［J］．现代化工，2014，34（4）：9-10.

[92] 李荣强，姜巍巍，曹德舜．保护层分析在确定安全完整性等级中的应用［J］．安全、健康和环境，2016，16（12）：14-15.

[93] 于立见，多英全，师立晨，等．定量风险评价中泄漏概率的确定方法探讨［J］．中国安全生产科学技术，2007，3（6）：27.

[94] 胡晨．大型石化项目设计应用QRA技术要点［J］．石油化工安全环保技术，2009，25（2）：47-49.

[95] 王军，杨军，夏崇双．GIS技术支持下的西南油气田管道与场站管理系统的设计和实现［J］．信息与电脑，2011，30（5）：56-57.

[96] 张华兵，程五一，周利剑，等．管道公司管道风险评价实践［J］．油气储运，2012，31（2）：96.

[97] 马俊章，杨云博，宋涛．肯特打分风险评价方法研究［J］．内蒙古石油化工，2014，31（21）：10.

[98] 董绍华，王东营，董国亮，等．管道内腐蚀直接评价技术与实践应用［J］．内蒙古石油化工，2016，1（3）：459-459.

[99] 丁志浩，周沈楠，王海峰．公共管廊管道的风险评价方法研究［J］．石油化工自动化，2018，54（6）：22-27.

[100] 姚安林，黄亮亮，蒋宏业，等．输油气站场综合风险评价技术研究［J］．中国安全生产科学技术，2015，11（1）：138-144.